在圖 1-2 中，介紹 OrCAD 軟體的系統結構，以下是各功能的說明：

1. OrCAD Capture：是一個電路編輯程式，要模擬分析電路，就需要先在 Capture 畫面中，畫電路圖，產生電路檔案，才能送到模擬程式(PSpice)，進行分析工作。

2. OrCAD PCB Editor：是 PCB 編輯器，可以產生印刷電路板以及所需要的檔案。

3. OrCAD PSpice：是電路模擬程式，除了模擬分析程式(PSpice)外，另外還有波形分析程式(Probe)、激勵信號編輯器(STIMULUS Editor)和模型編輯器(Model Editor)，PSpice 功能是電路模擬程式，可以針對類比和混合電路進行模擬和測試工作，有關波形分析程式、激勵信號編輯器和模型編輯器，將在下面介紹。

4. OrCAD SPECCTRA：是一個 Allegro PCB Router 軟體，可以快速設計 CPLD 和 FPGA 電路。

接下來，所介紹的軟體功能都是屬於 PSpice 的內建功能，如下所示：

5. PSpice：是本系統使用的模擬分析程式，負責類比和混合電路的模擬分析工作，當然也可以進行小型數位電路的分析工作。

6. Model Editor：是系統的模型編輯器，模型編輯器可以編輯模型參數和子電路串接檔，更可以定義新模型(model)。

7. STIMULUS Editor：是一個產生波形的編輯器，可以定義各種不同的訊號波形，輸入到電路，進行分析工作，只要測量電路的輸出結果，就可以了解電路的工作情形。這個編輯器可以產生的訊號種類，如下所示：

   (1) 類比訊號：可以產生弦波、脈衝波形、分段線性波形、指數波形和單頻調頻波形。

   (2) 數位訊號：可以分為簡單時脈、複雜信號和匯流排訊號。

8. Probe：是軟體的波形分析(waveform analysis)功能，可以看分析結果的波形。

PSpice 需要電路串接檔案(Circuit Netlist)和分析命令，才能執行分析工作，這些電路檔案是由 Capture 軟體所產生的，利用這些電路檔案和分析命令，可以使得 PSpice 進行電路分析工作，當然也需要模型(Model)參數設定和輸入訊號(Stimulus)的資料在電路檔案中，當完成電路分析工作後，可以產生波形結果和文字結果，提供使用者進行電路分析和功能評估。

檔案，重覆分析電路的運作情形，直到達到電路的規格要求，如此可以縮短非常多的時間。

　　PSpice 軟體可以提供工程師以下的優點：

1. 估計電路元件特性改變時，對整個電路的影響程度是多少。
2. 電路整體功能的提升。
3. 評估電路雜訊和失真，對電路影響程度。

1-3　OrCAD 軟體的系統結構

　　由於 PSpice 軟體有試用版軟體，所以我們可以使用試用版軟體練習，可以使用的功能有一些限制，但是依舊能進行一些較複雜功能的電路模擬分析工作，只是元件數量及軟體功能稍受限制。

　　PSpice 是 OrCAD 軟體其中一個功能，OrCAD 軟體提供畫電路圖功能(Capture 功能)、電路板設計功能(PCB Editor 功能)、設計 FPGA 或 CPLD 功能(SPECCTRA 功能)和分析類比或混合電路功能(PSpice 功能)。

　　圖 1-2 是 OrCAD 軟體的系統結構，其中包含本書要介紹的 PSpice 功能：

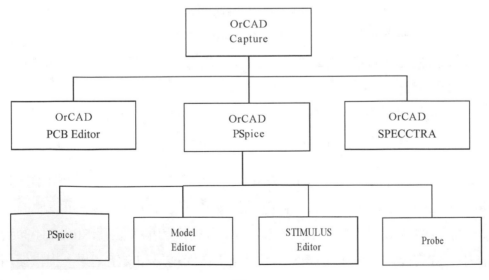

圖 1-2

1-1 PSpice 軟體的由來

PSpice 是 SPICE 軟體的一支，SPICE 軟體是一種專門針對電路進行模擬分析的軟體，原本 PSpice 是一套 DOS 版的軟體，是由 SPICE 2 軟體所發展出來的，這些專門針對類比電路或混合電路進行分析工作的軟體，大部分都是由 SPICE 軟體發展過來，目前有許多種不同已經商業化的 SPICE 相關軟體，而 SPICE 軟體的大略發展過程，如圖 1-1 所示。

圖 1-1

SPICE 的全名是 Simulation Program with Integrated Circuit Emphasis，由上面的全名可以知道，此軟體是專門為積體電路執行分析工作的模擬程式，由於積體電路越來越複雜，難以使用紙筆分析結果，所以利用電腦軟體分析這些越來越複雜的電路，可以在最快的時間內，得到最接近實際情形的分析結果。

追溯 SPICE 軟體的發展過程，SPICE 軟體是由美國加州大學柏克萊分校所發展出來，隨著長時間的演進，SPICE 相關軟體已經是工業界及學界，在電路模擬方面的標準電腦輔助工具。

1-2 為何使用電腦輔助軟體模擬電路

當電子工程師要設計一個電路時，如果立即使用實際電路元件組合出此一電路，實際地測試電路，檢查是否符合規格要求，再更改電路元件，直到達到規格要求，才算完成電路設計工作，這不是一個很好的方法，因為電路功能並不是一次就能符合規格，所以要重覆的除錯及修正電路設計，這樣會浪費許多電路設計和除錯的時間，而且不一定就會達到所要的規格要求。

最好的電路設計方式是利用電腦輔助軟體(例如：PSpice 軟體)，事先模擬電路的運作，檢查分析結果是否能符合規格要求，如果不能符合要求，則可以直接更改電路

PSpice

1

Chapter

PSpice 軟體介紹及使用說明

目錄

相關叢書介紹

書號：02320
書名：電路學(第四版)
編譯：湯君浩
16K/808 頁/480 元

書號：0512904
書名：電腦輔助電子電路設計－使用
　　　Spice 與 OrCAD PSpice
　　　(第五版)
編著：鄭群星
16K/608 頁/650 元

書號：06191017
書名：Allegro PCB Layout 16.X 實
　　　務(第二版)(附試用版、教
　　　學影片光碟)
編著：王舒萱、申明智、普羅
16K/416 頁/480 元

書號：064387
書名：應用電子學(精裝本)
編著：楊善國
20K/488 頁/540 元

書號：04F62
書名：Altium Designer 極致電路設計
編著：張義和.程兆龍
16K/568 頁/650 元

書號：06163027/06164027
書名：電子學實習(上)/(下)(第三版)(附
　　　Pspice 試用版及 IC 元件特性
　　　資料光碟)
編著：曾仲熙
16K/200 頁/250 元/16K/208 頁/250 元

書號：06471007
書名：CMOS 電路設計與模擬－使用
　　　LTspice(附範例光碟)
編著：鍾文耀
16K/216 頁/300 元

◎上列書價若有變動，請以
　最新定價為準。

流程圖

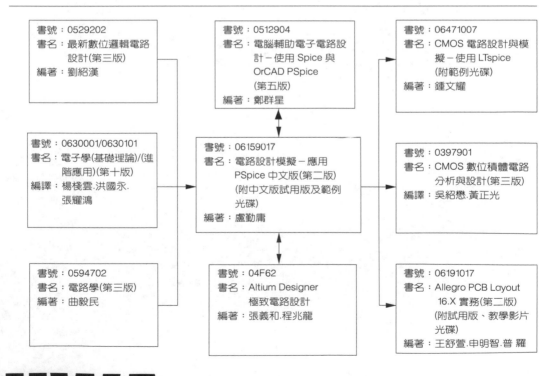

書號：0529202
書名：最新數位邏輯電路
　　　設計(第三版)
編著：劉紹漢

書號：0630001/0630101
書名：電子學(基礎理論)/(進
　　　階應用)(第十版)
編譯：楊棧雲.洪國永.
　　　張耀鴻

書號：0594702
書名：電路學(第三版)
編著：曲毅民

書號：0512904
書名：電腦輔助電子電路設
　　　計－使用 Spice 與
　　　OrCAD PSpice
　　　(第五版)
編著：鄭群星

書號：06159017
書名：電路設計模擬－應用
　　　PSpice 中文版(第二版)
　　　(附中文版試用版及範例
　　　光碟)
編著：盧勤庸

書號：04F62
書名：Altium Designer
　　　極致電路設計
編著：張義和.程兆龍

書號：06471007
書名：CMOS 電路設計與模
　　　擬－使用 LTspice
　　　(附範例光碟)
編著：鍾文耀

書號：0397901
書名：CMOS 數位積體電路
　　　分析與設計(第三版)
編譯：吳紹懋.黃正光

書號：06191017
書名：Allegro PCB Layout
　　　16.X 實務(第二版)
　　　(附試用版、教學影片
　　　光碟)
編著：王舒萱.申明智.普 羅

編輯部序

「系統編輯」是我們的編輯方針,我們所提供給您的,絕不只是一本書,而是關於這門學問的所有知識,它們由淺入深,循序漸進。

本書具有以下特點:1. 對 PSpice 軟體系統功能有詳盡的步驟說明圖,讓讀者一看就懂。2. 幫助讀者快速了解利用 PSpice 軟體畫出電路圖,並分析較複雜的類比及數位電路。3.每章節均提供許多實驗,可在電腦實驗室中多做練習,定能幫助讀者循序漸進學習使用 PSpice 模擬分析軟體。適用於科大電子、電機、資工系「電腦輔助電路設計」、「電子電路模擬及設計」相關課程。

同時,為了使您能有系統且循序漸進研習相關方面的叢書,我們以流程圖方式,列出各有關圖書的閱讀順序,以減少您研習此門學問的摸索時間,並能對這門學問有完整的知識。若您在這方面有任何問題,歡迎來函聯繫,我們將竭誠為您服務。

作者序

電子、電機科系的同學需要計算電晶體相關電路或設計一個應用電路，時常會覺得似乎很難利用筆和紙來計算結果，尤其是較複雜的電路，幾乎無法得到正確的答案。

本書和其他相同主題書籍之間的較大差別，是這本書希望使用者除了知道如何使用這套模擬分析軟體，也可以在電腦實驗室中多做練習。本書具有以下特點：

1. 系統功能詳盡地說明。
2. 實際練習分析常見應用電路。
3. 每章節均提供許多實驗。

本書可以順利完成付印，要感謝全華圖書公司的全力協助，才能順順利利完成整個編輯工作。

授　權　書

　　映陽科技股份有限公司總代理 Cadence® 公司之 OrCAD® 軟體產品，並接受該公司委託負責台灣地區其軟體產品中文參考書之授權作業。

　　茲同意 全華圖書股份有限公司 所出版 Cadence® 公司系列產品中文參考書，書名：電路設計模擬－應用 PSpice 作者：盧勤庸，得引用 OrCAD® PSpice® V16.X 中的螢幕畫面、專有名詞、指令功能、使用方法及程式敘述，隨書並得附本公司所提供之試用版軟體光碟片。有關 Cadence® 公司所規定之註冊商標及專有名詞之聲明，必須敘述於所出版之文書內。為保障消費者權益，Cadence® 公司產品若有重大版本更新，本公司得通知全華圖書股份有限公司或作者更新中文書版本。

　　本授權同意書依規定須裝訂於上述中文參考書內，授權才得以生效。

此致

　　　全華圖書股份有限公司

授權人：映陽科技股份有限公司

代表人：湯秀珍

中華民國一〇〇年三月二十二日

Your EDA Partner

映陽科技（台北）台北縣三重市重新路五段 609 巷 16 號 3 樓／湯城　TEL：02 2995 7668　FAX：02 2995 7559

映陽科技（蘇州）TEL：+86 512 6252 3455　FAX：+86 512 6252 2968

映陽科技（深圳）TEL：+86 755 8384 3286　FAX：+86 755 8384 3441

・註冊商標及專有名詞之聲明

電路設計模擬－應用 PSpice 中文版

盧勤庸　編著

全華圖書股份有限公司　印行

1-4　電路編輯視窗內容介紹

首先開啓 Capture 功能，準備畫電路圖，畫好電路圖，才可以送入 PSpice 功能中，執行分析工作，按 開始 → 所有程式 → Cadence → Release 16.3 → OrCAD Capture CIS 命令，可以啓動 Capture 功能，進入電路編輯視窗，但是這個版本的 OrCAD 軟體是正式版和試用版共用，所以會先檢查是否有許可證(License)，如果沒有許可證，則會產生一個警告訊息，如果不要再重覆出現這個警告訊息，可以點選警告訊息下面的"別再問是否執行展示版本的工具(D)"，下次就不會再出現此訊息，如圖 1-3 所示。

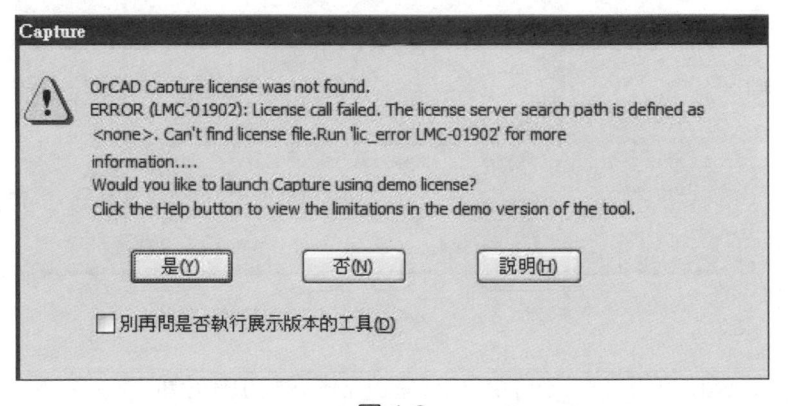

圖 1-3

由於要使用試用(展示)版本介紹，所以按 是(Y) 鍵，產生 Capture 功能的試用版本，如圖 1-4 所示。

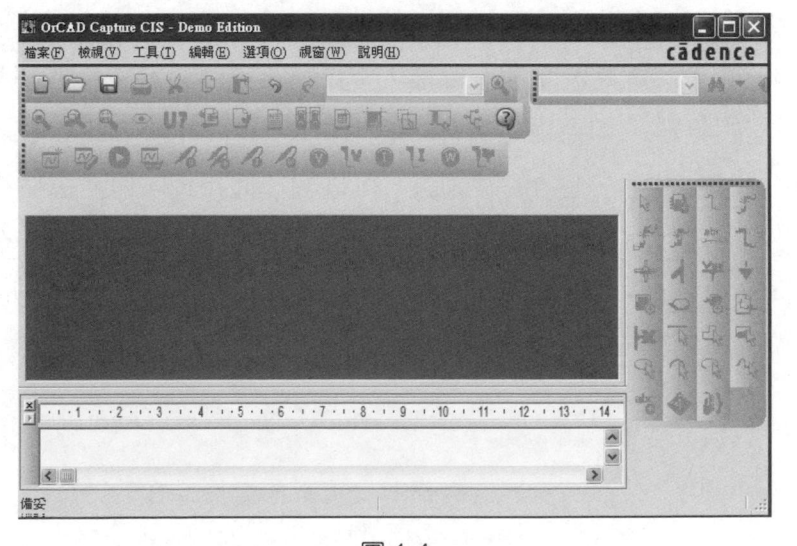

圖 1-4

接下來，要開啟新的電路設計專案，請按 檔案 → 新增 → 專案 命令，產生新增專案對話盒，輸入適當資料，再按 確認 鍵，產生三個新視窗，包括：檔案管理視窗、電路編輯視窗和 Session Log 視窗，如圖 1-5 所示。

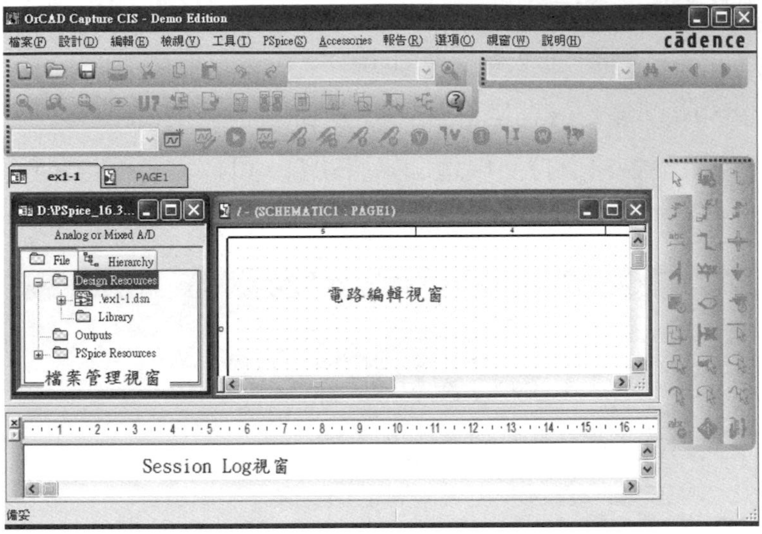

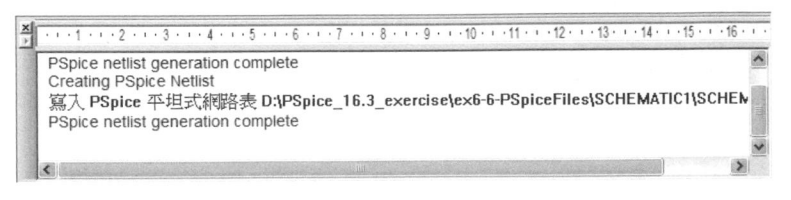

圖 1-5

圖 1-5 是 Capture 功能的三個視窗，這三個視窗功用分別是：

1. 檔案管理視窗：這個視窗負責管理專案內部所有檔案，包括：電路圖、電路圖頁、元件庫…等，另外可以顯示電路階層結構，一直到最下層的元件。

2. 電路編輯視窗：這個視窗可以編輯電路圖，是 OrCAD 軟體內部所有功能的開端，在這個視窗中畫好電路圖，才能執行其他功能。

3. Session Log 視窗：是系統狀態記錄器，負責記錄電路設計過程的訊息，記錄電路圖繪製過程的資料，如果畫電路圖時發生錯誤，可以從 Session Log 視窗中，看到錯誤訊息，按視窗左上角的關閉鍵，可以關掉此視窗，但是這個視窗不會被真正地關閉，只是暫時沒有顯示在螢幕上，如果找不到 Session Log 視窗，可以按 視窗 → Session Log 命令，開啟此視窗，Session Log 視窗如圖 1-6 所示。

圖 1-6

在 Capture 視窗中，較常使用的工具列有 3 個，如圖 1-7 所示，分別說明如下：

1. Capture 工具列：在 Capture 視窗中，是一般功能的工具列，例如：放大、縮小、儲存…等功能。

2. 繪圖工具列：負責繪製電路圖的工具列，是畫電路圖時最常使用的工具列。

3. PSpice 工具列：負責 PSpice 分析相關的工具列，可以執行分析、放置探針…等功能。

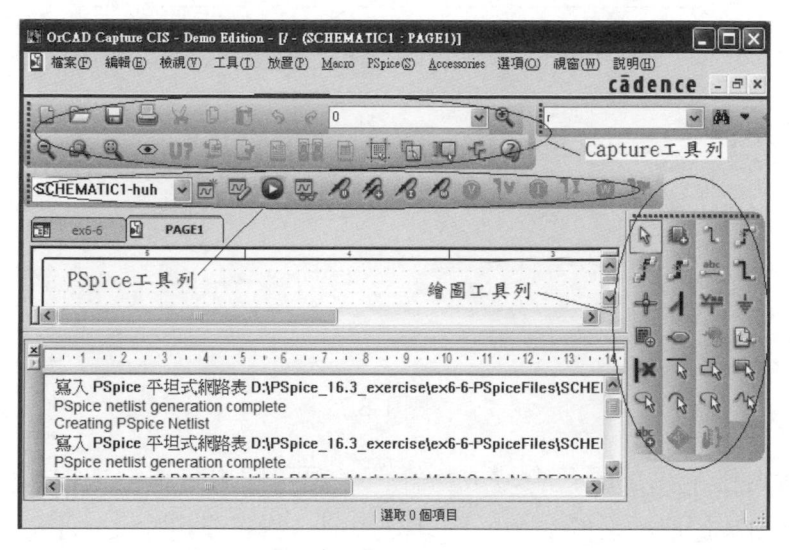

圖 1-7

另外，滑鼠(Mouse)是使用 Capture 功能時，相當方便的工具，雖然滑鼠只有左鍵和右鍵而已，但是可以提供許多種操作，提供使用者快速操作視窗功能和輔助設計電路圖的功用，有關滑鼠的操作方式，如下表所示：

Mouse 按鍵動作	說明
按 Mouse 左鍵一次	選擇一個項目
按 Mouse 左鍵二次	編輯一個項目
按 Mouse 右鍵一次	產生快捷功能表
按 Ctrl 鍵＋Mouse 左鍵一次	選擇或取消一個項目(可重覆選取項目)
選定某項目，按住 Mouse 左鍵，而且移動 Mouse	移動被選定的項目，移動到適當位置，只要放開 Mouse 左鍵，就可以把此項目放置在此位置上。
按住 Mouse 左鍵，而且拉出一個方框	拉出一個方框後，只要在方框內的項目都會被選取，這些項目的顏色會變成粉紅色或虛線框，表示被選取到。

雖然只有兩個鍵(左鍵和右鍵)，但是有六種不同的操作方式可以使用，提供執行 Capture 功能的便利。

前面一直提及 項目 這個名詞，到底有那些東西是屬於項目，事實上，只要是可以被選取，而且此項目變成粉紅色或有虛線框，都是屬於項目，例如：元件(Part)、接腳(Pin)、電路節點(Schematic Net)、特性值(元件名稱、元件值…等)，有關被選取項目的狀態，如圖 1-8 所示。

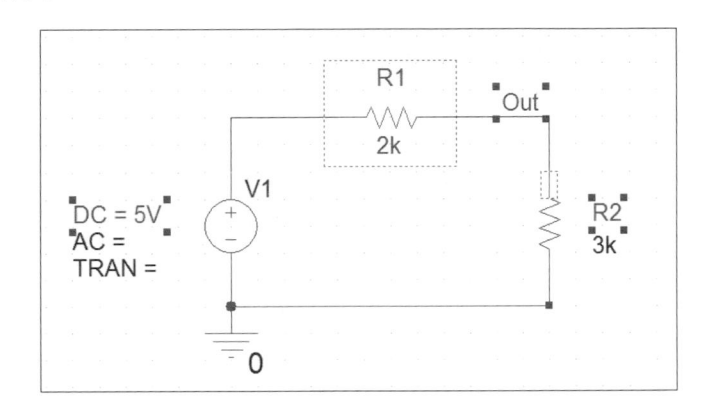

圖 1-8

項目被選取後，項目顏色會變成粉紅色，項目四周有虛線方框包圍或小方塊存在。如果要更動被選取項目的顏色，可以按 選項 → 操控設定 命令，更改項目選取的顏色，如圖 1-9 所示，只要點選顏色方塊，產生 Selection Color 對話盒，修改電路圖中選項的顏色。

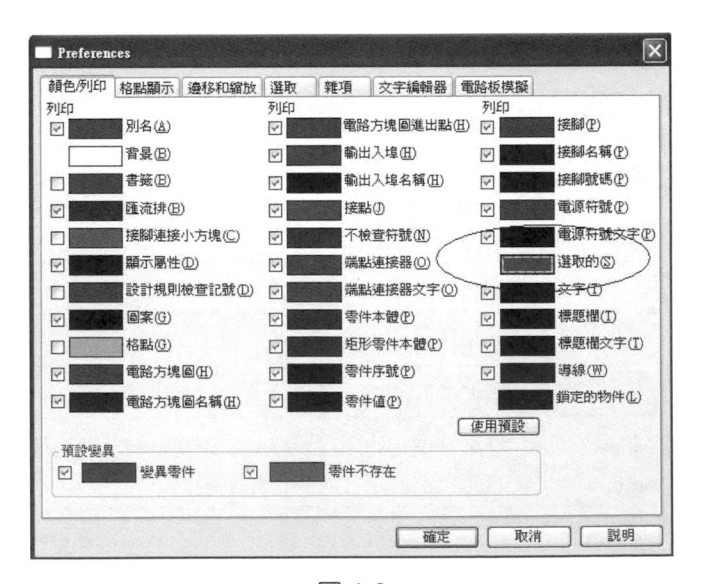

圖 1-9

在圖 1-9 中，按 格點顯示 標籤，產生圖 1-10 設定畫面，此畫面可以設定電路圖上面的格點是否要顯示、顯示的樣式…等，預設的格點樣式是點狀，所以在電路圖上面可以看到許多排列整齊的點，這些點就是格點，放置元件或畫線時，游標會吸附到格點上，畫電路圖變得很方便，所以"游標吸附到格點"的設定不要取消掉，否則畫線時會非常困難。

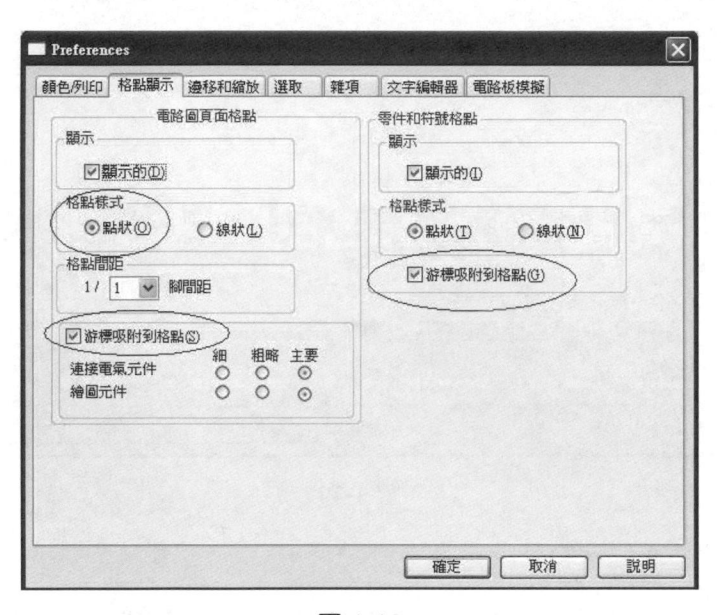

圖 1-10

1-5　更改電路圖頁的大小

如果使用者的電路是比較複雜時，預設的電路圖頁是不夠使用的，電路圖可能沒有足夠空間可以放置所有元件，當然使用者可以分割電路圖成數個模組，每一個電路圖頁畫一個模組。但是如果電路圖是隨意地分割，而不是依據電路功能進行分割，將造成電路繪製過程的極度不方便。事實上，預設的電路圖頁是最小面積，我們可以更改電路圖頁的大小，使得每一張電路圖頁可以放入更多的元件，也會增加畫電路圖時的方便性。

如果使用者有修改電路圖大小的需求，按 選項 → 設計樣板 命令，再按 頁面大小 標籤，產生設計樣板對話盒，如圖 1-11 所示，在設計樣板對話盒中，可以使用二種不同單位：英吋或毫米，採用預設值即可，新頁面大小共有五種規格可以選擇：A、B、C、

D 和 E，越往後面電路圖面積越大，另外還有一種自訂格式，根據使用者需求，選擇適合的頁面大小，這個頁面大小是指電路圖頁(PAGE)的面積，而不是整個電路圖的面積。

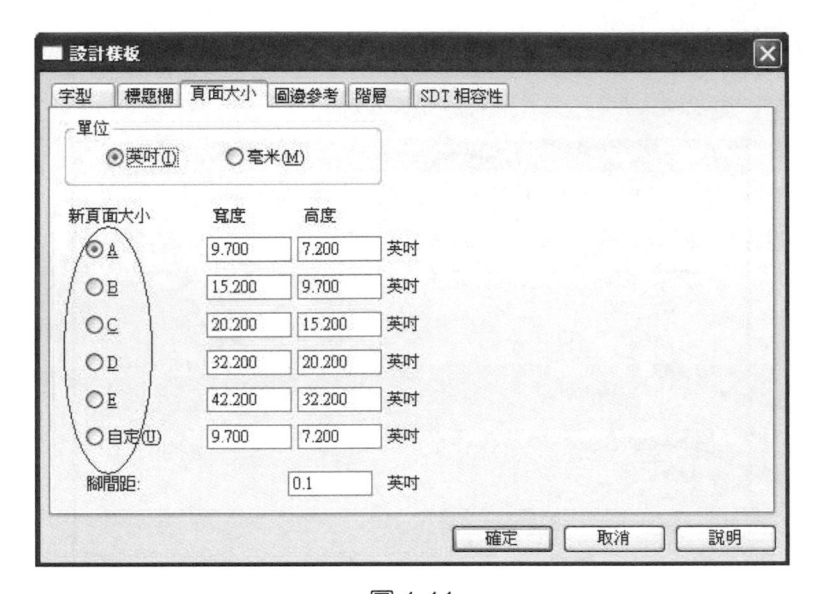

圖 1-11

1-6 PSpice 功能的執行過程及檔案說明

要執行 Capture 功能，需要準備一些必要的輸入檔，例如：訊號檔、元件庫、模型資料庫…等，也會產生一些輸出檔，例如：串接檔、電路檔和別名檔，這些 Capture 功能的輸出檔會變成 PSpice 功能的輸入檔，最後 PSpice 功能執行電路分析工作後，產生文字輸出檔和波形資料庫，如圖 1-12 所示。

從圖 1-12 中，可以看出在 OrCAD 軟體中，較常使用的功能有：激勵信號編輯器產生類比和數位的輸入波形資料，模型編輯器負責設定和修改元件的模型資料，電路編輯器產生電路圖，電路模擬器進行 PSpice 分析工作。

以下是各檔案的內容說明：

1. 訊號檔(Stimulus file)：產生輸入波形的資料，檔案的副檔名可能是.STM 或.STL。
2. 元件庫：元件庫儲存電路圖元件，所以畫電路圖時，需要這些元件，才能完成電路圖，副檔名是.OLB。

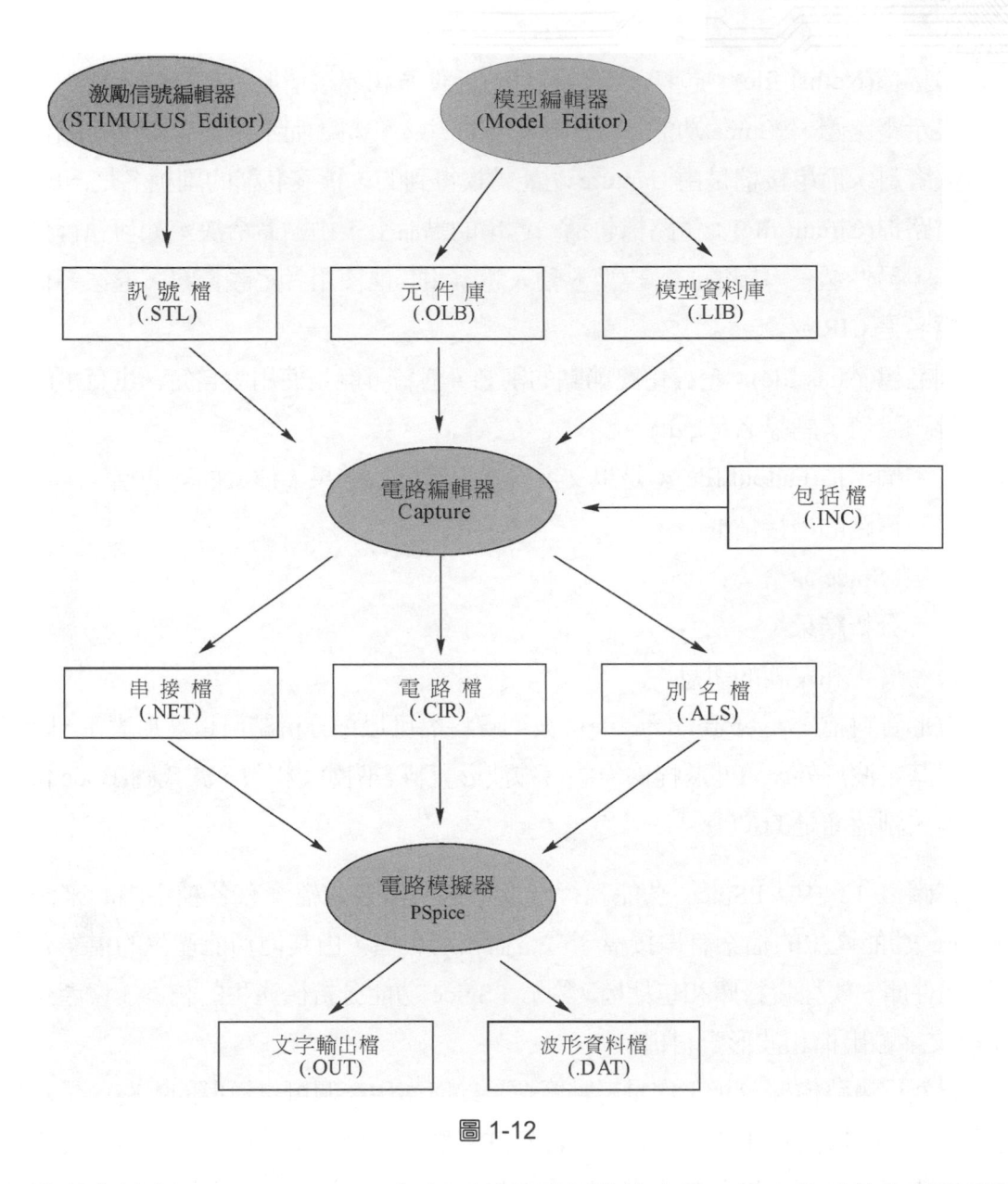

圖 1-12

3. 模型資料庫(Model Library)：包括元件的電氣特性定義，是一些元件生產過程的參數設定，PSpice 功能可以根據這些資料，決定元件的工作情形，內容包括：模型參數組和子電路串接結構。

4. 包括檔(Include file)：此檔案是一個使用者定義的檔案，內容有 PSpice 功能的點命令或出現在 PSpice 輸出檔中的文字說明，副檔名是.INC。

5.　串接檔(Netlist file)：包括：元件名稱、元件值和連接情形，是以文字或數字方式表示電路圖，PSpice 功能是以串接檔當成輸入資料，而不是以實際電路圖當成輸入資料，而串接檔是由 Capture 功能轉換得到的，檔案名稱的副檔名是.NET。

6.　電路檔(Circuit file)：電路檔包括一連串的點命令，由點命令決定如何執行分析工作，另外還有串接情形、模型、輸入訊號和其他使用者定義資料，檔案名稱的副檔名是.CIR。

7.　別名檔(Alias file)：定義電路節點的別名，別名可能是使用者自定，也有可能是系統預設值，副檔名是.ALS。

8.　文字輸出檔(Output file)：是以文字方式表示分析結果，檔案內容包括：
   a.　電路的串接情形
   b.　PSpice 命令
   c.　分析結果
   d.　警告和錯誤的訊息

9.　波形資料檔(Waveform data file)：波形資料檔可以把分析結果以波形表示，除了取得基本波形外，另外還提供一些特殊波形資料，例如：相位、波氏圖(Bode plot)…等，副檔名是.DAT。

　　在圖 1-12 中，PSpice 功能執行分析電路所需要的檔案有各種不同的來源，由 Capture 功能產生的檔案有串接檔、電路檔和別名檔，由其他功能產生的檔案有訊號檔、元件庫、模型資料庫和包括檔。對於 PSpice 功能分析後產生的檔案，會產生兩個檔案(文字輸出檔和波形資料檔)。

　　要執行電路模擬分析工作是有點麻煩，如何產生一個可以模擬的電路，是一件不容易的工作，因為在畫電路圖時，要注意許多事情，例如：接地符號一定要使用 0 元件，才能產生一個可以模擬的電路圖，但是使用者所畫出來的電路圖，常常有許多問題，所以要先學會畫一個可以分析的電路圖，才能進行 PSpice 模擬分析的工作。

PSpice

Chapter 2

建立一個基本的電路檔案

電路設計模擬─應用 PSpice 中文版

2-1　建立電路檔案的準備工作

PSpice 軟體可以讓使用者很容易建立一個所需要的電路圖，使用軟體內部元件庫或自行建立的元件庫，可以組合成一個電路圖。電路圖是所有分析工作的開始，所以此處將介紹如何建立一個基本的電路圖，才能準備進行各種分析工作。而且這個電路圖必須是一個可以分析的電路圖，因為沒有 PSpice 設定參數的元件是無法執行 PSpice 分析工作，所以本章要學習如何建立一個可以分析的電路圖。

建立電路圖之前的準備工作，有下列幾項：

一、認識要使用的元件符號庫

表 2-1 是一些常使用的基本元件庫，除了這些元件庫之外，還有其他元件庫可以使用。

表 2-1

元件庫	說明
abm.olb	PSpice 模擬時，可以用到的函數
analog.olb	有電阻、電容、電感、變壓器、控制電源…
analog_p.olb	有電阻、電容、電感…
breakout.olb	半導體元件(GaAsFET、JFET、MOS、BJT)、開關、DAC、ADC、RAM、ROM…
eval.olb	各種目前正在應用的元件，有數位元件和類比元件可以提供使用
source.olb	各種電源，含接地元件(0)
sourcstm.olb	各種數位電路使用的電源
special.olb	PSpice 所使用的命令及特殊符號

在 16.3 版的 Cadence 軟體中，和以前的 PSpice 軟體比較，有下列一些不同之處，因為不再提供獨立的試用版本，而是和正式版合併使用，如果有許可證(License)，就是正式版的 PSpice 軟體，如果沒有許可證，就是試用版本的 PSpice 軟體，因此可以使用的元件庫變多，有關可以使用的元件庫可以看 C:\Cadence\SPB_16.3\tools\Capture\library\pspice 目錄，副檔名是 olb，這些檔案都是可以執行 PSpice 分析的元件庫。

2-2

二、元件的宣告格式

　　PSpice 軟體並不是直接讀取 Capture 軟體所畫的電路圖，而是讀取經過轉換過的串接檔，由電路圖的串接檔(如圖 2-28)中可知，元件有一定的宣告格式，以下介紹元件的宣告格式。

　　所有元件宣告格式的開頭字母，如表 2-2 所示，這包含所有的基本元件：被動元件、主動元件和半導體元件。從表中我們可以看出元件的開頭字母，元件的開頭字母有何作用？將在下面的元件範例中說明。

　　元件基本宣告格式是：

> 開頭字母_元件名稱＋連接情形＋元件屬性

　　例如：R_R1　　　In　　　2　　　1K

1. 元件名稱：當我們選擇好要放置的元件後，例如：電阻(R)要放置在電路圖中，系統會依次把元件名稱設定為 R1，R2…。在元件名稱 R1 上，連點 mouse 左鍵兩次，得到圖 2-1 的對話盒，可以看見元件名稱的特性值。開頭字母表示此元件的種類，例如：R 表示電阻元件，開頭字母和元件名稱之間必須要有一個底線符號(_)，開頭字母如表 2-2 表示。

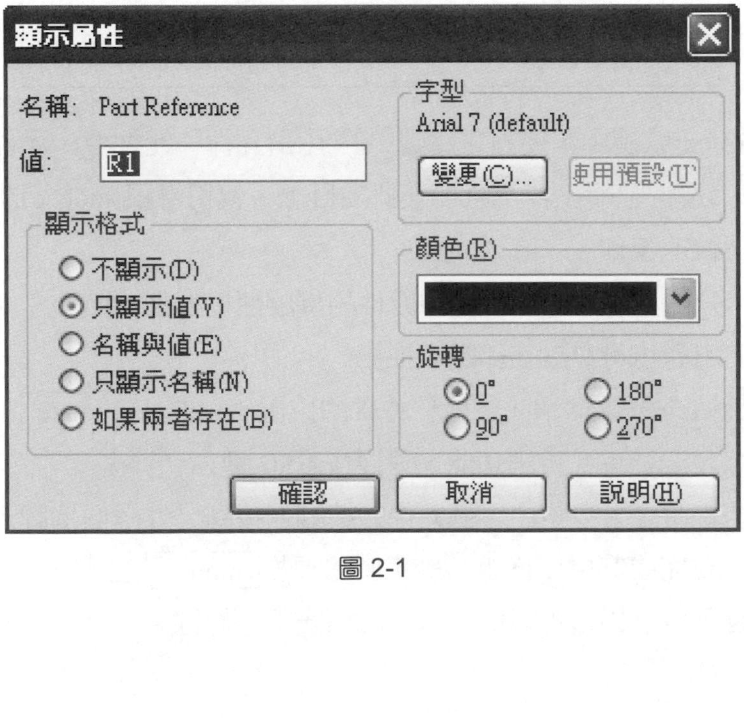

圖 2-1

表 2-2

電路元件	開頭字母
GaAsFET	B
電容	C
二極體	D
電壓控制電壓源	E
電流控制電流源	F
電壓控制電流源	G
電流控制電壓源	H
獨立電流源	I
接面場效電晶體	J
變壓器	K
電感	L
金氧半場效電晶體(MOS)	M
雙極電晶體(BJT)	Q
電阻	R
電壓控制開關	S
傳輸線	T
獨立電壓源	V
電流控制開關	W
子電路	X

在 PSpice 軟體中，要對電路圖中的項目(元件、元件值、元件名稱、元件屬性、連線…)進行編輯工作，只要在此項目上，使用滑鼠(mouse)左鍵連按兩次，就可以進行修改工作。

2. 連接情形：只需要利用導線，把各元件的接腳連接起來，節點名稱可由軟體自動設定，或使用者也可以設定節點名稱。

選擇 放置 → 導線 命令，在所要連線的位置，只要按 mouse 左鍵一次，就可以開始畫線，要結束此畫線功能，只要按 ESC 鍵。

由於畫線時，大多是由一個元件的接腳連接到另外一個接腳，如果不是畫最後一條線，要完成其中一條線，結束時只要按 mouse 左鍵一次，即可以畫好這條線，而且不會跳出畫線功能，可以繼續畫下一條線。

畫線時，並不需要很精密定位，例如：要連接某一接腳到另一個接腳，只要在接腳附近，按 mouse 左鍵一次，即可以畫線。

3. 元件屬性：每一個元件被取用時，會有一個初始的屬性，例如：所有電阻(R)的屬性：電阻值都是 1K，之後再修改電阻值。

　　元件的屬性會隨著元件種類不同而有所不同，使得屬性的數量和內容也會不同，有些元件的屬性相當簡單，例如：電阻，有些元件則比較複雜，如電壓源(VSRC)的屬性。

　　在電壓源元件上，連按 mouse 左鍵兩次，產生屬性編輯器，可以編輯此元件的所有特性值，如圖 2-2 所示。

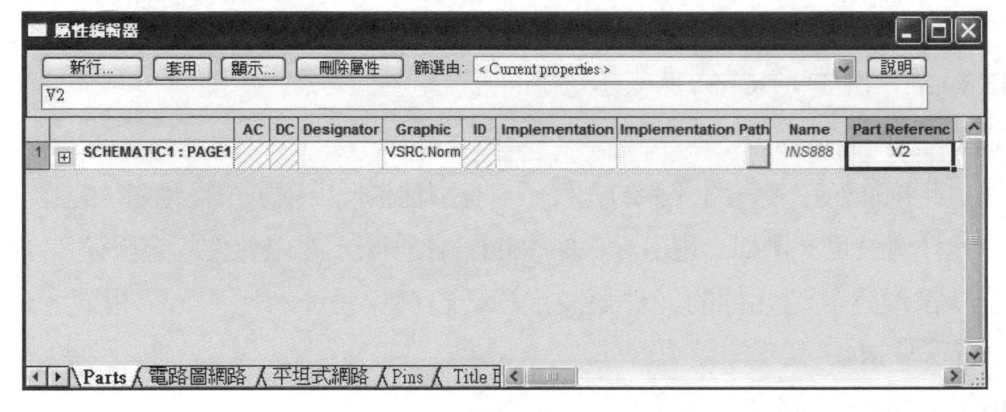

圖 2-2

　　從上面對話盒中(屬性編輯器)，可以看到電壓源元件的部份特性值，重要的特性值說明如下：

1. Reference (包裝參考名稱)

　　此特性值定義元件的包裝參考名稱，例如：V1,Capture 軟體會自動編列此名稱，一般都是開頭字母後再加上數字，如果呼叫兩個元件以上，則數字按照順序增加，例如：V1、V2…，另外使用者也可以修改此特性值，例如：Vin。

2. Designator(邏輯閘編號)

　　由於數位元件中，同一顆 IC 可能具有多個數位元件，要分辨這些數位元件，所以此特性值就是用來區別同一顆 IC 中的元件。例如：某個 74 系列 IC，包含四個邏輯閘，使用 A、B、C 或 D 來區別這四個邏輯閘。

3. Part Reference (元件參考名稱)

此特性值定義元件的參考名稱，這是定義電路圖的元件名稱，所以 Part Reference 也可以視為元件名稱，一般而言、類比元件通常沒有 Designator 特性值，所以 Part Reference 會和 Reference 相同，例如：某電壓源的元件名稱是 Vin，Reference 是 Vin，而 Part Reference 也是 Vin，在 PSpice Template 特性值中一定要有 Part Reference 特性值。

如果是數位元件時，Part Reference 就是 Reference 和 Designator 的組合，例如：U1A。

4. DC、AC、TRAN(電源的元件值)

此特性值定義電源元件的直流電壓值(DC)、交流電壓值(AC)或暫態電壓值(TRAN)，例如：DC=3V，表示電源的直流電壓值是 3V。

5. Value(元件值)

此特性值定義電路元件的元件值，有兩種情形出現，一是電阻、電感、電容的元件值設定，例如：電阻元件的 Value=1K，表示電阻元件的電阻值為 1K，另一種情形是其他元件的元件值設定，一般都和元件的元件名稱相同，例如：Value=VSRC。

6. PSpice Template(轉換格式)

此特性值是專門提供模擬分析時使用的特性值，也就是把電路圖中的元件轉換成串接檔的轉換規則，在 PSpice 軟體中，此特性值一定要有，才可以進行模擬分析，因為串接檔中的元件格式就是由此特性值所產生的。

以下是 PSpice Template 特性值要特別注意的事項：

(1) PSpice Template 特性值中的接腳名稱，必須和元件的接腳名稱相符合。

(2) PSpice Template 特性值中接腳的數目及順序，必須和.MODEL 或 .SUBCKT 中定義的接腳數目及順序相符合。

(3) PSpice Template 特性值的第一個字元，必須是此元件的開頭字母，有關開頭字母的說明，請看表 2-2。

7. IO_LEVEL(介面等級)

　　當數位元件連接到類比元件時，由於元件特性不同，所以必須要定義兩者之間如何連接，IO_LEVEL 特性值就是定義子電路模型的介面等級，此特性值共有 5 個等級可以使用，代表不同的介面等級。

8. Mntymxdly(傳播延遲)

　　Mntymxdly 特性值定義數位元件的傳播延遲等級(Propagation delay level)，只能用在數位元件的特性值中，此特性值共有 5 個等級可供使用，代表不同的傳播延遲時間，如下所示：

延遲等級	代表意義
0	電路的預設值
1	最小值(minimum)
2	標準值(typical)
3	最大值(maximum)
4	最壞情況(worst-case)

三、 按 檔案 → 開啓 → 專案 命令，產生檔案管理視窗和電路編輯視窗，以下說明檔案管理視窗的內容，如圖 2-3 所示：

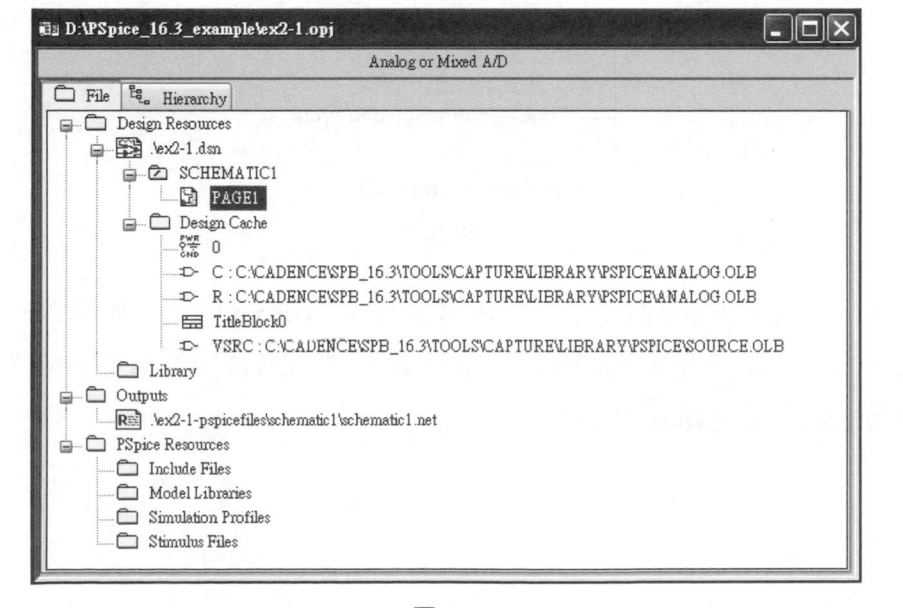

圖 2-3

視窗有兩種形態：File 和 Hierarchy，說明如下：

1. File：以檔案的階層格式表示。

2. Hierarchy：以電路的階層格式表示。

目前的視窗形態是 "File"(圖 2-3)，檔案階層共分為四層，如圖 2-4 所示。

從圖 2-4 可知，所謂檔案階層共分為四層。(主要是對電路圖而言)，因為電路圖由上到下可分為：設計資源檔、電路設計組、電路圖和電路圖頁四層。

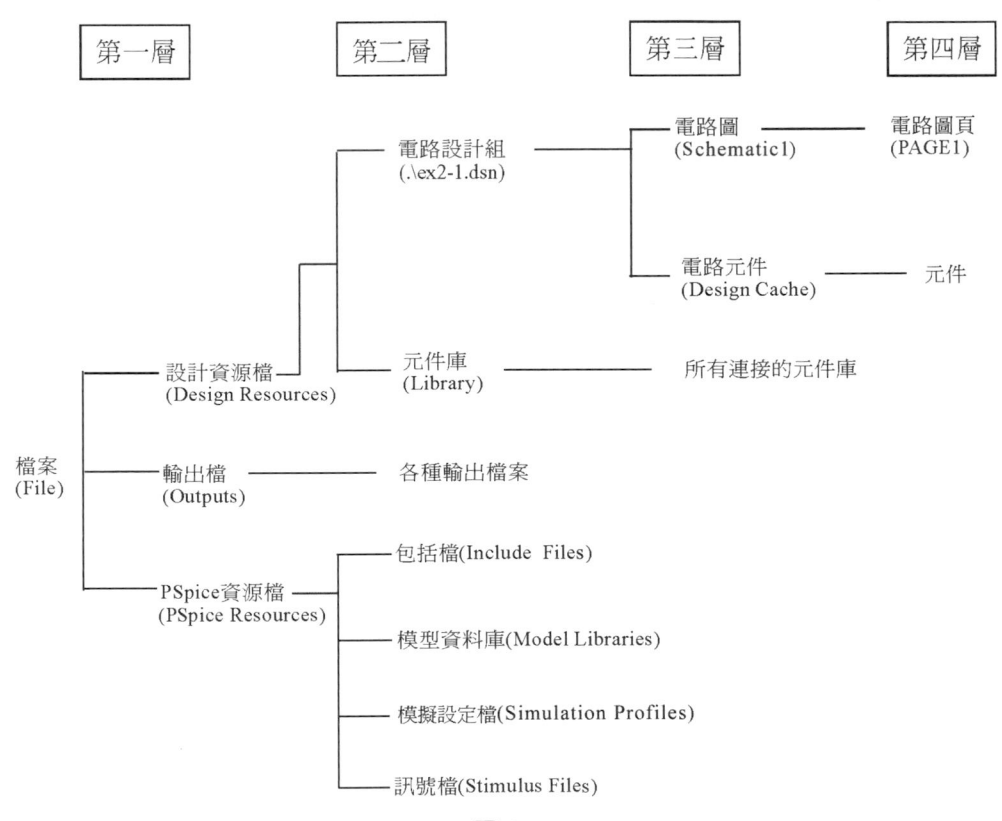

圖 2-4

接下來、按 Hierarchy 標籤，改變視窗形態為 "Hierarchy"，如圖 2-5 所示。

由圖 2-5 可以知道各電路圖檔案之間的關係，在比較簡單的電路圖結構中，電路圖階層只分成兩層：電路圖和元件。

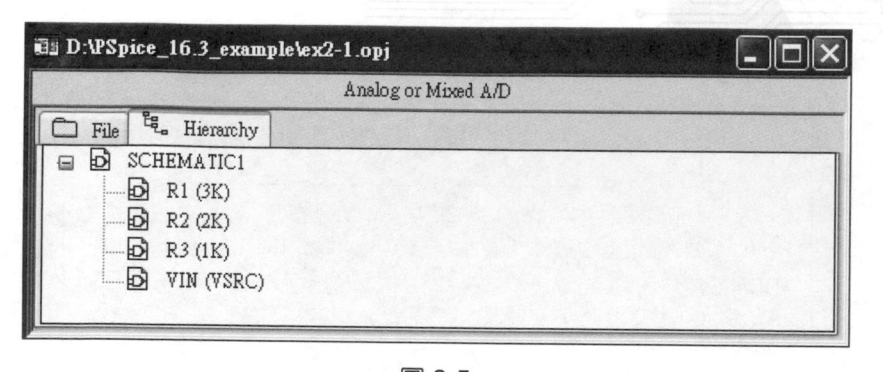

圖 2-5

2-2 完成一個電路圖

有關畫電路圖的步驟,如圖 2-6 所示:

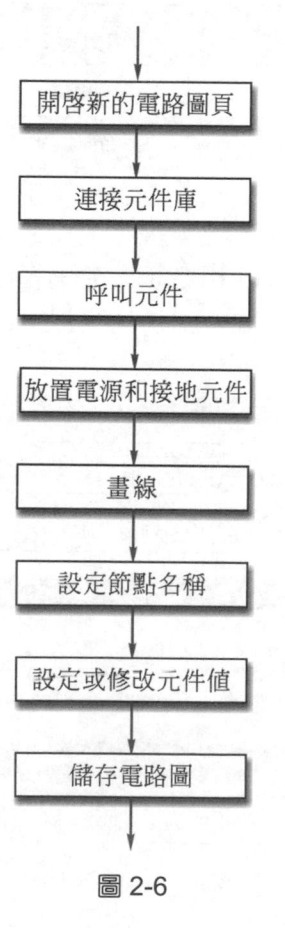

圖 2-6

本節要完成一個電路圖，如圖 2-7 所示。

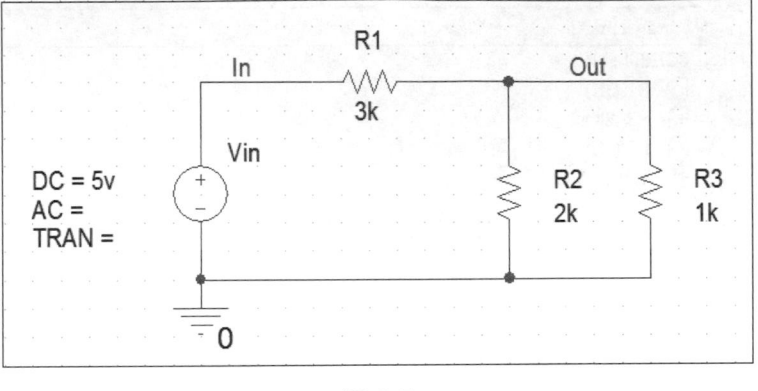

圖 2-7

使用元件的種類，如下表所示：

元件	元件庫	元件種類	元件設定
R	analog.olb	電阻	1K、2K、3K
VSRC	source.olb	電壓源	DC=5V
0	source.olb	接地元件	

此電路圖需要設定兩個節點(In 和 Out)，分別在輸入端和輸出端的位置。

以下是畫電路圖的步驟：

一、開啓新的電路圖頁及連接元件庫：

1. 按 開始 → 所有程式 → Cadence → Release 16.3 → OrCAD Capture CIS 命令，啓動 Capture 軟體。產生 License 對話盒(圖 2-8)，按 是(Y) 。

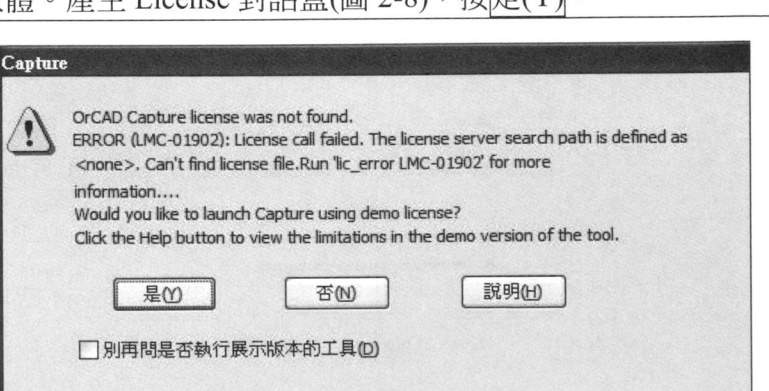

圖 2-8

2. 在 "OrCAD Capture CIS-Demo Edition" 視窗中，按 檔案 → 新增 → 專案 命令，產
　 生 "新增專案" 對話盒，如圖 2-9 所示：

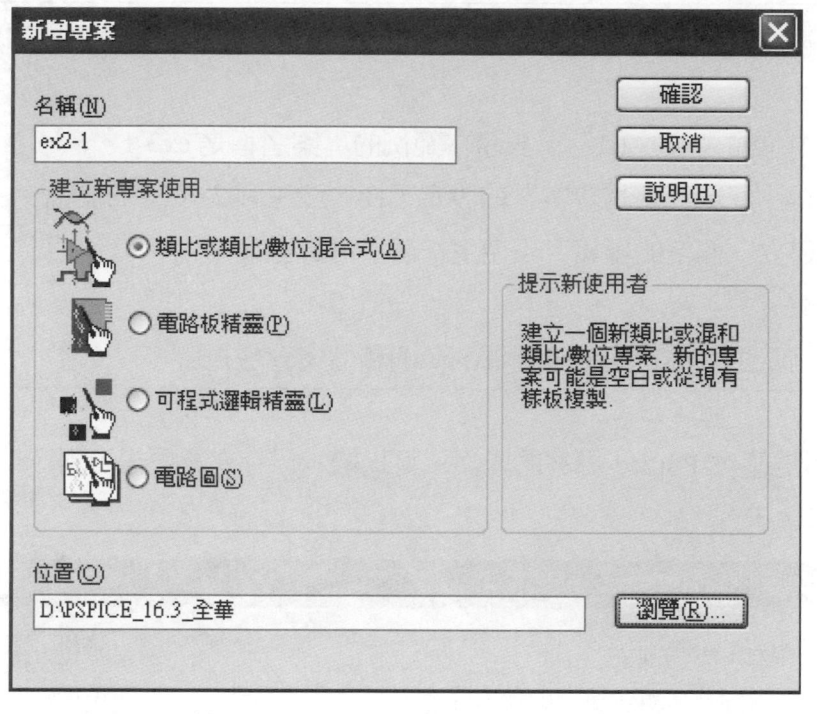

圖 2-9

　　由圖 2-9 中，共有 4 種選擇提供使用者應用，所產生新的專案，會因 4 種選
擇而具有不同的特性，說明如下：

選項	特點說明
類比或類比／數位混合式	開始設計和模擬一個類比／數位電路，這個選項提供最快的方法
電路板精靈	設計系統等級的電路，可產生 PCB 板，這個選項是最好的方法
可程式邏輯精靈	設計 CPLD 或 FPGA 元件，這個選項是最快方法。
電路圖	要產生空白電路圖，這個選項是最快方法。

　　在以前的 PSpice 軟體的版本中，位置和名稱都不可以有中文字存在，但是現
在這個版本已經可以使用中文路徑和中文檔名。

注意：要執行電路分析工作，一定要選擇 "類比或類比／數位混合式"，在檔案管理視
窗的上面，可以看見 Analog or Mixed A/D 才是可以進行分析的模式。

在位置(O)欄位中,可以設定檔案儲存的位置(目錄),最好自行建立一個專門的子目錄,儲存你的電路資料,按瀏覽鍵,可以設定所要的目錄。

3. 選擇"類比或類比/數位混合式"選項,在位置(O)欄位,設定所要儲存檔案的目錄。
4. 在名稱中,輸入"ex2-1",表示本範例的專案名稱是 ex2-1。
5. 按確認鍵,完成"新增專案"的設定工作,產生圖 2-10 的對話盒。
6. 點選"建立一個空的專案",產生一個空白的專案。
7. 按確認鍵。
8. 系統立刻產生一個新的電路圖頁(page1)和檔案管理視窗。

圖 2-10 是產生 PSpice 專案的畫面,可以繼承已存在的專案資料,或產生一個空白的專案。

圖 2-10

二、呼叫元件及放置元件:

1. 呼叫及放置電壓源(VSRC)元件:

(1) 在電路編輯視窗(page1)中,按 mouse 左鍵一次,可以在視窗的右邊看到工具列。(如果未點選電路編輯視窗,右邊工具列是無法使用)
(2) 按放置→零件命令,或按工具列的圖示,產生 Place Part 對話盒。
(3) 按 Place Part 對話盒的"連接元件庫"圖示(圖 2-11),連結 analog 和 source 元件庫,如圖 2-11 所示。

圖 2-11 對話盒共有 3 個畫面,說明如下:
① 零件:選擇所要的元件,有兩種方式選擇。

a.　直接在＂零件＂格子中，輸入元件的名稱，例如：要呼叫元件 VSRC，只要鍵入＂VSRC＂。

b.　利用 mouse 左鍵，在零件格子下的＂零件列表＂中選取。

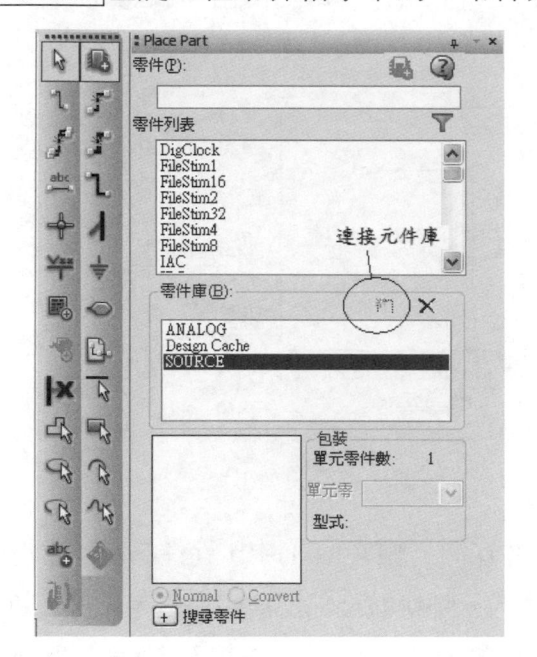

圖 2-11

②　零件庫：選擇所要的元件庫，用 mouse 左鍵點選，反白元件庫中之元件就顯示在上面的元件串列中，如果所有元件庫都反白，表示所有連結的元件都可以看到，例如：VSRC/SOURCE 表示 source 元件庫中的 VSRC 元件，如果只點選一個元件庫，則只會顯示元件名稱，如圖 2-11 所示。

③　元件畫面：你所選擇元件的元件圖形會顯示在此畫面中，根據元件圖形，可以確定此元件是否是你所要的元件。

圖 2-11 中，另外還有兩個選項可供選擇：

①　圖形：可以選擇 Normal 或 Convert 兩種形式的元件圖形，所有元件都有 Normal 形式的元件圖形，只有一部份的數位元件才有 Convert 形式，Convert 形式是指狄摩根等效關係式(DeMorgan equivalent)的轉換形式。

②　包裝：一般只有 IC 元件才有此種情況，在一個包裝(IC)中有數個元件，例如：7403 元件的包裝選項和元件圖形，如圖 2-12 所示。

在圖 2-12 中，圖右下角的兩個圖形分別表示這個元件的用途，元件有左邊圖形，表示這個元件可以執行 PSpice 分析，如果你所呼叫的元件沒有這個圖形，表示不能進行 PSpice 分析工作，如果元件有右邊圖形，表示可以放在印刷電路板中，產生 PCB 板。

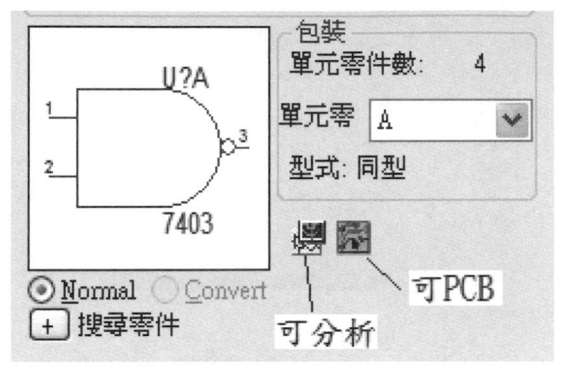

圖 2-12

如果有 4 個元件在同一顆 IC (U1)中，元件的編號分別為 U1A、U1B、U1C 和 U1D，同一顆 IC 中的元件應該全部都被用完後，才可以使用下一顆相同形式 IC。

如果找不到可用的元件，可以按 "連接元件庫" 圖示，增加連結的元件庫，或是按 +搜尋零件 鍵，搜尋元件。

在圖 2-11 中，按 "連接元件庫" 圖示，產生下面對話盒，如圖 2-13 所示。

圖 2-13

所有元件庫都在畫面中，你可以選擇所要的元件庫(未連結的元件庫)，再按
開啟鍵，就完成連結動作。

在圖 2-11 中，按×鍵，可以移除選擇的連結元件庫。

按圖 2-11 中搜尋零件的＋鍵，會產生圖 2-14 的對話盒。

圖 2-14

在搜尋目標格子中，輸入元件名稱，例如：7403，按 Enter 鍵，開始搜尋元
件。

搜尋到 7403 元件時，在零件庫欄位中，產生 "7403/eval.olb"，用 mouse 左鍵點
選，使之反白，按加入鍵，即完成搜尋工作(7403/eval.olb 表示 7403 元件在 eval.olb
元件庫中)，並且把 eval 元件庫加入連接。

進行元件搜尋時，要特別檢查搜尋路徑是否正確，按路徑後面的……鍵，可
以決定搜尋的路徑，路徑必須是 C:\Cadence\SPB_16.3\tools\capture\library\pspice
目錄才正確，如圖 2-15 所示。

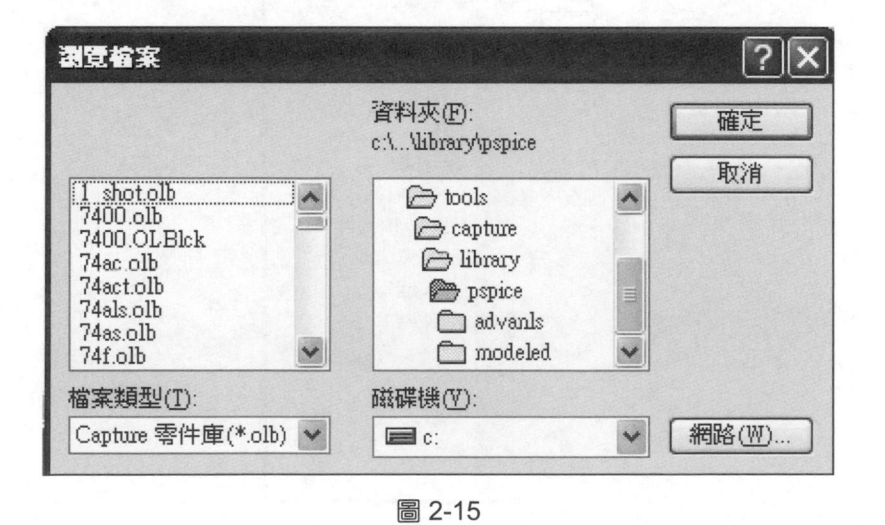

圖 2-15

(4) 在"零件庫"格子中，用 mouse 左鍵點選 Source，再到零件列表中，點選 VSRC 元件(用 mouse 左鍵)。或是在"零件"格子中，鍵入 VSRC。

(5) 按 Enter 鍵，游標出現元件的簡圖。(或按右上角的 Place Part 圖示(IC 上有一個＋的圖示))

(6) 游標自動移到電路圖頁(page1)中。

(7) 按 mouse 左鍵一次，可以放置好 VSRC 元件。

(8) 按 mouse 右鍵一次，產生快捷功能表，如圖 2-16 所示。

(9) 選擇結束模式命令，結束呼叫及放置元件。

注意：按 ESC 鍵，也可以結束呼叫及放置元件的動作，比較方便。

到目前為止，你已經知道如何呼叫元件，但是要如何放置元件，在"Place Part"對話盒中，只要選擇好所要的元件，按 Enter 鍵後，游標出現元件的簡圖，請依下列步驟放置元件：

① 移動游標到電路圖頁的適當位置，並且按 mouse 左鍵，可以放置好元件。

② 此時游標仍有元件簡圖存在，表示可以放置下一個相同元件，移動游標到另一個位置，放置第二個元件。

③ 接下來，要結束放置元件，可以按 mouse 右鍵，產生快捷功能表，如圖 2-16 所示。

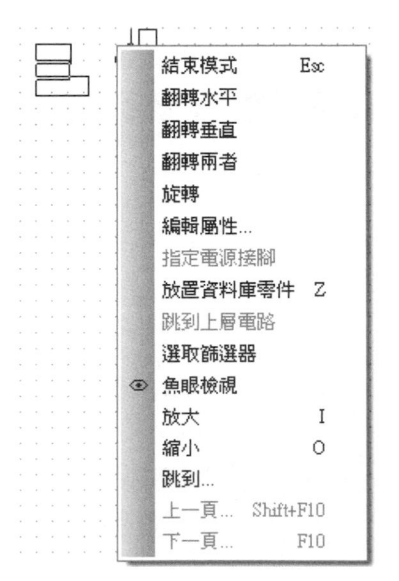

圖 2-16

④ 選擇結束模式，結束放置元件的工作。(所有畫電路圖的動作要結束時，都要利用快捷功能表中"結束模式"功能，結束執行的動作，當然也可以按 ESC 鍵，這種方法比較快。)

要放置元件之前，元件的方向可能不是所要的方向，所以要轉動元件的方向，下表是一些時常使用的命令：

表 2-3

功能	快捷功能表	主功能表	Hot Key
左右對換	翻轉水平	編輯→翻轉→左右翻轉	H
上下對換	翻轉垂直	編輯→翻轉→上下翻轉	V
逆時針旋轉 90 度	旋轉	編輯→旋轉	R
放大視窗	放大	檢視→縮放顯示比例→放大	I
縮小視窗	縮小	檢視→縮放顯示比例→縮小	O

2. 呼叫及放置電阻(R)元件：

(1) 按 放置 → 零件 命令，產生圖 2-11 對話盒。

(2) 在"零件庫"格子中，用 mouse 左鍵點選 Analog。在"零件"格子中，鍵入 R。

(3) 按 Enter 鍵，游標出現元件(R)的簡圖。

(4) 游標自動移到電路圖頁(page1)的適當位置。

(5) 按 mouse 左鍵一次，可以放置好 R1 元件。

(6) 移動游標到另一個位置，放置 R2 元件，但是元件方向不對，需要逆時針旋轉 90 度，按 編輯 → 旋轉 或按 R 鍵，旋轉元件方向。

(7) 按 mouse 左鍵一次，可以放置好 R2 元件。

(8) 再把游標移到 R3 元件的位置，按 mouse 左鍵一次，放好 R3 元件。

(9) 按 mouse 右鍵一次，產生快捷功能表。

(10) 選擇 結束模式 命令，結束呼叫及放置元件。

(11) 按 Place Part 對話盒右上角的 ✕ 鍵，關閉 Place Part 對話盒。

3. 呼叫及放置接地元件(0)：

(1) 按放置→接地命令，產生圖 2-17 對話盒。

通常接地元件一定要使用 0 元件，不可以使用其他接地元件，例如：GND、GND_EARTH……，主要原因是 0 元件的名稱(N)是"0"，PSpice 軟體所用的接地節點名稱是"0"，所以 0 元件才可以當成接地元件，當然其他接地元件的名稱改成"0"後，也可以當 PSpice 軟體的接地元件。

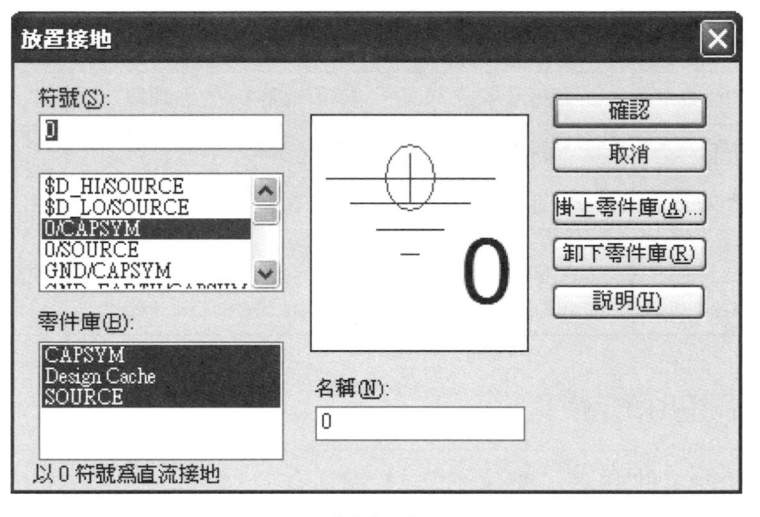

圖 2-17

在畫電路圖時，有幾個元件和接地元件一樣，有較特殊的呼叫方式，呼叫這些元件的方式類似呼叫接地元件，如下表所示：

命令	元件庫	常用元件	用途
放置→接地	CAPSYM / Source	0	接地符號
放置→電源	CAPSYM	VCC_CIRCLE	連接符號(通常用在電源)
放置→端點連接器	CAPSYM	OFFPAGELEFT-R	不同電路圖頁之間的連接

(2) 在"零件庫"格子中，用 mouse 左鍵，點選 CAPSYM 或 SOURCE，在"符號"格子中，點選 0。

(3) 按確認鍵，游標出現元件(0)的簡圖。

(4) 游標移動到適當位置，按 mouse 左鍵，放好接地元件。

(5) 按 mouse 右鍵一次，產生快捷功能表。

(6)　選擇結束模式命令，結束呼叫及放置接地元件工作。

此時電路圖，如圖 2-18 所示。

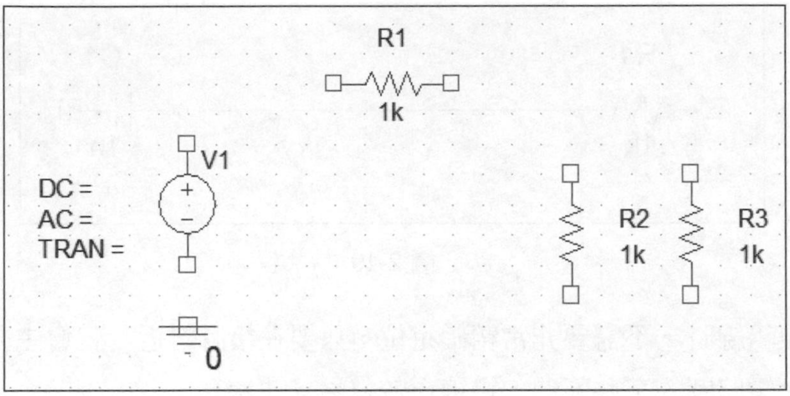

圖 2-18

三、畫線

1. 按放置→導線命令，游標變成十字形式，表示可以開始畫線。
2. 移動游標到起點位置(某個元件的接腳)，按 mouse 左鍵一次，開始畫線。
3. 移動游標到終點位置，再按 mouse 左鍵一次，完成一條線。
4. 此時游標仍然是十字形式，可以畫下一條線。
5. 完成所有畫線，按 mouse 右鍵，產生快捷功能表。
6. 選擇結束導線命令，結束畫線工作。

　　接放置→導線命令或按 W 鍵，游標變成十字形狀，表示可以開始畫線。

　　在 R1 元件的起點(右邊接腳)，按 mouse 左鍵一次，開始畫線，移動游標到 C1 元件的終點(左邊接腳)，按 mouse 左鍵一次，完成 R1 元件到 C1 元件之間的畫線。接下來，可以繼續畫下一條線，此時游標形狀仍然是十字形狀，完成所有畫線，就可以中止畫線工作，按 mouse 右鍵，產生快捷式功能表，選擇結束導線命令，結束畫線工作，圖 2-19 是完成圖。

　　按 W 鍵，可以開始畫線或結束畫線，按 ESC 鍵，可以結束整個畫線動作，另外按 ESC 鍵可以結束所有放置動作，是相當方便的方法。

　　所有元件的接腳未連接前，其接腳都有一個空心小方塊，此小方塊表示要連線的位置，即接腳的位置，只要連線後，小方塊就會不見，可以利用小方塊檢查是否所有接腳都完成連接，大部份接腳通常都需要連接，否則進行 PSpice 分析時，會發生錯誤，只有少部份元件的接腳允許不連接。

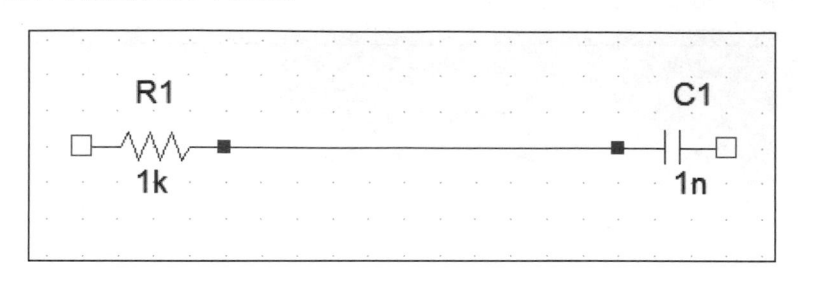

圖 2-19

使用滑鼠畫線時，不需要非常精確定位，只要在接腳附近，就會主動連線，所以建議可以放大電路圖的某些區塊，畫線會較容易且快速。

如果畫線要轉彎時，只要在轉彎點，按 mouse 左鍵 1 次，即可以轉一個彎，每按 mouse 左鍵 1 次，就可以轉一個彎，如圖 2-20 所示：

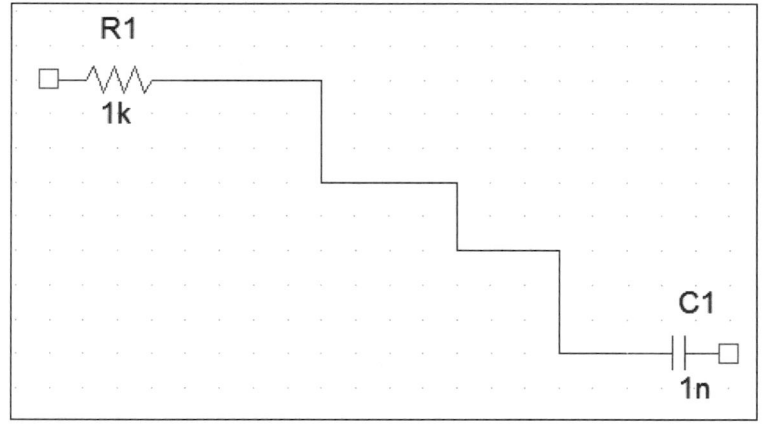

圖 2-20

由圖 2-20 可知，按 mouse 左鍵，可以畫線，也可以轉彎，畫線起點和終點一定是接腳(小方塊)或連線，如果轉彎點是接腳或導線，則會自動連接，所以要小心畫線。

畫線時，還有一些需要注意的情況，如下所示：

在圖 2-21 中，共有兩種情況：

1. 兩條線不相連：這是跨線，當畫線時，只要跨過交叉點，不要在交叉點上按 mouse 左鍵，就會使得兩條線不相連。

2. 兩條線相連：有兩種方式可以完成兩條線相連，如下所示：

(1) 先連接到交叉點，再從交叉的接點，連接到終點。

(2) 先完成跨線，再按 放置 → 接點 命令，把接點放在交叉點上。

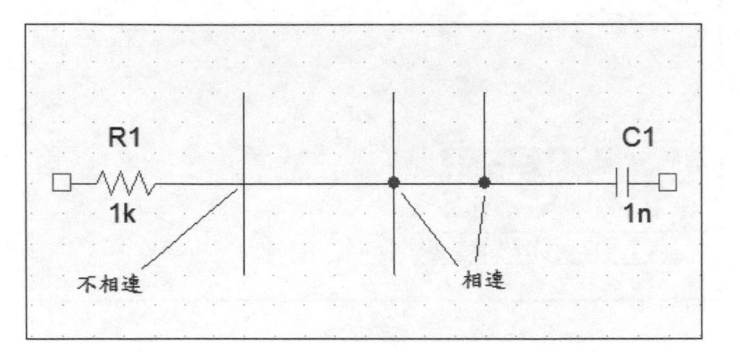

圖 2-21

兩條線相連必然會有接點存在，如果沒有接點，表示兩條線沒有相連，如圖 2-21 所示，如果交叉點在接腳上，也會有接點存在。

此時電路圖變成如圖 2-22 所示。

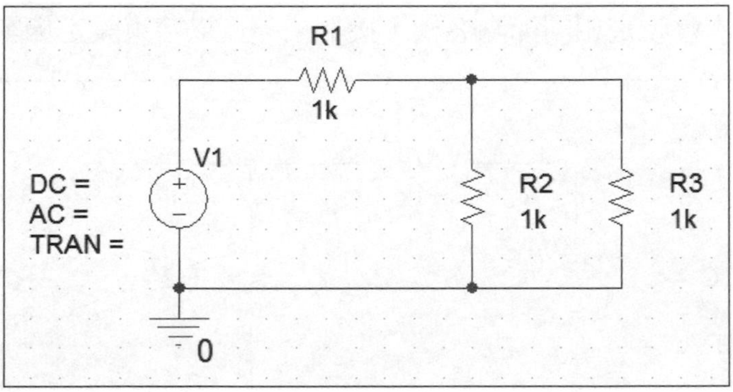

圖 2-22

在這個版本的 Capture 軟體中，增加自動畫線功能，按 放置 → 自動導線 命令，可以自動畫線，但是軟體似乎會自動關閉(經作者測試後)，所以建議不用此部份功能。

四、設定網路別名或節點名稱：

1. 按 放置 → 網路別名 命令，產生"放置網路別名"對話盒，如圖 2-23。

電路圖轉換成 PSpice 的電路輸入檔後，電路輸入檔就是串接檔，網路別名就會變成節點名稱，在電路圖中，In 和 Out 稱為網路別名，但是在串接檔中，較常稱為節點名稱。

圖 2-23

在別名格子中，輸入網路別名或節點名稱，例如：In，按 確認 鍵後，游標位置多了一個方框，此方框表示節點名稱，移動游標，使方框的一邊和線重疊，表示此節點名稱定義在這條線上，如圖 2-24 所示，按 mouse 左鍵，放好節點名稱，此時仍然有方框，表示可以再放置節點，但是節點通常不會重複，除了你要讓兩節點相連，才會設定相同節點名稱，接下來，可以結束設定節點名稱的功能。

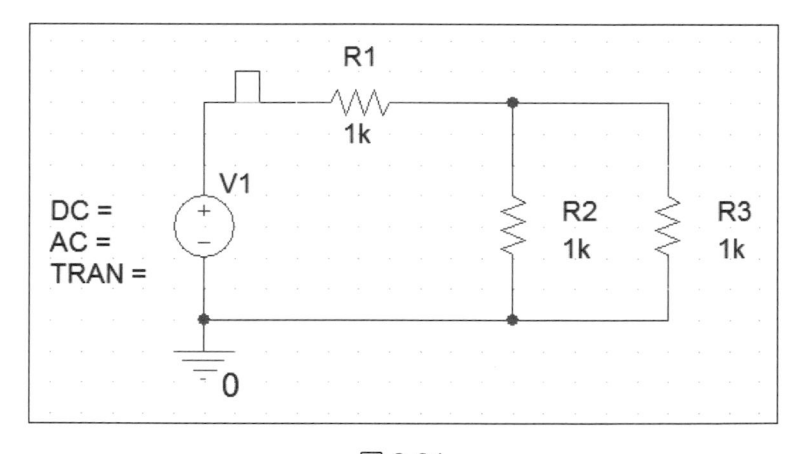

圖 2-24

按 mouse 右鍵，產生快捷功能表，點選 "編輯屬性" 功能，可以輸入另一個節點名稱(名稱不同)，如果節點名稱後面有數字，則可以連續放置節點名稱，數字會自動遞增，按 ESC 鍵，可以中止放置節點名稱功能。

按 mouse 右鍵，產生快捷功能表，選擇 結束模式 命令，也可以結束設定節點名稱。如果有其他節點名稱需要設定，則要重新按 放置→網路別名 命令，設定不同的節點名稱。

2. 在"別名"格子中，輸入 In。

3. 按確認鍵，游標出現一個方框。

4. 移動游標，使方框的一邊和輸入端的線重疊，按 mouse 左鍵一次，此時可以放好節點。

5. 按 mouse 右鍵，產生快捷功能表。

6. 選擇結束模式命令，結束設定節點工作。

7. 重覆上面步驟，只是在"別名"格子中，輸入 Out，同時方框要和輸出端的線重疊。

五、設定元件特性值(屬性)和使得元件特性值顯示：

1. 在 VSRC 元件上，用 mouse 左鍵連按兩次，產生元件的屬性編輯器，如圖 2-25。

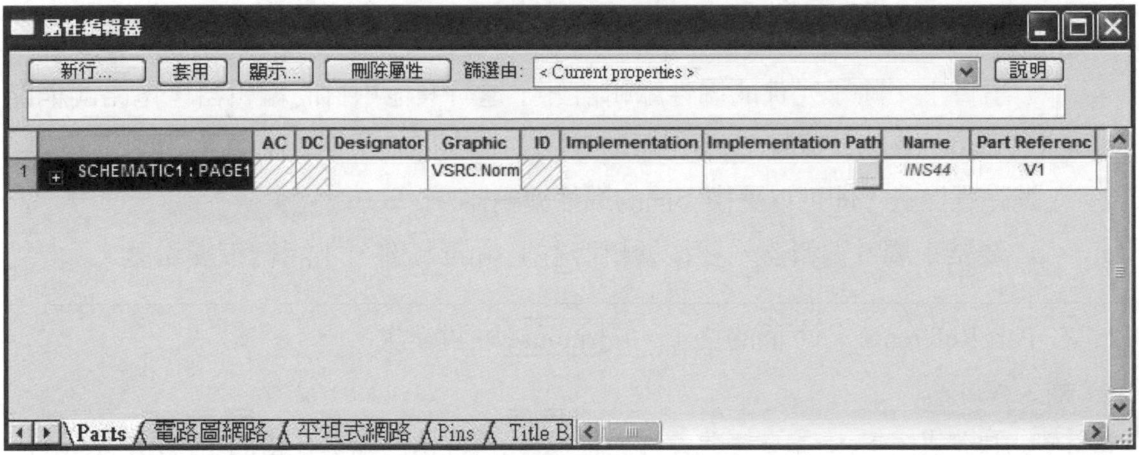

圖 2-25

　　屬性就是元件特性值，因為在 PSpice 軟體中，較常使用元件特性值，因此說明內容均採用元件特性值表示。

　　點選某元件，再按 mouse 右鍵，產生快捷功能表，選擇編輯屬性命令，也會產生屬性編輯器。

　　圖 2-25 是元件的屬性編輯器，儲存元件的特性值，假如要設定 V1 的 DC 特性值，在屬性編輯器的 DC 欄位上，按 mouse 左鍵一次，輸入 5V，再按套用鍵，就可以設定元件 DC 特性值，此時會產生一個復原警告訊息，按是(Y)鍵，完成修改動作。

　　另外你也可以修改電路中的特性值，例如：VSRC 元件的元件名稱(Part

Reference)是 V1，你要修改成 Vin，只要在 Part Reference 上，按 mouse 左鍵一次，輸入 Vin，再按套用鍵，就可以更改元件 Part Reference 特性值。

！請注意：

元件的屬性編輯器中，有些特性值是斜體字，有些特性值是一般字體，斜體字的內容是不可更改，例如：**Name**，一般字體的內容是可以更改，例如：**Part Reference**。

在屬性編輯器中，有幾個按鍵說明如下：

按鍵	說明
新行	建立新的元件特性值。
套用	更改元件特性值。
顯示	設定元件特性值的顯示條件。
刪除屬性	刪除元件特性值。

事實上，除了元件的屬性編輯器外，還有其他項目的編輯器，電路圖網路(Schematic Nets)、接腳(Pins)和標題方格(Title Block)…等，使用者只要用 mouse 左鍵點選標籤，即可以更換不同的屬性編輯器。

要結束屬性編輯器，要按編輯器右上角的 ✕ 鍵，才能結束編輯器。

---

2. 在 Part Reference 行下面的格子，按 mouse 左鍵一次。
3. 輸入 Vin。
4. 按套用鍵或按 Enter 鍵，修改元件特性值(此特性值已顯示在畫面中，原本是 V1)。
5. 在 DC 行下面的格子，按 mouse 左鍵一次。
6. 輸入 5V。
7. 按套用鍵或按 Enter 鍵，修改特性值。
8. 關閉元件的屬性編輯器。

在電路圖的 DC＝5V 上，連按 mouse 左鍵兩次，產生圖 2-26 對話盒，可以直接修改特性值和顯示格式。

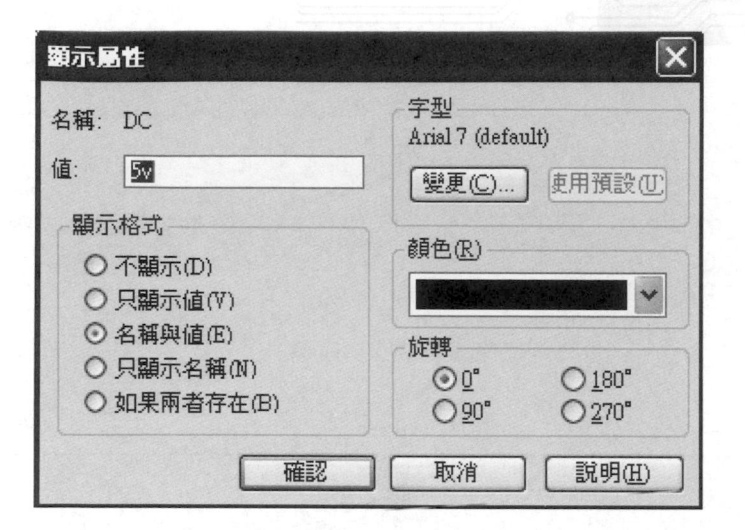

圖 2-26

六、修改元件特性值：

1. 在 R1 元件的 1K 上，用 mouse 左鍵連按兩次，產生 "顯示屬性" 對話盒。
2. 在 "值" 格子中，輸入 3K。
3. 按確認鍵，關閉對話盒。
4. 重覆上面步驟，把 R2 元件的元件值改成 2K。

要修改元件特性值，也可以用 mouse 左鍵，點選此元件的特性值，例如：1K，再按 mouse 右鍵一次，產生快捷功能表，選擇編輯屬性命令，也可以產生圖 2-26 對話盒。

七、移動元件特性值：

1. 用 mouse 左鍵，點選要移動的元件特性值。
2. 按住 mouse 左鍵，移動游標到適當位置。
3. 放開 mouse 左鍵，元件值便固定在此位置。

到目前為止，電路圖已經編輯完畢，最後只剩下儲存電路圖，電路圖的最後結果如圖 2-27 所示。

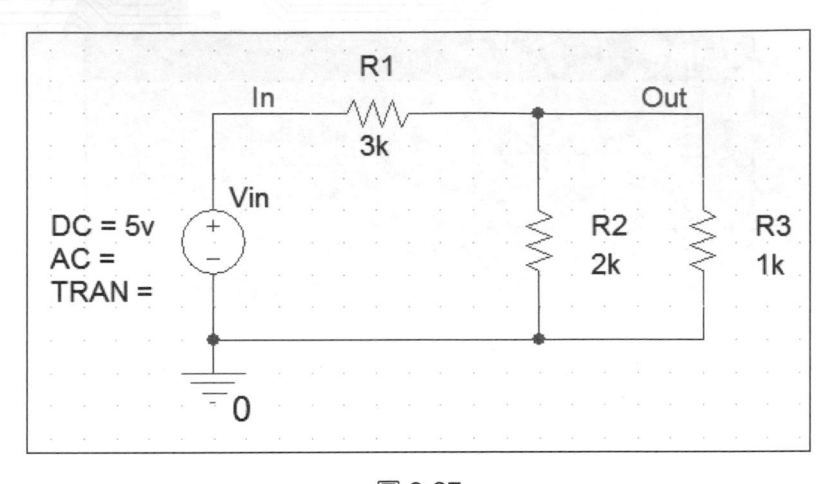

圖 2-27

八、儲存電路圖：

按檔案→儲存命令，或按 Ctrl + S 鍵，儲存電路圖。

九、產生網路表或串接檔：

1. 按 PSpice→建立網路表，產生網路表或串接檔，同時有 Undo Warning!!警告訊息，按是(Y)鍵。
2. 按 PSpice→檢視網路表，顯示網路表或串接檔，如圖 2-28 所示。

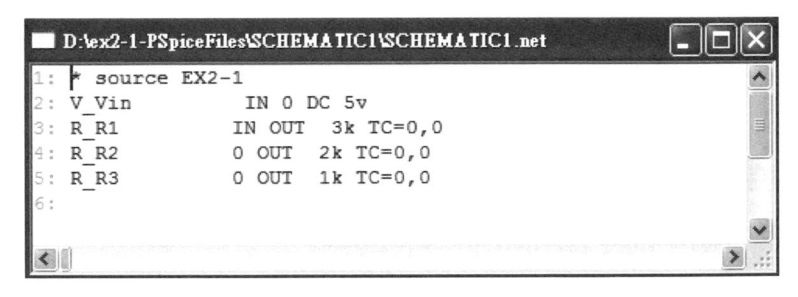

圖 2-28

在 PSpice 軟體中，通常不稱為網路表，而是稱為串接檔。

注意：

按檔案→開啟→專案命令，有時只會看到檔案管理視窗，要把電路設計組展開到電路圖頁(PAGE)，在 PAGE1 上，連按 mouse 左鍵兩次，即可看到電路圖。

另外，相同電路圖的 PAGE1、PAGE2、…是相同電路圖的一部份，所以 PAGE1、PAGE2、…內的元件名稱不可以重覆，否則無法進行 PSpice 分析，當電路圖太大時，可以使用多張電路圖頁，分成不同電路模組。

十、關閉專案：

1. 按 檔案 → 關閉 命令，關閉電路編輯視窗。
2. 按 檔案 → 關閉專案 命令，關閉整個專案。

　　如果要修改電路元件時，由於電路元件不只一個，所以要加以選擇，用 mouse 左鍵選擇電路元件，被選到的元件會變成粉紅色，並且有方格框住。

(1) 按 編輯 → 剪下 ，可以刪除被選到的元件或連線。

(2) 按 編輯 → 複製 ，可以複製被選到的元件或連線。

(3) 按 編輯 → 貼上 ，可以把剪下或複製的內容貼在視窗上。

(4) 按 編輯 → 刪除 ，刪除元件或連線。

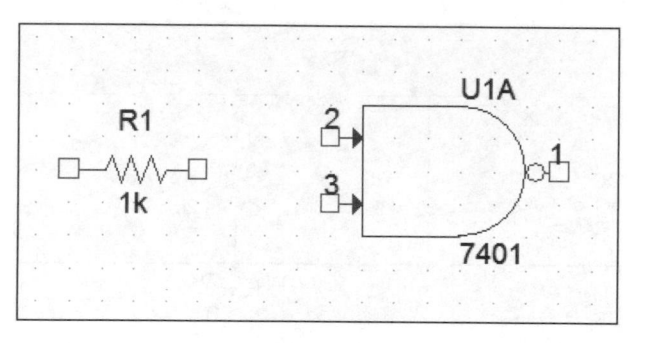

圖 2-29

　　如果同時要選擇數個元件或連線，則要同時按 Ctrl + mouse 左鍵點選，或按住 mouse 左鍵拉出一個方框，把要選的部份圈起來。

接下來，要介紹一個元件是由那些部份組合而成的。

　　上面元件圖形共有四個部份，說明如下：

(1) 元件圖形：表示元件。

(2) 接腳：以空心小方塊表示接腳，接腳是為了要畫線，通常接腳名稱會隱藏，有些接腳會有編號顯示，表示接腳的位置，如上圖的 U1A 元件(1,2,3)。

(3) 元件名稱(Part Reference)：元件名稱是自動編號，例如：R1、R2、R3…或 U1A、U2A…，而且在同一個電路圖中，會連續自動編號。

(4) 元件值(Value)：在數位元件中，元件值都是表示元件種類，例如：7401。在類比元件中，有些表示元件值大小，例如：1k、1n…，有些也表示元件種類。

重複前面的執行步驟，要完成一個可以分析的電路圖，並不會有太大問題，當然多多練習，讀者就能很快且正確地建立一個可分析的電路圖。

2-3 完成一個較複雜的電路圖

請讀者使用前面所提供的方法，建立一個 EX2-2 的電路檔案，電路圖如圖 2-30 所示。

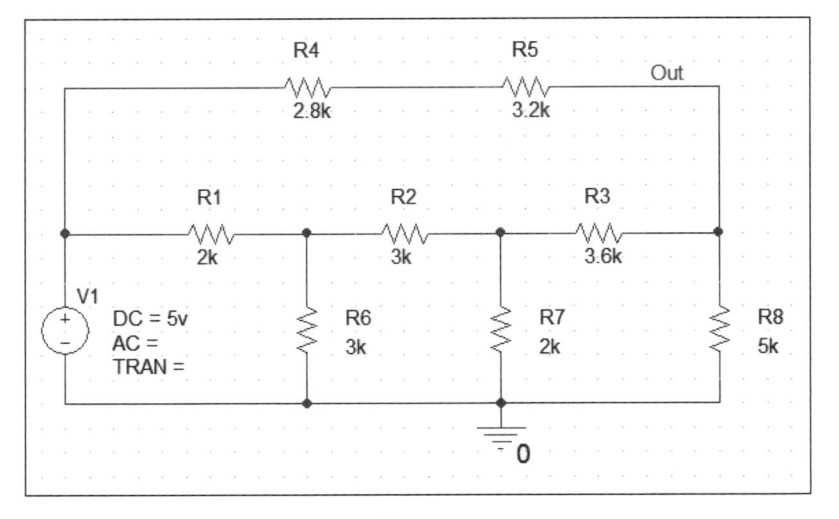

圖 2-30

根據作者教學經驗，許多同學會在檔案管理視窗的 Schematicl 上，按 mouse 右鍵，選擇 新頁 命令，開啓 PAGE2，直接把電路圖畫在 PAGE2 上，請注意：這種方式可能無法執行 PSpice 分析，因爲 PAGE1 和 PAGE2 是相同電路圖，元件名稱會重覆。

所以要開啓另外一個新的專案，按 檔案 → 新增 → 專案 命令，編輯新的電路檔案，可以畫這個電路圖，此時不需要重新連接元件庫，前面專案所連接的元件庫會被重覆自動連接。

圖 2-30 電路圖的串接檔，如圖 2-31 所示。

由圖 2-27 和 2-28 中可知，由於我們在兩個位置設定節點名稱，所以從串接檔中發現，In 和 Out 這兩個節點是在 R_R1 的兩個接腳上，所以此電路共有三個節點：In、Out 和 0(接地點)。

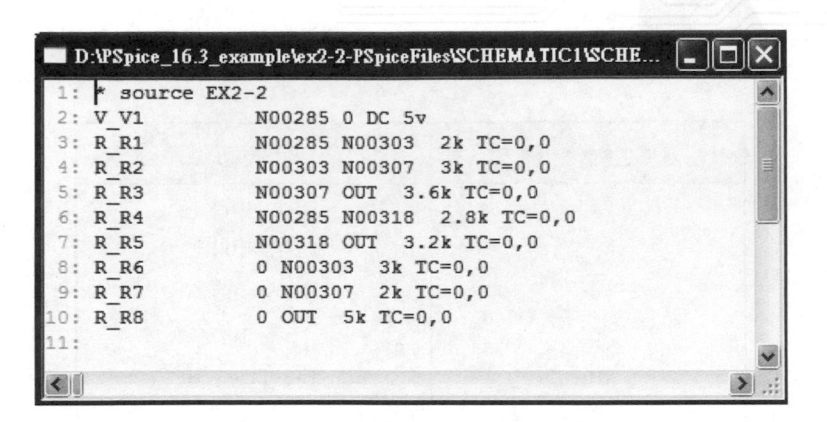

圖 2-31

電路元件的一般格式，如下：

元件名稱＋連接情形＋元件屬性

元件名稱必須由特定字母開頭，例如：電阻要用 R 開頭，電壓源是用 V 開頭，請
參考表 2-2，可以知道所有電路元件的開頭字母，在 PSpice 軟體中，電路圖上的元件
名稱只是串接檔中元件名稱的一部份，通常完整的元件名稱如下：

完整元件名稱＝開頭字母__元件名稱

例如：R_R1，V_Vin。

在圖 2-31 中，由於沒有全部設定自訂的節點名稱，所以部份的節點名稱是
由 PSpice 軟體自行設定，在 PSpice 的預設節點名稱為 N+數字，如：N00285…，
由於系統預設的節點名稱，會因電路圖不同而有所不同，所以 R_R2 的其中一
個節點，不一定是 N00303，完全由系統自行隨機設定。

另外，元件屬性可以表示成：

數值＋比例代號＋單位

例如：100KOHM，3PF

所有比例代號，如表 2-4 所列：

表 2-4

比例代號	代表值
f	$1E\text{-}15=10^{-15}$
p	$1E\text{-}12=10^{-12}$
n	$1E\text{-}9=10^{-9}$
u	$1E\text{-}6=10^{-6}$
MIL	$25.4E\text{-}6=25.4\times10^{-6}$
m	$1E\text{-}3=10^{-3}$
K	$1E3=10^{3}$
MEG	$1E6=10^{6}$
G	$1E9=10^{9}$
T	$1E12=10^{12}$

常見單位，如表 2-5 所列：

表 2-5

單位	意義
A	Amp(安培)
DEG	Degree(度)
F	Farad(法拉第)
H	Henry(亨利)
Hz	Hertz(赫芝)
OHM	Ohm(歐母)
V	Volt(伏特)

在 PSpice 軟體中，單位時常會被忽略掉，讀者可能認為系統會不會因此搞錯單位，事實上，並不會發生錯誤，因為只要知道元件的開頭字母，即可以知道此元件的單位，另外比例代號就一定不能弄錯或忽略，否則就會造成數值錯誤。

另外 TC＝0，0，TC 也是元件屬性或元件特性值，TC 表示溫度係數，設定元件參數值隨著溫度變化的情形。

例如：R_R1　1　2　20K TC＝0，0

　　表示 R1 電阻元件是在節點 1 和 2 之間，這個元件的電阻值是 20K 歐姆，溫度係數(TC)都是 0，表示不會隨溫度變化。

　　在比例代號中，要特別注意比例代號 M 和 MEG 的差別，另外在 PSpice 軟體中，英文大小寫不分，所以 m 和 M 是相同比例代號。

　　在檔案管理視窗中，按 mouse 右鍵，開啟快捷功能表，可以執行建立新的電路圖頁、更改名稱…等功能，如圖 2-32 所示。

圖 2-32

　　在圖 2-32 中，滑鼠是在 SCHEMATIC1 上，每一個項目都有自己不同的快捷功能表，請自行點選功能，觀看內容。

綜合練習 2-1 ···· 建立電路檔案及產生串接檔

一、電路圖：

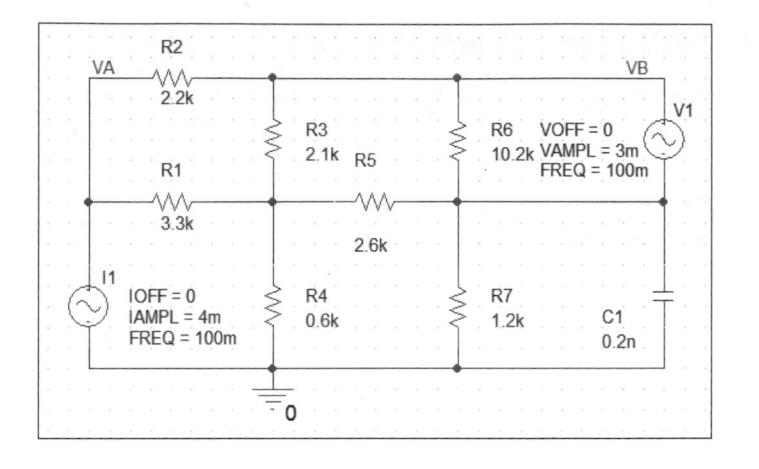

二、使用元件：

元件	元件庫	元件描述
R	Analog.olb	電阻
C	Analog.olb	電容
0	Source.olb	接地元件
ISIN	Source.olb	Ioff = 0 Iampl = 4m　freq = 100m 弦波電流源
VSIN	Source.olb	Voff = 0　Vampl = 3m　freq = 100m 弦波電壓源

三、結果分析：

電路圖的串接檔內容，如下所示：

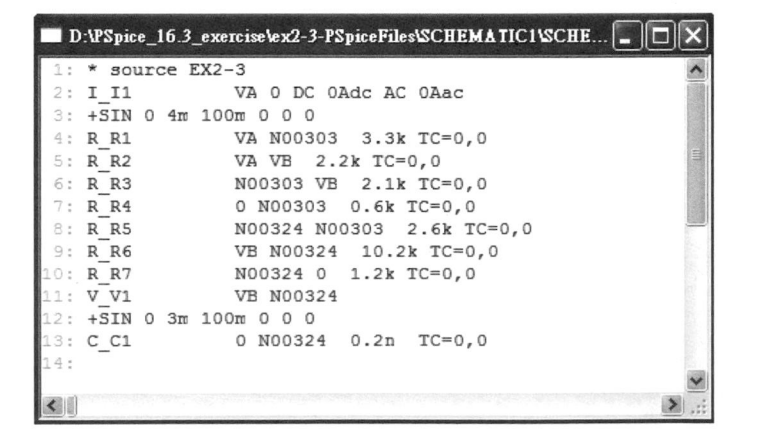

綜合練習 2-2 ⋯⋯ 建立電路檔案及產生串接檔

一、電路圖：

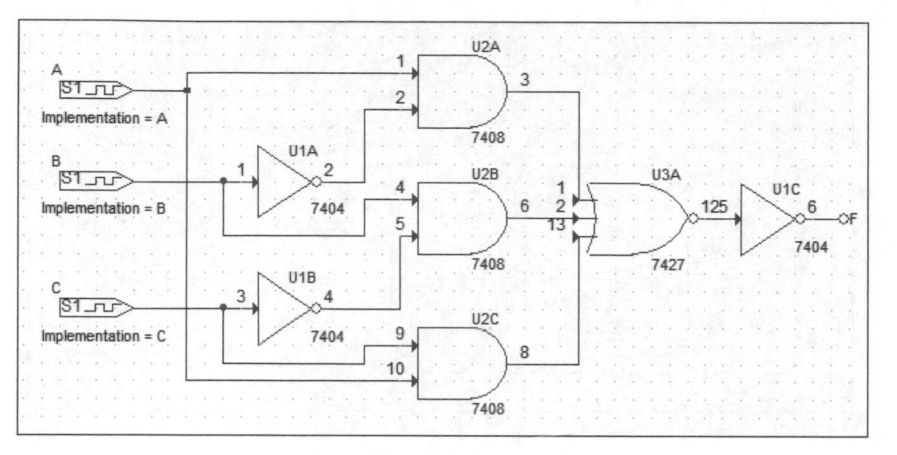

二、使用元件：

元件	元件庫	元件描述
DIGSTIM1	sourcstm.olb	數位訊號源
7404	eval.olb	NOT 閘
7408	eval.olb	2 輸入的 AND 閘
7427	eval.olb	3 輸入的 NOR 閘
VCC_CIRCLE	Capsym	電壓符號

三、結果分析：

電路圖的串接檔內容，如下所示：

```
D:\PSpice_16.3_exercise\ex2-4-PSpiceFiles\SCHEMATIC1\SCHEMATIC1.net

1: * source EX2-4
2: U_A         STIM(1,0) $G_DPWR $G_DGND N00394 IO_STM STIMULUS=A
3: U_B         STIM(1,0) $G_DPWR $G_DGND N00406 IO_STM STIMULUS=B
4: U_C         STIM(1,0) $G_DPWR $G_DGND N00422 IO_STM STIMULUS=C
5: X_U1A       N00406 N00410 $G_DPWR $G_DGND 7404 PARAMS:
6: + IO_LEVEL=0 MNTYMXDLY=0
7: X_U1B       N00422 N00426 $G_DPWR $G_DGND 7404 PARAMS:
8: + IO_LEVEL=0 MNTYMXDLY=0
9: X_U2A       N00394 N00410 N00376 $G_DPWR $G_DGND 7408 PARAMS:
10: + IO_LEVEL=0 MNTYMXDLY=0
11: X_U2B       N00406 N00426 N00383 $G_DPWR $G_DGND 7408 PARAMS:
12: + IO_LEVEL=0 MNTYMXDLY=0
13: X_U2C       N00422 N00394 N00387 $G_DPWR $G_DGND 7408 PARAMS:
14: + IO_LEVEL=0 MNTYMXDLY=0
15: X_U3A       N00376 N00383 N00387 N00372 $G_DPWR $G_DGND 7427 PARAMS:
16: + IO_LEVEL=0 MNTYMXDLY=0
17: X_U1C       N00372 F $G_DPWR $G_DGND 7404 PARAMS:
18: + IO_LEVEL=0 MNTYMXDLY=0
19:
```

實驗 2-1 ⋯⋯ 全波整流器

一、電路圖：

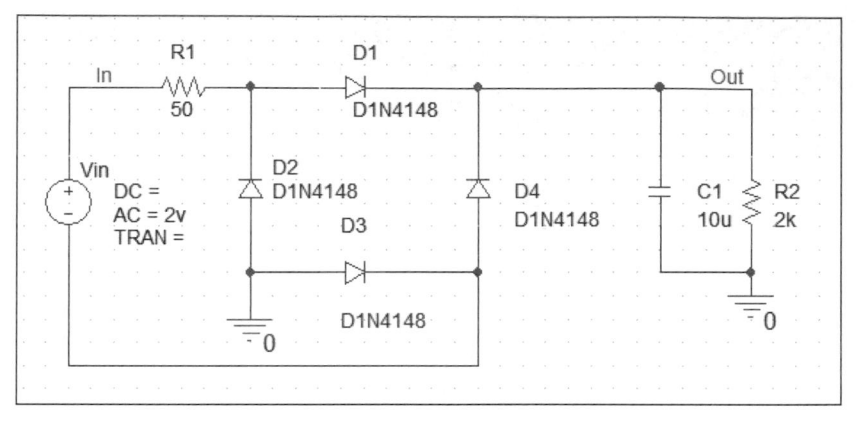

二、使用元件：

元件	元件庫	元件描述
D1N4148	Eval.olb	二極體
VSRC	Source.olb	電壓源

三、問題：

1. 請把電路的串接檔案內容寫出來。

三級放大器

一、電路圖：

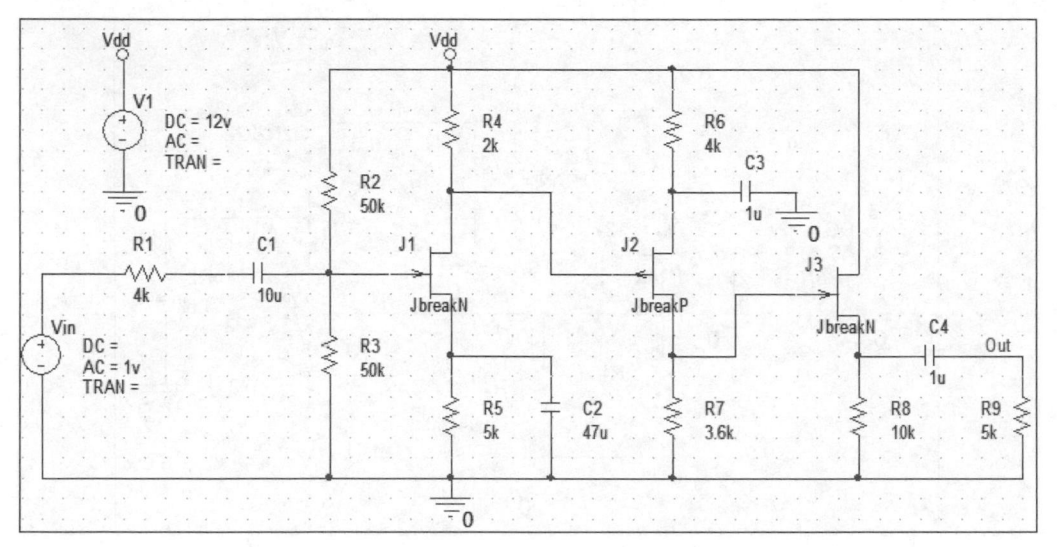

二、使用元件：

元件	元件庫	元件描述
JbreakN	Breakout.olb	n-channel JFET(enhancement)breakout device
JbreakP	Breakout.olb	p-channel JFET(enhancement)breakout device

三、問題：

1. 請把電路的串接檔案內容寫出來。

實驗 2-3　定電流源偏壓的射極隨耦器

一、電路圖：

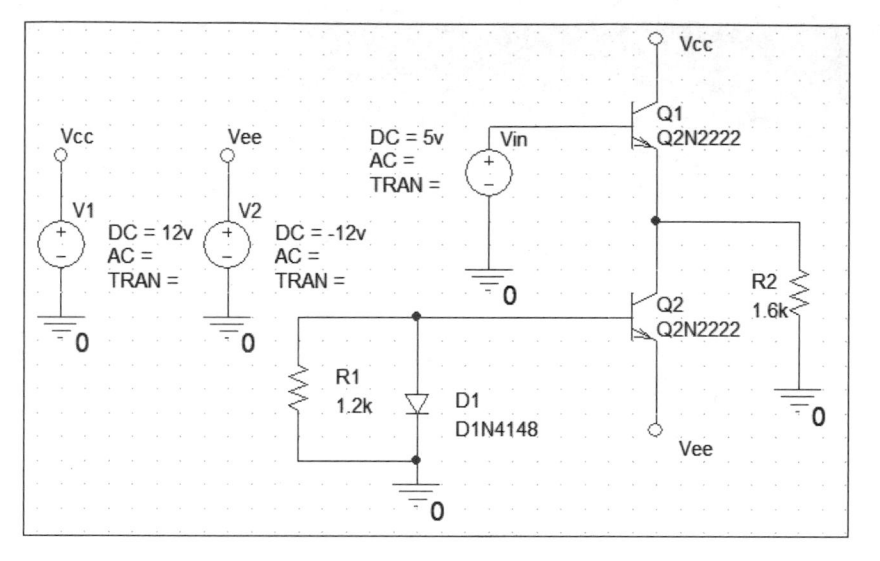

二、問題：

1. 請把電路的串接檔案內容寫出來。

實驗 2-4

一、電路圖：

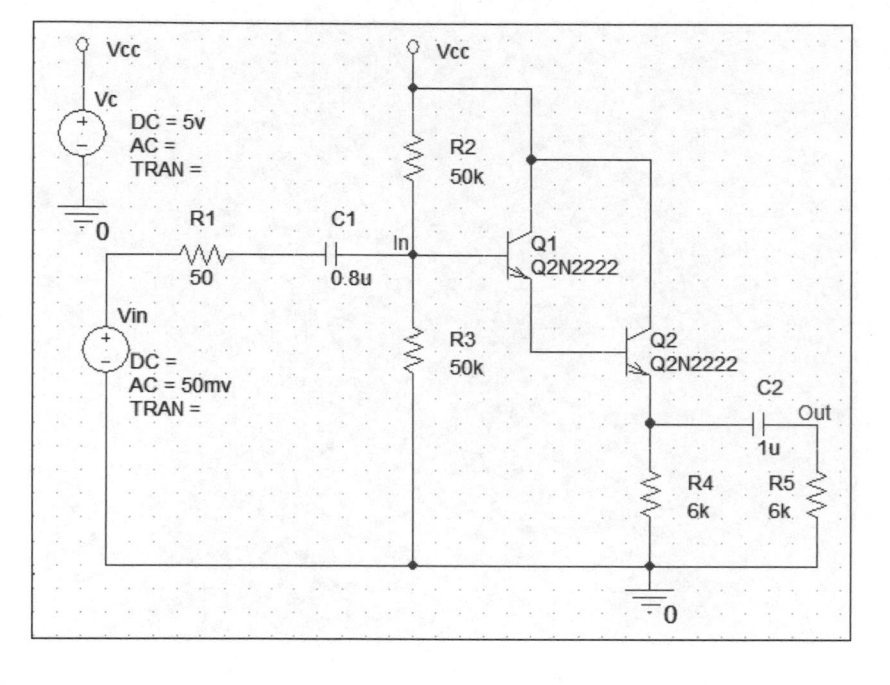

二、問題：

把上面電路圖畫好，存在電路檔案中。

1. 畫出電路圖。

2. 在電路圖中，寫出電路中的所有節點名稱。

3. 列印出串接檔的內容。

PSpice

3

Chapter

偏壓點分析和小訊號直流增益分析

3-1 PSpice 軟體的電路分析概論

在 PSpice 軟體中，共有三種主要分析方法：直流模擬分析(DC Analysis)、交流模擬分析(AC Analysis)、和暫態響應分析(Transient Response)。不同的電路可能需要有不同的分析方法，進行模擬分析，以下分別介紹三種主要分析方法，以及所包含的不同進階分析方法。

一、 直流模擬分析(DC 分析)

DC 分析方法	說明
直流掃描	在一定數值範圍內，對電源、模型參數、溫度變數…等進行掃描。
壓偏點分析	在任何分析中，偏壓點分析會自動地計算，提供所需要的偏壓點資料。
靈敏度分析	計算網路節點或元件電壓的靈敏度資料。
小訊號直流增益	計算小訊號直流增益值、輸入阻抗和輸出阻抗。

二、 交流模擬分析(AC 分析)

AC 分析方法	說明
交流掃描	在一定頻率範圍內，掃描一個以上交流電源變數，可以得到電路的小訊號分析資料。
雜訊分析	必須在 AC 分析工作完成後，再進行雜訊分析工作，有關雜訊分析工作，如下所示： 1. 電路的每一個雜訊產生單元會產生雜訊，在輸出網路節點可以計算得到傳播雜訊值。 2. 在輸出端的雜訊和。 3. 等效輸入雜訊。

三、 暫態分析(Transient Response)：

暫態分析	說明
暫態分析	在時間範圍內，計算電壓、電流和數位狀態的波形軌跡。對於數位元件，你可以設定傳播延遲為最大值、標準值或最小值，如果你啟動數位最壞狀態分析工作，則 PSpice 軟體在最小和最大範圍內計算，會考慮所有傳播延遲可能組合。所以暫態分析可以處理類比和數位電路的分析工作。
傅立葉分析	計算暫態分析結果的直流和傅立葉單元值。

　　有時也可以把直流模擬分析再分成兩類：偏壓點分析和直流掃描，偏壓點分析包括：偏壓點分析、靈敏度分析和小訊號直流增益，直流掃描包括：直流掃描和巢式掃描，其中巢式掃描是直流掃描的雙變數掃描分析。

　　除了上面三種主要基本分析方法之外，還有一些進階分析方法，進階分析包括：參數掃描分析、溫度分析、蒙地卡羅分析和最壞狀況分析，必須和基本分析(直流掃描、交流掃描和暫態分析)一起執行。有關的進階分析方法的內容介紹，如下所示：

進階分析方法	說明
參數掃描分析	以電壓源、電流源、整體參數、模型參數或溫度進行掃描，完成模擬分析工作。
溫度分析	對工作溫度進行電路分析工作。
蒙地卡羅分析	對於每一個分析方法，根據設定的容許值內，任意改變元件模型參數，進行基本分析工作。
最壞狀況分析	計算電路的可能最壞狀況，要有下面兩個步驟，才能得到最壞狀況的結果。 1. 改變元件的模型參數，計算單元靈敏值。在設定的容許值內，PSpice 改變元件模型參數值，對於每一個元件、同一個時間內，只改變一個元件模型參數值，而且每一次改變只執行一次分析。 2. 對於所有元件和所有模型參數值均設定為最壞的數值，並且執行最後一次分析，可以得到最壞的結果。

　　另外還有專門針對數位電路分析方法，其實應該是混合電路分析，因為 PSpice 軟體並不適合執行數位電路分析，如下所示：

數位電路分析方法	說明
數位電路分析	其實這個分析方法就是暫態分析，只是電路是數位電路，是測量數位元件的位準和邏輯分析。
數位電路最壞狀況分析	同樣地、這個分析方法也是暫態分析，測量電路是不是有時序問題。
混合電路分析	對混合電路進行暫態分析。

3-2 直流分析的輸出變數說明

輸出變數可以分為電壓輸出變數、電流輸出變數和功率消耗輸出變數，下表是直流分析及暫態分析的電壓輸出變數：

電壓輸出變數	說明	範例
V(N)	節點 N 的電壓。	V(Out)
V(N1, N2)	節點 N1 和 N2 之間的電壓差。	V(1, 2)
VX(device) V(device:X)	Device 是指一個元件，X 表示接腳。 VX(device)表示在 X 接腳的電壓。	VD(M1)、V(M1:D)
VZ(device)	Device 是指傳輸線，Z 表示傳輸線的輸出埠或輸入埠。 VZ(device)表示傳輸線 Z 埠的電壓。	VB(T1)

其中 V(C1:1)表示 C1 元件的接腳 1 之電壓，V(1,2)表示節點 1 和 2 之間的電壓差。下表是直流分析及暫態分析的電流輸出變數，說明如下：

電流輸出變數	說明	範例
I (device)	Device 是指一個雙端元件，I(device)是流過雙端元件的電流。	I (R2)
IX (device) I (device:X)	Device 是指一個元件，IX(device)和 I (device:X)是流過 device 元件 X 接腳的電流。	I (D1:1)
IZ (device)	Device 是指傳輸線，IZ(device)是流過傳輸線 Z 埠的電流。	IA (T1)

另外還有元件的功率消耗，W(device)表示元件(device)的元件功率消耗，例如：W(R1)表示 R1 元件的功率消耗。

3-3 基本電路分析流程介紹

要對電路進行模擬分析工作，有一定的步驟要執行並且需要設定一些模擬參數，才能進行模擬工作，有關電路模擬分析的流程圖，如圖 3-1 所示。

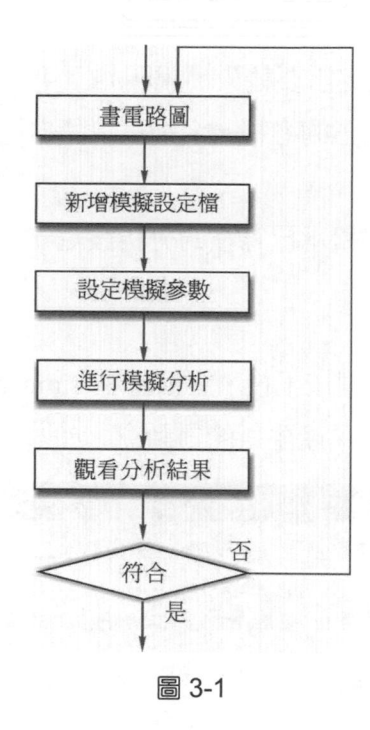

圖 3-1

你只要依照上面所提的步驟，進行模擬參數設定工作，就可以很容易得到分析結果，有關這些步驟的說明，如下所示：

一、畫電路圖：

畫好一個可以分析的電路圖，並且儲存起來。

二、新增模擬設定檔：

在 PSpice 軟體中，加入模擬設定檔觀念，每一個模擬設定檔只會和一個電路有關，可以進行基本分析和數種進階分析方法，每一個電路圖可以有多個模擬設定檔。

按 PSpice→新增模擬設定檔命令，產生圖 3-2 對話盒。

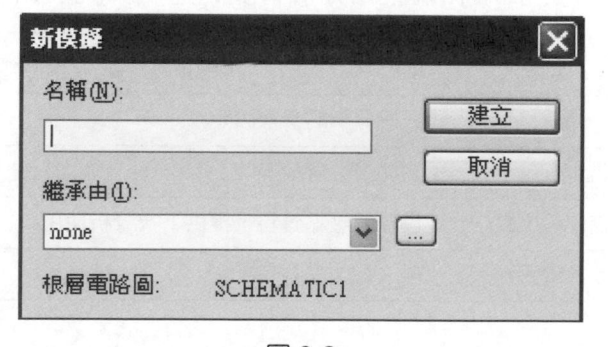

圖 3-2

在圖 3-2 中，共有兩個設定需要輸入，說明如下：

1. 名稱：表示這個模擬設定檔的名稱，名稱可以隨自己需要輸入適合的文字，包括中文字也可以。

2. 繼承由：表示從來源電路繼承已存在的分析設定。

三、設定模擬參數：

在圖 3-2 對話盒中，建立鍵按下後，立刻產生 Simulation Settings 對話盒，在 "分析類型" 格子中，選擇偏壓點，產生新的對話盒，如圖 3-3 所示：

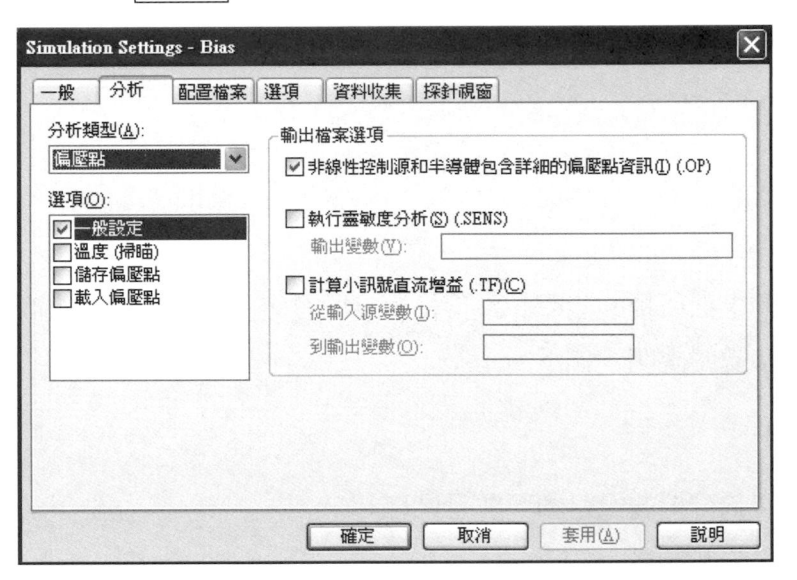

圖 3-3

在 "分析類型" 欄位中，決定要採用的分析方法，偏壓點表示只和偏壓點分析相關的分析方法，例如：偏壓點分析、靈敏度分析、小訊號直流增益。

在 "選項" 欄位中，表示和偏壓點分析有關的選項，說明如下：

選項	說明
一般設定	一般分析的參數設定
溫度(掃描)	對溫度進行掃描
儲存偏壓點	儲存偏壓點資料，提供下次分析使用
載入偏壓點	輸入偏壓點資料

輸出檔案選項的說明，如下：

1. 非線性控制源和半導體包含詳細的偏壓點資訊(I)(.OP)：表示輸出檔案內容包括：非線性控制電源和半導體元件的詳細偏壓點資料，要執行點命令.OP，此點命令即是完整的偏壓點分析，所以在本節中，要選擇第一項，可以執行偏壓點分析。

2. 執行靈敏度分析(S)(.SENS)：表示執行靈敏度分析，執行的點命令是.SENS。

3. 計算小訊號直流增益(.TF)：表示計算小訊號直流增益值，執行的點命令是.TF。

按 確定 鍵，完成分析設定的工作。

如果要再修改設定內容，只要按 PSpice → 編輯模擬設定檔 命令，不要再選擇 新增 模擬設定檔 命令，因為會另外再建立一個新的模擬設定檔，必須重新輸入新的設定參數。

四、進行模擬分析：

完成所有分析設定，接下來、可以開始執行模擬分析，按 PSpice → 執行 命令，PSpice 開始模擬分析電路圖，執行完畢後，產生偏壓點分析的文字輸出檔，只有文字輸出檔，而沒有波形資料檔。

按 執行 命令後，出現 PSpice 視窗，可以看到模擬分析的結果。

五、觀看分析結果：

在 PSpice 畫面中，可以看分析結果的文字輸出檔，只要按 檢視 → 輸出檔案 命令，就可以看到文字輸出檔的內容，有關輸出檔的內容，將在下節中所說明。

3-4　直流分析－偏壓點分析

要進行直流分析的偏壓點分析之前，請先建立圖 3-4 的電路圖，由於電路常會有二極體、電晶體、MOS…等半導體元件，這些元件的參數值會隨偏壓點不同而不同。

本節將介紹偏壓點分析的執行步驟，請先畫好圖 3-4 的電路圖，並且把電路圖存在 EX3-1 電路檔案。

注意：在圖 3-4 電路圖中的 Vcc 元件，顯示格式要改成 "名稱與值(E)"，如圖 2-26。

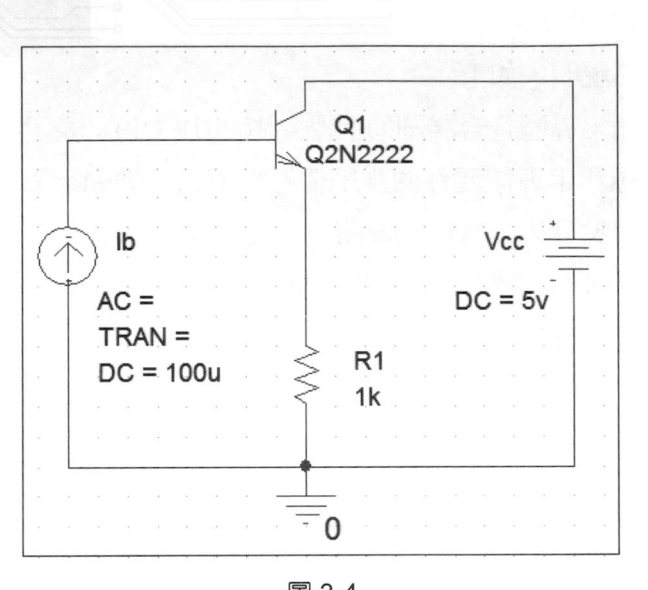

圖 3-4

本電路圖需要使用的元件，如下所示：

元件	元件庫	元件種類
R	analog.olb	電阻
Q2N2222	eval.olb	NPN 雙極電晶體
VDC	source.olb	直流電壓源
ISRC	source.olb	電流源
0	source.olb	接地元件

偏壓點分析的執行步驟，如下所示：

1. 在 Capture 畫面中，設定偏壓點分析：

(1) 在 Capture 畫面中，按 檔案 → 開啟 → 專案 命令，產生開啟專案對話盒。(假設原本 EX3-1 電路檔案畫好，並且關閉，要重新開啟)

(2) 在 "檔名" 格子中，輸入 EX3-1。

(3) 按 開啟 鍵，完成呼叫專案的工作。如果沒有電路編輯視窗出現，請展開 .\ex3-1.dsn(檔案管理視窗)，在 PAGE1 上，連按 mouse 左鍵兩次。

(4) 按 PSpice → 新增模擬設定檔，產生圖 3-2 對話盒，可以得到新的模擬設定檔。

(5) 在 "名稱" 格子中，輸入 Bias。

(6) 在 "繼承由" 中，選擇 None。

(7)　按建立鍵，產生對話盒。

(8)　按分析標籤，要設定分析參數。

(9)　在分析類型中，選擇偏壓點(圖 3-3 對話盒)。

(10) 在"輸出檔案選項"欄位中，選擇第一項(.OP)。

(11) 按確定鍵，結束分析設定工作。

2.　在 Capture 畫面中，執行分析工作：

(1)　按 PSpice→執行命令，PSpice 開始模擬電路，並且出現 PSpice 視窗。

3.　在 PSpice 畫面中，看模擬分析的輸出檔：

(1)　按檢視→輸出檔案命令，看文字檔內容。

(2)　看完文字輸出檔，關閉 PSpice 視窗。

文字輸出檔(EX3-1.OUT)的部份內容，如下所示：

```
000
001  **** 01/08/11 20:23:52 ******** PSpice Lite (June 2009) ******* ID# 10813 ****
002
003   ** Profile: "SCHEMATIC1-Bias1"  [ D:\PSpice_16.3_example\ex3-1-PSpiceFiles\SCHEMATIC1\Bias1.sim ]
004
005
006   ****       CIRCUIT DESCRIPTION
007
008
009   *****************************************************************
010
011
012
013
014  ** Creating circuit file "Bias1.cir"
015  ** WARNING: THIS AUTOMATICALLY GENERATED FILE MAY BE OVERWRITTEN BY SUBSEQUENT SIMULATIONS
016
017  *Libraries:
018  * Profile Libraries :
019  * Local Libraries :
020  * From [PSPICE NETLIST] section of C:\Cadence\SPB_16.3\tools\PSpice\PSpice.ini file:
021  .lib "nomd.lib"
022
023  *Analysis directives:
024  .OP
025  .PROBE V(alias(*)) I(alias(*)) W(alias(*)) D(alias(*)) NOISE(alias(*))
026  .INC "..\SCHEMATIC1.net"
027
```

因為偏壓點分析沒有計算波形資料，所以不會產生波形檔，當然就沒辦法看波形結果，偏壓點分析的結果都在文字檔中。

不管偏壓點分析有沒有設定執行，所有分析方法一定會執行基本的偏壓點分析，以獲得基本的偏壓點資料，基本偏壓點分析提供三種分析結果：節點電壓、支路電流和元件功率消耗。

偏壓點分析的結果說明，如下所示：

1. 所有類比節點電壓：

NODE	VOLTAGE	NODE	VOLTAGE	NODE	VOLTAGE	NODE	VOLTAGE
(N00018)	5.6193	(N00043)	4.9287	(N00046)	5.0000		

上面偏壓點分析結果是：節點 N00018 的電壓是 5.6193V，節點 N00043 的電壓是 4.9287V，節點 N00046 的電壓是 5.0000V。

2. 所有電壓源的電流值：

```
VOLTAGE SOURCE CURRENTS
NAME            CURRENT

V_Vcc           -4.829E-03
```

電壓源的名稱是 V_Vcc，流過電壓源 Vcc 的電流值是–4.829E–03 安培。

3. 電壓源的總輸出功率：

```
TOTAL POWER DISSIPATION  2.41E-02  WATTS
```

總功率消耗為 2.41E–02 瓦特。

4. 小訊號參數值：(前面三種分析結果都是屬於基本偏壓點分析，只要執行任何分析方法，都會產生這些分析結果，但是小訊號參數值只有啟動輸出檔案選項的第一項(.OP)，才會在文字檔中看到，此部份分析可以稱為進階偏壓點分析。)

```
****BIPOLAR JUNCTION TRANSISTORS
NAME       Q_Q1
MODEL      Q2N2222
IB         1.00E-04
IC         4.83E-03
VBE        6.91E-01
VBC        6.19E-01
VCE        7.13E-02
BETADC     4.83E+01
  .
  .
  .
```

上面是雙極性電晶體的偏壓點分析結果資料及小訊號參數值，雙極性電晶體 (Q_Q1)的模型(Model)是 Q2N2222。

注意：因為不可預知的問題，造成部分電腦無法執行本範例，主要原因是沒有連結模型 資料庫，電晶體的模型資料找不到，因此無法執行，解決方法請參閱 3-6 節最後 面的說明(正常情況是系統會自動連結模型資料庫)。

3-5 直流分析－小訊號直流增益

小訊號直流增益(點命令是.TF)，可以計算小訊號增益值、輸入阻抗和輸出阻抗。

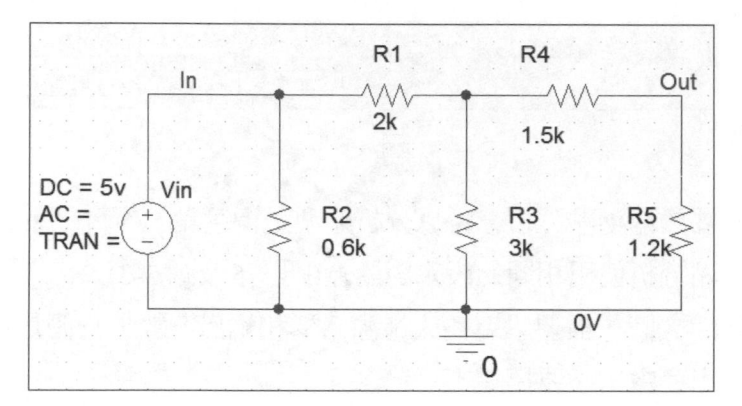

圖 3-5

本電路圖需要使用的元件，如下所示：

元件	元件庫	元件種類
R	analog.olb	電阻
VSRC	source.olb	電壓源
0	source.olb	接地元件

此電路圖共設定兩個節點：In 和 Out。

小訊號直流增益的部份執行步驟，如下所示：

1. 在 Capture 畫面中，按檔案→開啓→專案命令，產生開啓專案對話盒。
2. 在 "檔名" 格子中，輸入 EX3-2。
3. 按開啓鍵，完成呼叫專案的工作，並且開啓電路圖。
4. 按 PSpice→新增模擬設定檔命令，產生圖 3-2 對話盒。
5. 在 "名稱" 格子中，輸入 Small Signal。
6. 在 "繼承由" 中，選擇 None。
7. 按建立鍵，產生圖 3-6 對話盒。

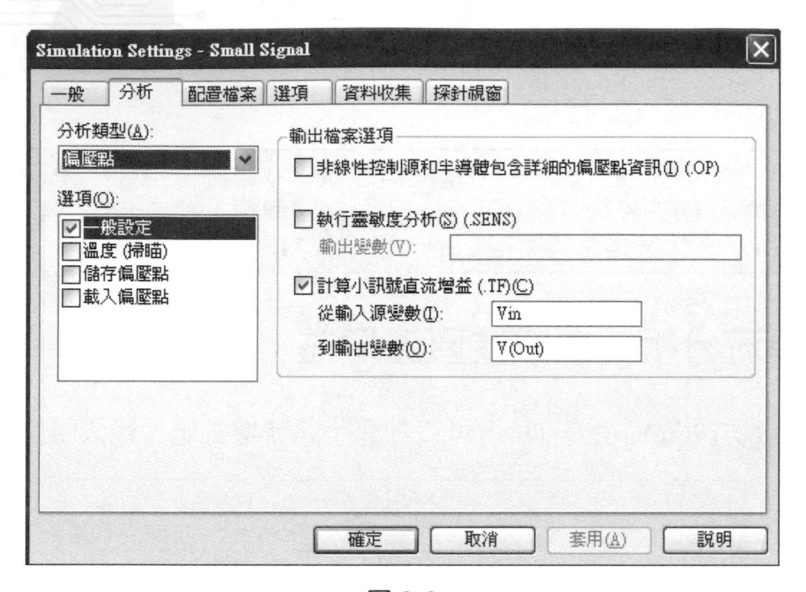

圖 3-6

由於是屬於偏壓點分析,所以分析類型是偏壓點,事實上,小訊號直流增益分析和偏壓點分析使用相同的設定對話盒(圖 3-6 及圖 3-3)。

當選擇(.TF)時,需要設定輸入電源名稱和輸出變數,一個是電源元件名稱,另一個是輸出變數,不要搞錯!

8. 按 分析 標籤,要設定分析參數。

9. 在"分析類型"中,選擇偏壓點(圖 3-6 對話盒)。

10. 在"輸出檔案選項"中,選擇第三項(.TF)。

11. 在"從輸入源變數(I)"格子中,輸入 Vin,在"到輸出變數(O)"格子中,輸入 V(Out)。

12. 按 確定 鍵,結束分析設定工作。

13. 按 PSpice → 執行 命令,開始分析電路,並且產生 PSpice 視窗。

14. 按 檢視 → 輸出檔案 命令,可以看文字輸出檔的內容。

文字輸出檔(EX3-2.OUT)的部份內容為:

```
****  SMALL-SIGNAL CHARACTERISTICS          (小訊號特性值)
V(OUT)/V_Vin = 1.846E-01                     (小訊號增益值)
INPUT RESISTANCE AT V_Vin = 5.105E+02        (在 Vin 端的輸入阻抗)
OUTPUT RESISTANCE AT V(OUT) = 8.308E+02      (在 V(OUT) 端的輸出阻抗)
```

　　因為小訊號直流增益沒有計算波形資料，所以不會產生波形檔，所有分析結果都在文字輸出檔中。

3-6　特別功能介紹

一、在電路圖顯示分析結果

　　分析後(任何分析)都可以在 Capture 視窗中看到三種分析數據，只要點選工具列中的 V、I 和 W 圖示，如圖 3-7 所示。

　　可以在 Capture 功能的電路圖畫面，看到基本偏壓點分析的結果，這些結果主要分為三類：節點電壓、支路電流和元件功率消耗，最好一次只顯示一種分析結果，電路圖畫面會比較簡單清楚。

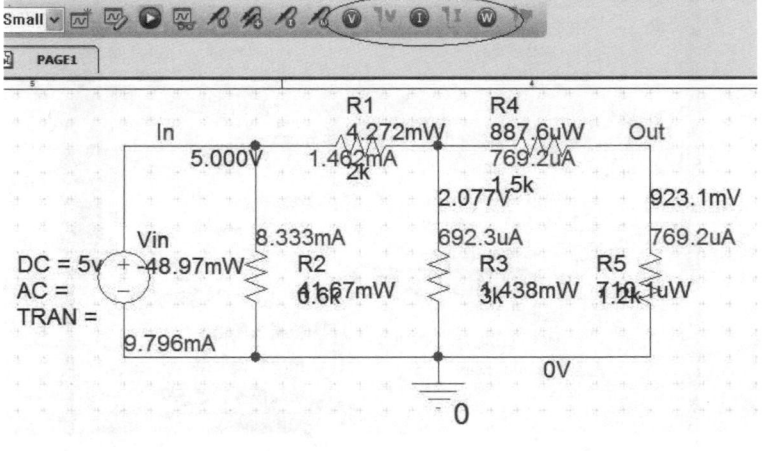

圖 3-7

　　根據作者實際測試，發現在這個 PSpice 軟體中文版，圖 3-7 的分析結果要顯示，只能執行偏壓點分析，而且輸出檔案選項中的三個選項都不能啟動，才能顯示這些結果，而且無法使用 V、I 和 W 圖示選擇是否要顯示，有時可以全部顯示，但無法關閉，必須一個個點選，再刪除。

　　根據使用 Capture 和 PSpice 以前版本的經驗，在 Capture 程式中，顯示 PSpice 程式分析結果，會有無法顯示基本偏壓點分析結果的情況，主要原因是 Capture 和 PSpice 程式是獨立的兩個程式，兩個程式之間的數據傳送有時有一些問題，才造成數據無法顯示在 Capture 畫面上(只有部分電腦有此情況)。

二、多個模擬設定檔

由於同一個電路圖可以有多個模擬設定檔(Simulation Profiles)，但是隨時只有一個模擬設定檔被啟動，如果按 PSpice →新增模擬設定檔命令，新增一個新的模擬設定檔，這個新增的模擬設定檔會變成啟動狀態，只要按 PSpice →執行命令，就會執行這個模擬設定檔。如果要啟動某個之前的模擬設定檔，可以在檔案管理視窗的 Simulation Profiles 中，選擇要啟動的模擬設定檔，游標移到那個模擬設定檔上，按 mouse 右鍵，產生功能表，選擇設為動作(A)命令，就可以啟動這個模擬設定檔，如圖 3-8 所示：(模擬設定檔名稱前面的符號，綠色 P 表示未啟動，紅色 P！表示啟動的模擬設定檔。)

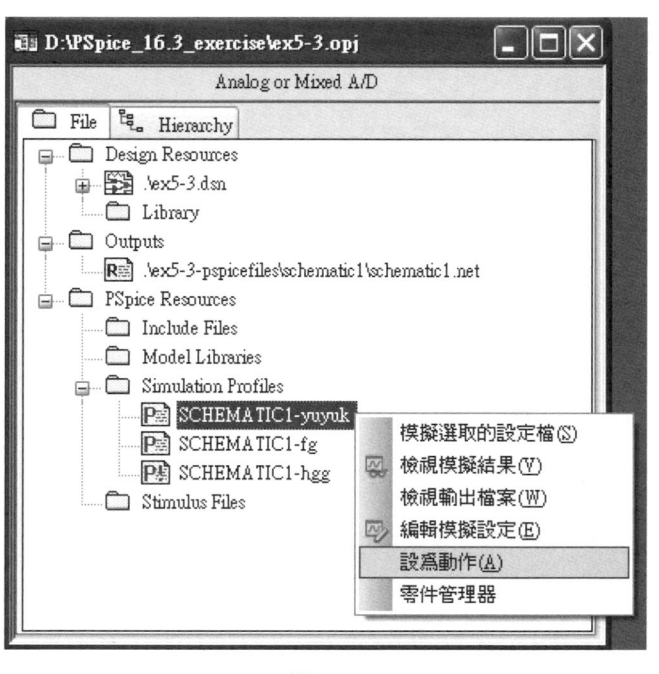

圖 3-8

三、元件參數設定問題

當一個元件被放置在電路圖上面時，元件的參數值有兩種情況，一種是已經有初始值，例如：R 元件的元件預設值是 1K，另一種是空白，沒有初始值，但是事實上元件值並非空白，例如：VSRC 元件的 AC 參數是空白，但是在 AC 參數上連按 mouse 左鍵兩次，進入顯示屬性對話盒(圖 3-9)，AC 參數值並非空白，而是<AC>，所有這種情況的參數都有類似的內容(<參數名稱>)，但是執行分析時，可能會有問題。

如果有一位同學放置一個 VSRC 元件在電路圖中，要設定 DC 值，但是不小心點選到 AC 參數，產生圖 3-9 對話盒，並且在值：<AC>格子中點選，此時發現要設定的參數值不是 AC 值，因爲沒有修改，只有點選格子，所以按確認鍵，重新輸入 DC 值，並且執行分析，此時發現分析有錯誤，出現 Missing Valuse 的錯誤，如圖 3-10 所示。

在圖 3-10 中，可以發現造成錯誤的原因是<AC>，主要原因是點選<AC>(圖 3-9)，並且按確認鍵，造成系統認爲<AC>是輸入的參數值，但是<AC>是文字，不是數字，所以發生分析錯誤，解決方法只要把<AC>改成 0，就可以解決這個問題。

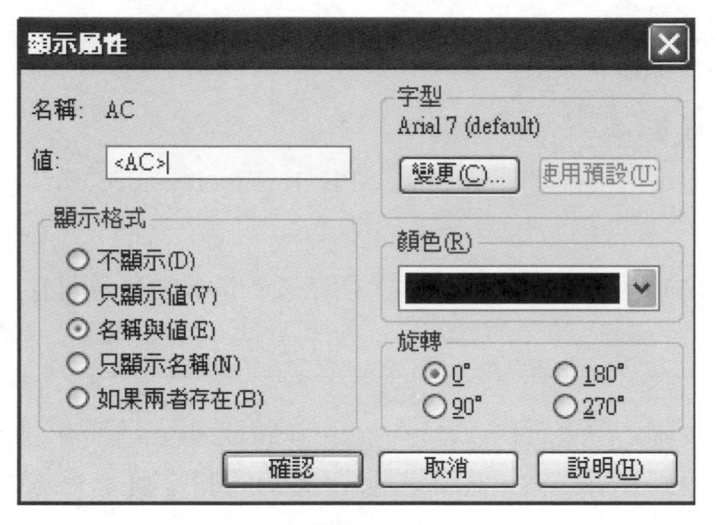

圖 3-9

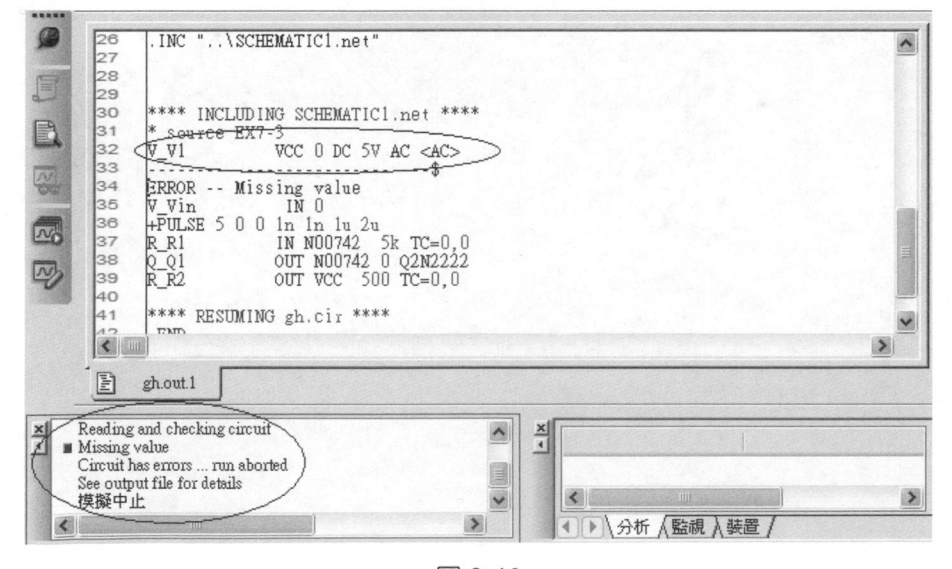

圖 3-10

四、無法自動連結模型資料庫問題之解決辦法

　　根據讀者的回應，筆者發現在部分電腦上執行 3-4 節的範例會有問題，深究其原因，主要是因為這些電腦中的 PSpice 軟體無法自動連結模型資料庫，所以遇到需要模型資料庫的元件，讀不到模型資料，因此無法執行分析工作，正常情況是 PSpice 軟體會自動連結模型資料庫，以下是解決此問題的步驟：

1. 按 Pspice → 編輯模擬設定檔 命令，產生 Simulation Setting 對話盒。
2. 點選 配置檔案 標籤。
3. 在 分類 欄位，點選 Library。
4. 按 瀏覽 鍵，產生 開啟 對話盒。
5. 點選 "nomd" 檔案(路徑 C:\Cadence\SPB_16.3\tools\pspice\Library)。
6. 按 開啟 鍵。
7. 按 加入設計(A) 鍵，連結 nomd 檔案，連結後的情況請參考圖 8-4。
8. 按 確定 鍵。

　　執行完上面步驟，再重新執行分析，就可以讀取到電晶體的模型參數，如果沒有其他問題，即可得到分析結果。這個問題只出現在部份電腦上，並不是所有電腦都會發生。

實驗 3-1

一、電路圖：

　　使用偏壓點分析方法，進行電路的模擬分析工作。

二、問題：

1. 看文字輸出檔的內容，找出下列值：

In 節點電壓	
Out 節點電壓	
V_V1 電壓源的電流值	
V_Vin 電壓源的電流值	
總輸出功率	

2. 在文字輸出檔中，也可以看到電晶體(Q1)操作點的相關資料，請將下列表格的資料找出來：

模型名稱	
IB	
IC	
BETAAC	
BETADC	
VBE	
VCE	
CBE	

實驗 3-2

一、電路圖：

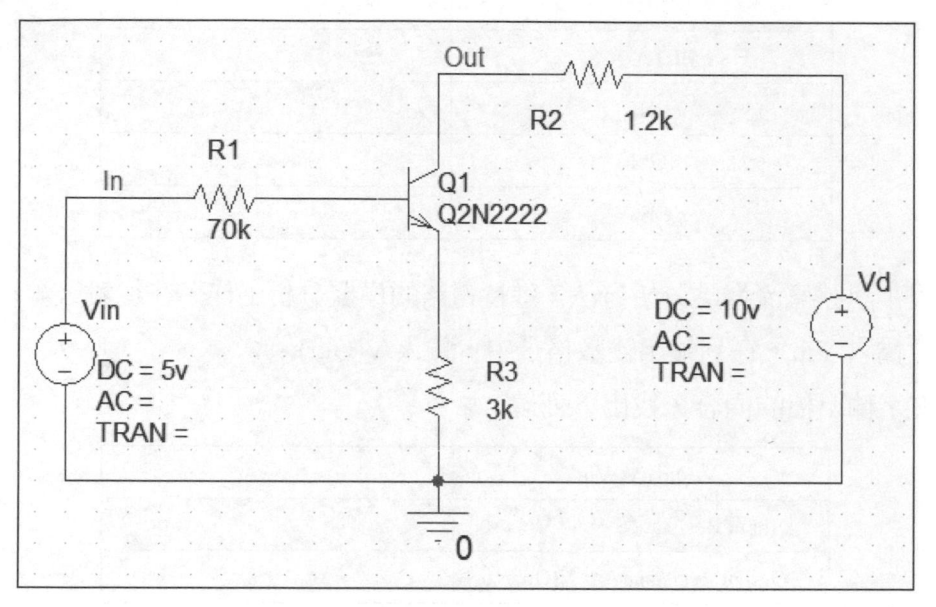

使用偏壓點分析方法，進行電路的模擬分析工作。

二、問題：

1. 看文字輸出檔的內容，找出下列值：

In 節點電壓	
Out 節點電壓	
V_Vin 電壓源的電流值	
V_Vd 電壓源的電流值	
總輸出功率	

2. 在文字輸出檔中，找出電晶體(Q1)操作點資料：

IB	
IC	
BETADC	
VBE	
GM	
CBC	

使用小訊號直流增益分析方法，進行電路的模擬分析工作，在從輸入源變數格子中，輸入 Vin，在到輸出變數格子中，輸入 V(Out)。

3. 看文字輸出檔的內容，找出下列值：

V(Out)/V_Vin	
Input Resistance At V_Vin	
Output Resistance At V(Out)	

實驗 3-3

一、電路圖：

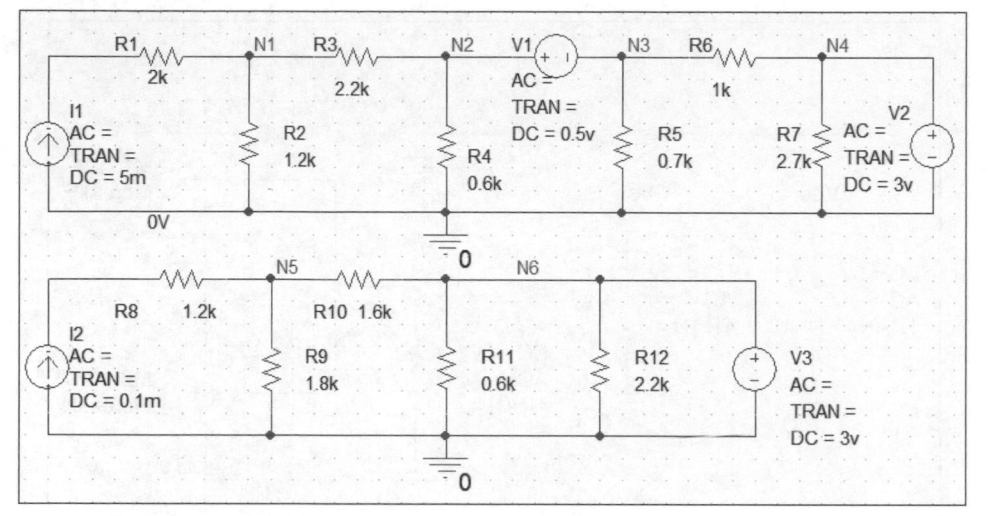

　　可以把上面兩個電路圖畫在同一個電路圖頁(PAGE1)或兩個不同電路圖頁(PAGE1 和 PAGE2)，再利用偏壓點分析方法，進行電路的模擬分析工作。由於在同一個電路圖中，所以可以同時執行偏壓點分析，請注意：在同一個電路圖中(包含不同電路圖頁 PAGE)，元件名稱不可以重覆，例如：不可以有兩個 R1 元件，因為它們代表同一張電路圖。

二、問題：

1. 看文字輸出檔的內容，找出下列值：

N1 節點電壓	
N2 節點電壓	
N3 節點電壓	
N4 節點電壓	
N5 節點電壓	
N6 節點電壓	

2. 看文字輸出檔的內容，找出下列值：

V_V1 電壓源的電流值	
V_V2 電壓源的電流值	
總輸出功率	

實驗 3-4

一、電路圖：

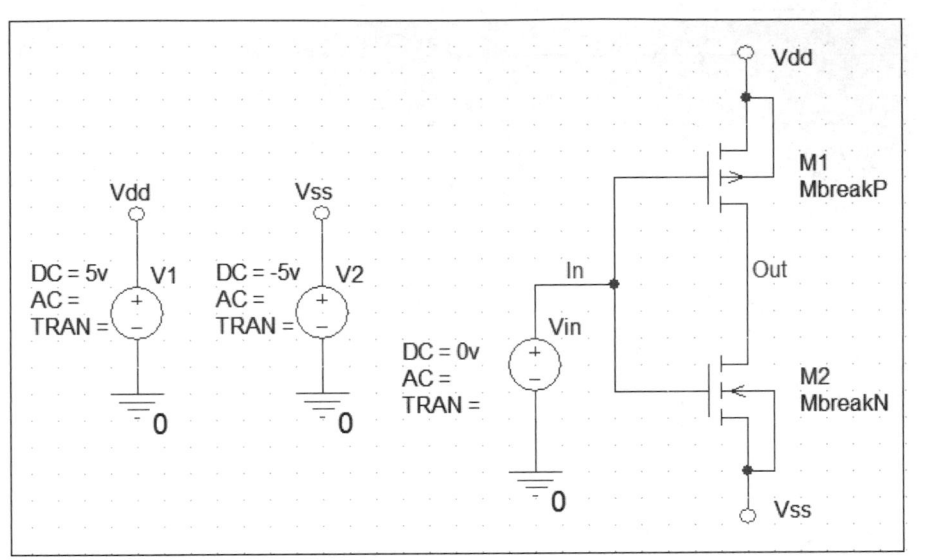

　　使用偏壓點分析法，進行電路的模擬分析工作。

二、問題：

1. 看文字輸出檔的內容，找出下列值：

In 節點電壓	
Out 節點電壓	
V_V1 電壓源的電流值	
V_V2 電壓源的電流值	
總輸出功率	

2. 在文字輸出檔中，也可以看到 CMOS 操作點資料，請找出下列值：

(MbreakN 和 MbreakP 元件在 breakout.olb 元件庫中)

	M_M1	M_M2
模型名稱		
ID		
VGS		
VDS		
GM		

使用小訊號直流增益分析方法，進行電路的模擬分析工作，在從輸入源變數格子中，輸入 Vin，在到輸出變數格子中，輸入 V(Out)。

3. 看文字輸出檔的內容，找出下列值：

小訊號增益值	
輸入阻抗(V_Vin)	
輸出阻抗(V(Out))	

實驗 3-5

一、電路圖：

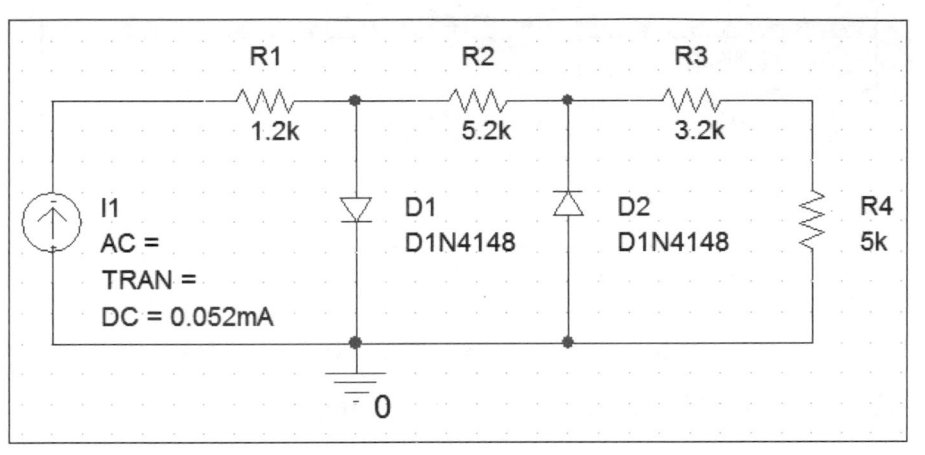

使用偏壓點分析方法，進行電路的模擬分析工作。

二、問題：

1. 看文字輸出檔的內容，找出所有節點的節點名稱和電壓：

節點名稱	節點電壓

2. 在文字輸出檔中，也可以看到二極體操作點資料，請找出下列值：

	D_D1	D_D2
模型名稱		
ID		
VD		
REQ		

實驗 3-6

一、電路圖：

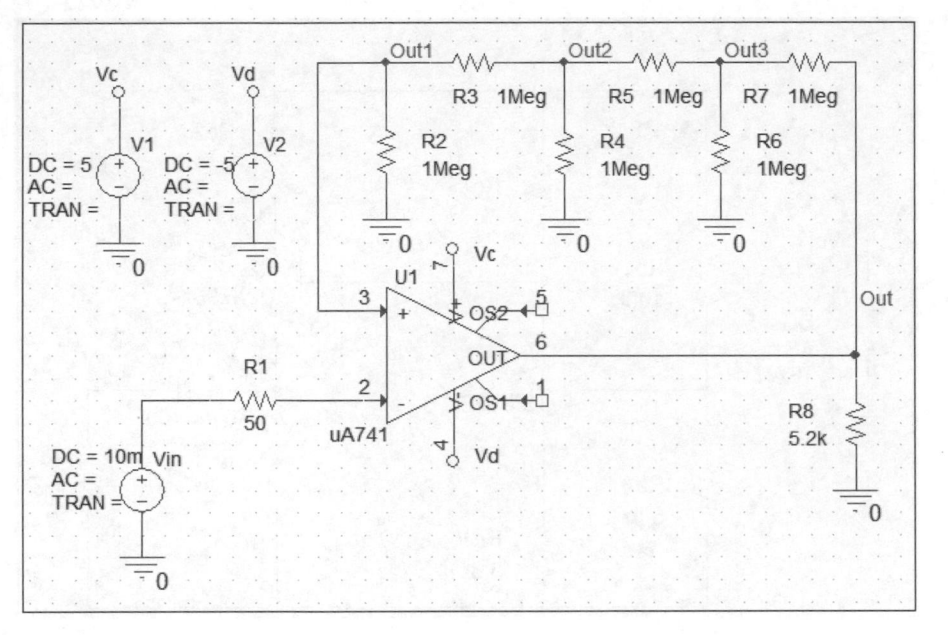

二、問題：

使用偏壓點分析，進行電路的分析工作，完成下列問題：

1. 求各節點電壓、分支電流和元件消耗功率。

2. 執行小訊號直流增益分析(參數為 Vin 和 V(Out))，求增益值、輸入阻抗和輸出阻抗。

實驗 3-7

一、電路圖：

二、問題：

使用偏壓點分析，進行電路的分析工作，完成下列問題：

1. 求所有節點的電壓值和所有分支上的電流。
2. 求電晶體 Q1 和 Q2 的偏壓點資料。

PSpice

Chapter 4

直流掃瞄、巢式掃瞄和靈敏度分析

4-1 直流分析－直流掃描

直流分析─直流掃描的點命令是.DC，是指輸入變數在限制範圍內，以遞增或遞減方式，執行電路的直流分析工作，所以可以得到分析波形。

以本節的 EX4-1 電路為範例，直流掃描分析從 0V 掃描到 20V，每次遞增 0.1V，總共會執行多少次分析？

> (結束值－開始值)／遞增值 ＋1 ＝ 分析次數
>
> (20–0) / 0.1+1=201 次

依照上面的計算，可以知道總共執行 201 次電路分析，要有足夠多的分析次數，才能得到較高精密度的波形，否則波形會有折線情況，通常掃描點數不夠多時，波形會有失真情況發生，可能造成突波沒有顯示在波形中。

本節將介紹直流掃描的執行步驟，請先畫好下面的電路圖，並且把電路圖存為 EX4-1.OPJ。

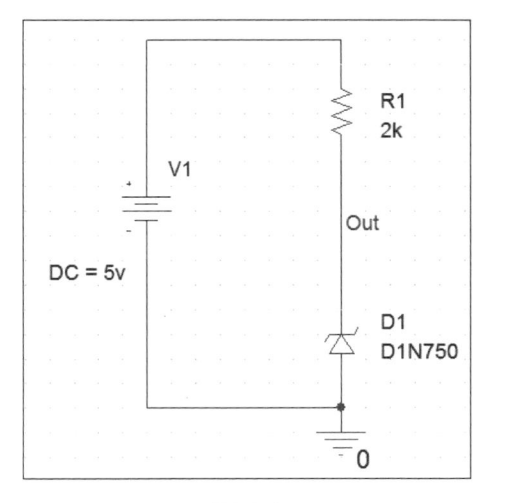

圖 4-1

本電路圖需要使用的元件，如下表所示：

元件	元件庫	元件種類
R	Analog.olb	電阻
D1N750	Eval.olb	Zener 二極體
VDC	Source.olb	直流電壓源
0	Source.olb	接地元件

　　在直流掃描的參數設定中，遞增值(Increment)是由使用者自行設定，可以視波形精密度要求，決定遞增量為多少，數值愈小愈精確，可以得到較精確且詳細的波形，但是會花費較多的分析時間。

　　直流掃描的執行步驟，如下所示：

1.　在 Capture 中，按 檔案 → 開啟 → 專案 命令，產生開啟專案對話盒。
2.　在 "檔名" 格子中，輸入 EX4-1。
3.　按 開啟 鍵，完成呼叫專案的工作，並且開啟電路圖。
4.　按 PSpice → 新增模擬設定檔，產生新模擬對話盒。
5.　在 "名稱" 格子中，輸入 DC Sweep。
6.　在 "繼承由" 中，選擇 none。
7.　按 建立 鍵，產生 Simulation Settings 對話盒。

　　在本章的直流掃描和巢式掃描中，主要的掃描變數是電壓源和電流源，其他的掃描變數暫時不介紹，因為這些掃描變數通常需要更多的說明，所以在後面章節介紹，溫度和整體參數將在第九章介紹，模型參數在第八章說明。

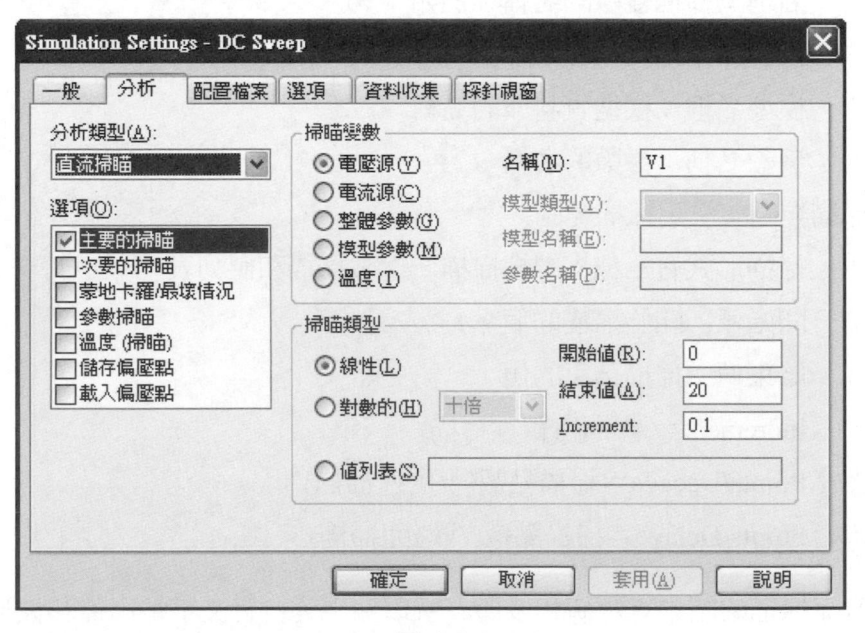

圖 4-2

　　分析類型欄位設定為直流掃描，表示執行直流掃描分析。

　　在選項欄位中，共有七種選項，說明如下：

選項	說明
主要的掃描	主掃描的參數設定
次要的掃描	巢式掃描的參數設定
蒙地卡羅/最壞情況	蒙地卡羅分析／最壞狀況分析的參數設定
參數掃描	參數掃描的參數設定
溫度(掃描)	對溫度進行掃描
儲存偏壓點	儲存偏壓點資料
載入偏壓點	輸入偏壓點資料

要進行直流掃描分析，只要選擇"主要的掃描"，對於主掃描的參數設定，共有兩組資料需要設定，說明如下：

(1) 掃描變數：要對某個變數進行掃描。

　　① 從 5 種掃描變數中，選擇一種掃描變數，以此變數當成掃描變數，遞增或遞減方式，模擬分析電路。

　　② 名稱：掃描變數的名稱，例如：V1。

　　③ 模型類型：模型種類。

　　④ 模型名稱：模型資料庫的名稱。

　　⑤ 參數名稱：參數的名稱。

(2) 掃描類型：決定掃描範圍。

　　① 掃描形式有三種：線性掃描、對數掃描和值列表。

　　② 開始值：開始掃描的值。

　　③ 結束值：掃描結束的值。

　　④ Increment＝遞增值(線性掃描)。

　　⑤ Points/Decade＝掃描點數(十倍速掃描)。

　　⑥ Points/Octave＝掃描點數(八倍速掃描)。

直流掃描的結果有數值和波形，所以輸出資料有文字輸出檔和波形檔。

如果掃描變數是選定電壓源或電流源，則電源要採用有 DC 值的電源，電壓源可以使用 VDC 或 VSRC，電流源可以用 IDC 或 ISRC，當然其他只要有 DC 值的電源元件也可以使用。

8. 按 分析 標籤，要設定分析參數。

9. 在 "分析類型" 中，選擇直流掃描。

10. 在 "選項" 中，選擇主要的掃描(圖 4-2 對話盒)。

11. 輸入分析參數：

    (1)　掃描變數：設定電壓源

         名稱=V1

    (2)　掃描類型：設定線性

         開始值=0

         結束值=20

         Increment=0.1

12. 按 確定 鍵，結束 Simulation Settings 對話盒。

13. 按 檔案 → 儲存 ，儲存檔案。

14. 按 PSpice → 執行 命令，再按 是 鍵，執行分析工作，出現 PSpice 視窗。

接下來，要在 PSpice 畫面中，看模擬分析的圖形檔結果。

1. 在 PSpice 的波形視窗中，按 走線 → 加入曲線 產生圖 4-3 對話盒。

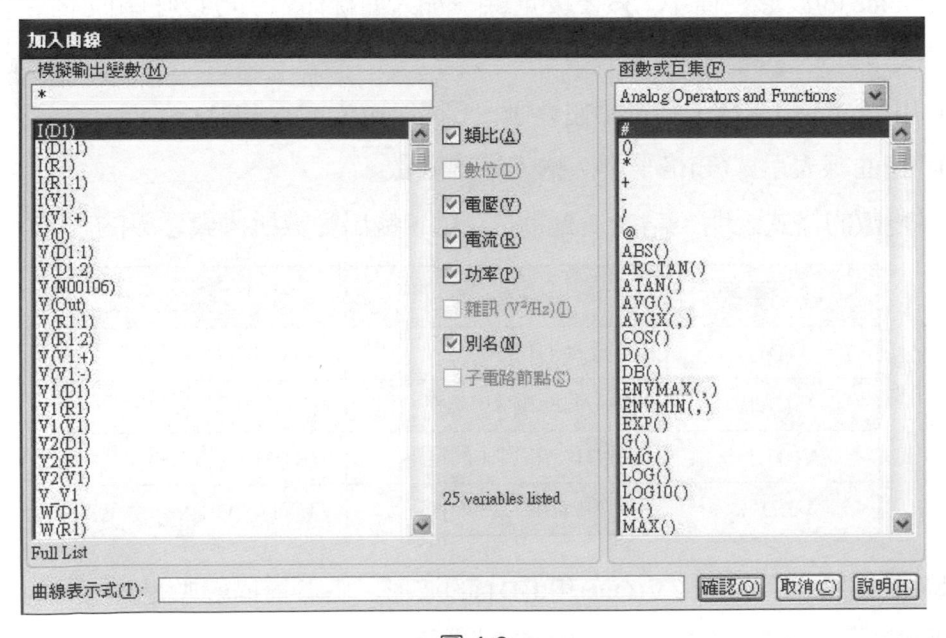

圖 4-3

2. 使用 mouse 左鍵，選擇 V(Out)和 I(D1)，或是直接在曲線表示式(T)格子中，輸入 V(Out) I(D1) [中間要有空格]。

3. 按確認(O)鍵，產生 V(Out)和 I(D1)圖形，如圖 4-4 所示。

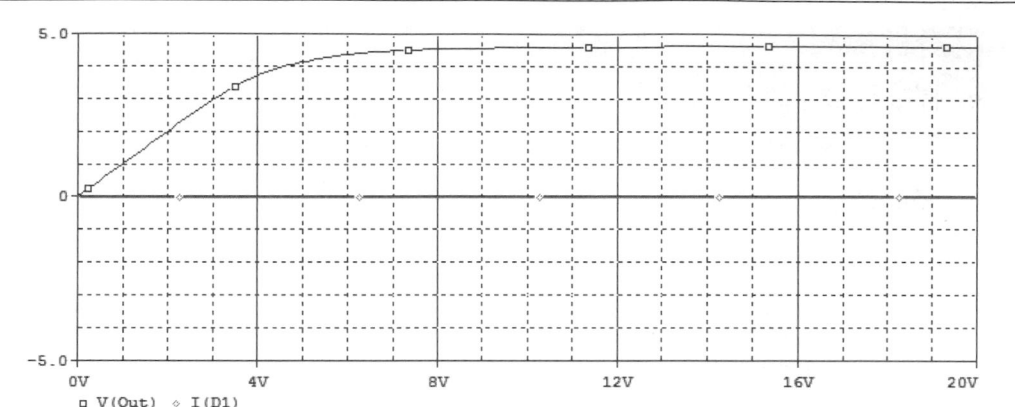

圖 4-4

直流掃描分析完畢後，產生波形檔和文字輸出檔，但是文字輸出檔的內容並無分析結果存在，只是.CIR 檔案(PSpice 輸入檔)內容，這是因為直流掃描結果完全是波形結果。

在 PSpice 的波形視窗中，只要按走線→加入曲線命令，可以呼叫波形結果，有兩種呼叫方式：

(1) 用 mouse 左鍵，點選輸出變數，例如：V(Out)、I(D1)。

(2) 在曲線表示式(T)格子中，輸入輸出變數。

輸出變數的格式說明，請看 3-2 節的介紹，輸出變數所代表意義的說明，如下：

輸出變數	代表意義	類似的輸出變數
I (D1)	流過元件 D1 的電流	I(R1)、I(V1)
V (Out)	節點 Out 的電壓	V(0)
V(D1:1)	元件 D1 之接腳 1 的電壓	V(R1:1)、V(V1:+)
V2(D1)	元件 D1 之接腳 2 的電壓	V1(V1)、V1(R1)

在圖 4-4 中，可以看到 V(Out)和 I(D1)的波形，由於掃描變數是 V1，所以波形圖的 X 軸變數是 V_V1，由於 V(Out)是電壓波形，I(D1)是電流波形，所以 Y 軸只有數

字，而沒有單位，因為 V(Out)和 I(D1)值相差很大，所以 I(D1)波形被壓縮在 X 軸上面，而看不出波形變化情形。

4-2　巢式掃描

要找出電晶體特性曲線圖，必須讓電路圖的 Vc 和 Ib 電源都要變化，所以是雙變數掃描，但是在圖 4-2 對話盒中，電壓源或電流源掃描都只有一個變數變化，所以前面 4-1 節所說的直流掃描方法，並不足以產生電晶體的特性曲線圖，因此要利用本節的巢式掃描分析方法，才能得到電晶體的特性曲線圖。

請先建立圖 4-5 的電路圖，並且儲存電路圖為 EX4-2。

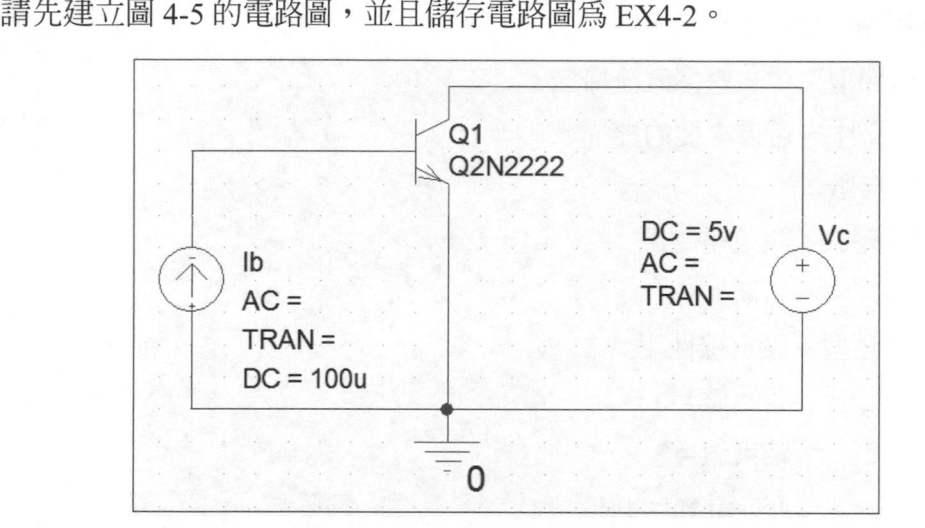

圖 4-5

本電路圖要用到的電路元件有：

元件	元件庫	元件描述
VSRC	source.olb	電壓源
ISRC	source.olb	電流源
Q2N2222	eval.olb	NPN 雙極電晶體
0	source.olb	接地元件

在主要的掃描設定後，要設定次要的掃描之參數，以進行巢式掃描分析，次要的掃描變數每遞增一次，主要的掃描變數則從頭到尾掃描一次。

　　巢式掃描分析的執行流程和直流掃描分析相同，除了要設定次要的掃描參數外，但是次要的掃描之設定畫面和主要的掃描相同。

---

1. 在 Capture 中，按 檔案 → 開啟 → 專案 命令，產生開啟專案對話盒。

2. 在"檔名"格子中，輸入 EX4-2。

3. 按 開啟 鍵，完成呼叫計畫的工作，並且開啟電路圖。

4. 按 PSpice → 新增模擬設定檔 ，產生新模擬對話盒。

5. 在"名稱"格子中，輸入 Nested。

6. 在"繼承由"中，選擇 none。

7. 按 建立 鍵，產生 Simulation Settings 對話盒。

8. 按 分析 標籤，要設定分析參數。

9. 在"分析類型"中，選擇直流掃描。

10. 在"選項"中，選擇主要的掃描。

11. 輸入分析參數：

　　(1)　掃描變數：設定電壓源

　　　　　　　名稱＝Vc

　　(2)　掃描類型：設定線性

　　　　　　　開始值＝0

　　　　　　　結束值＝7

　　　　　　　Increment＝0.1

12. 在"選項"中，選擇次要的掃描，要在小方格中，用 mouse 左鍵點選，使小方格內產生 ∨，才算選擇到次要的掃描(圖 4-6)。

13. 輸入分析參數：

　　(1)　掃描變數：設定電流源

　　　　　　　名稱＝Ib

　　(2)　掃描類型：設定 Linear

　　　　　　　開始值＝0

　　　　　　　結束值＝120u

　　　　　　　Increment＝20u

14. 按 確定 鍵，結束 Simulation Settings 對話盒。

---

15. 按 檔案 → 儲存 ，儲存檔案。

16. 按 PSpice → 執行 命令，執行分析工作，出現 PSpice 視窗。

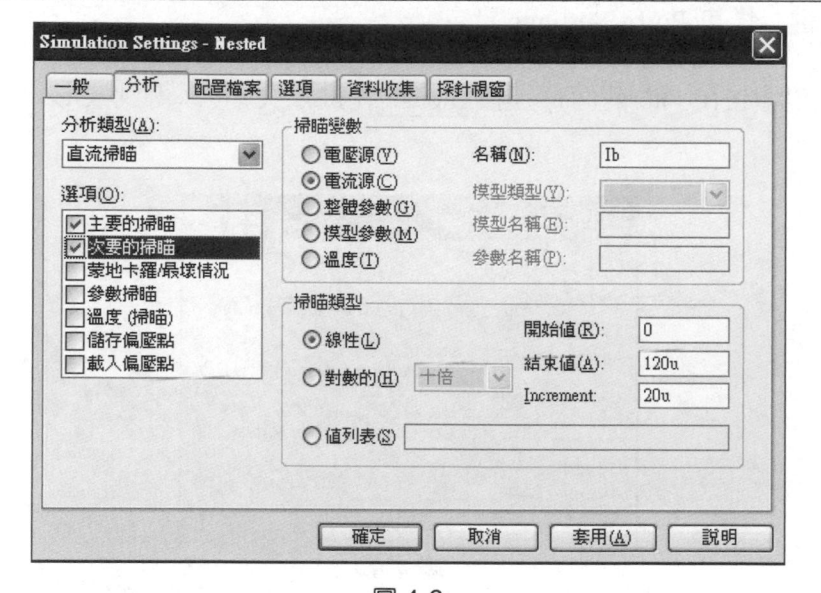

圖 4-6

在 PSpice 視窗中，看模擬分析的波形結果：

1. 在 PSpice 的波形視窗中，按 走線 → 加入曲線 ，產生加入曲線對話盒。

2. 使用 mouse 左鍵，點選 IC(Q1)。

3. 按 確認 鍵，產生 IC(Q1)的波形，如圖 4-7(按 檢視 → 縮放顯示比例 → 區塊 命令，放大波形)。在圖 4-7 中，已經消除格線，如何消除格線，請參考 5-6 節。

4. 按 工具 → 選項 ，產生 Probe Settings 對話盒。

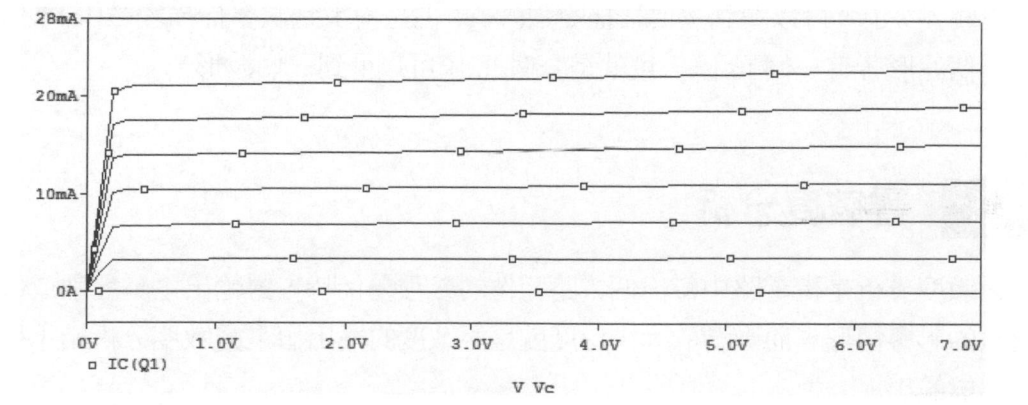

圖 4-7

5. 在"使用符號"中,選擇不要選項,可以使得標示波形的符號(如:小方格、小三角形)消失。

6. 按 確定 鍵,結束 Porbe Settings 設定。

在辨識符號(IC(Q1)的前面),連按 mouse 左鍵二次,可以得到波形資料的對話盒,如圖 4-8 所示。

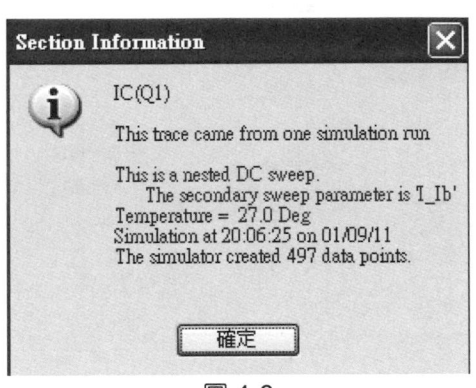

圖 4-8

從圖 4-8 中可知,這是巢式直流掃描(nested DC sweep),第二個掃描變數是 I_Ib,這個模擬分析工作共產生 497 個掃描點,計算掃描點的過程如下:

$(7-0)\div 0.1+1=71$(主要掃描的掃描變數)

$(120\mu-0)\div 20\mu+1=7$(次要掃描的掃描變數)

掃描總點變數=$71\times 7=497$

在圖 4-7 中,可以看到巢式掃描分析的波形結果,由於巢式掃描有主要掃描變數(Vc)和次要掃描變數(Ib)雙變數進行直流掃描,所以在波形圖中同時有數個波形。

在圖 4-7 中,可以看到主要掃描變數(Vc),但是看不到次要掃描變數(Ib),這是因為每一個波形各有一個 Ib 值,也就是一個 Ib 值可以得到一個波形。

4-3 靈敏度分析

靈敏度分析是指電路中每一個電路元件的參數變化時,對輸出電壓變數或輸出電流變數的影響情形,而影響的大小程度就是靈敏度的輸出值,靈敏度分析結果是以文字輸出檔輸出。

請建立圖(圖 4-9)的電路圖,而且電路檔名設為 EX4-3。

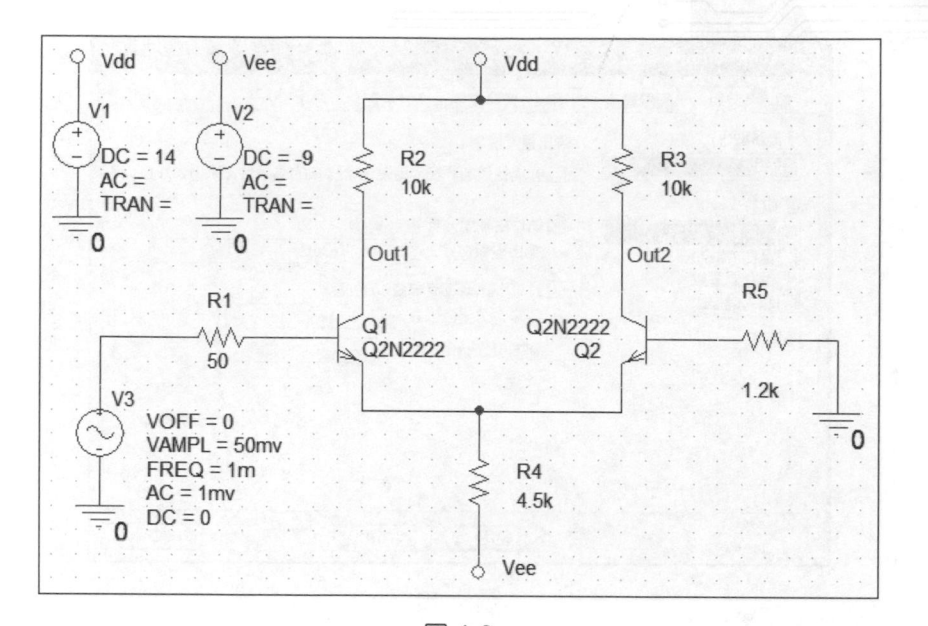

圖 4-9

本電路圖要利用的部份電路元件有：

元件	元件庫	元件描述
R	Analog.olb	電阻
VSRC	Source.olb	電壓源
Q2N2222	eval.olb	NPN 雙極性電晶體
VSIN	Source.olb	弦波電壓源
VCC_CIRCLE	Capsym	電壓符號

其中 VCC_CIRCLE 電壓符號元件的呼叫方式，要按 放置 → 電源 命令，產生放置電源對話盒(類似放置接地對話盒)。

VSIN 元件符號的屬性，如下所示：

```
DC = 0
AC = 1mV
VOFF = 0
VAMPL = 50mV
FREQ = 1m
```

有關靈敏度分析的詳細步驟，請參考 3-3 節的內容，執行步驟完全一樣，靈敏度分析的設定畫面(Simulation Settings 對話盒)，如圖 4-10 所示。

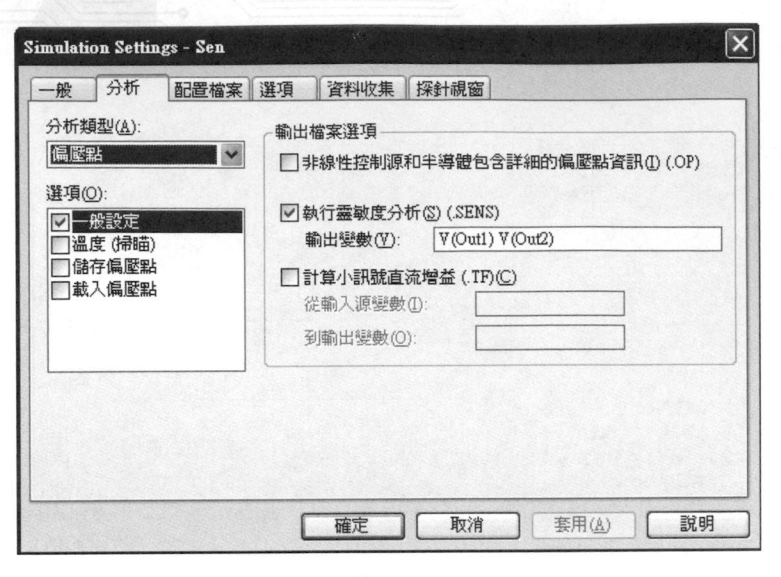

圖 4-10

如果有兩個以上的輸出變數要分析，只要中間空一格，分開兩個輸出變數，如：
V(Out1) V(Out2)。

要看分析結果，只要在 PSpice 視窗中，按檢視→輸出檔案命令，可看到文字輸出
檔內容，以下是電路中所有電阻、電壓源及電晶體參數發生變化時，對輸出變數 V(Out1)
影響程度的靈敏度值，其餘相關數據，請看文字輸出檔的內容。

```
DC SENSITIVITIES OF OUTPUT V(OUT1)

          ELEMENT         ELEMENT         ELEMENT        NORMALIZED
          NAME            VALUE           SENSITIVITY    SENSITIVITY
                                          (VOLTS/UNIT)  (VOLTS/PERCENT)

          R_R1           5.000E+01        9.228E-04       4.614E-04
          R_R2           1.000E+04       -9.695E-04      -9.695E-02
          R_R3           1.000E+04       -4.545E-05      -4.545E-03
          R_R4           4.500E+03        2.417E-03       1.088E-01
          R_R5           1.200E+03       -7.408E-04      -8.889E-03
          V_V1           1.400E+01        1.007E+00       1.410E-01
          V_V2          -9.000E+00        1.302E+00      -1.172E-01
          V_V3           0.000E+00       -1.404E+02       0.000E+00
Q_Q1
          RB             1.000E+01        9.228E-04       9.228E-05
          RC             1.000E+00        4.878E-05       4.878E-07
          RE             0.000E+00        0.000E+00       0.000E+00
          BF             2.559E+02       -2.119E-04      -5.423E-04
          ISE            1.434E-14        2.765E+12       3.965E-04
          BR             6.092E+00        6.933E-12       4.224E-13
          ISC            0.000E+00        0.000E+00       0.000E+00
          IS             1.434E-14       -2.554E+14      -3.663E-02
          NE             1.307E+00       -5.788E-01      -7.565E-03
          NC             2.000E+00        0.000E+00       0.000E+00
          IKF            2.847E-01       -4.425E-02      -1.260E-04
          IKR            0.000E+00        0.000E+00       0.000E+00
          VAF            7.403E+01        2.470E-03       1.828E-03
          VAR            0.000E+00        0.000E+00       0.000E+00
Q_Q2
          RB             1.000E+01       -7.408E-04      -7.408E-05
          RC             1.000E+00       -4.545E-05      -4.545E-07
```

綜合練習 4-1 ⋯⋯N-Channel JFET

一、電路圖：

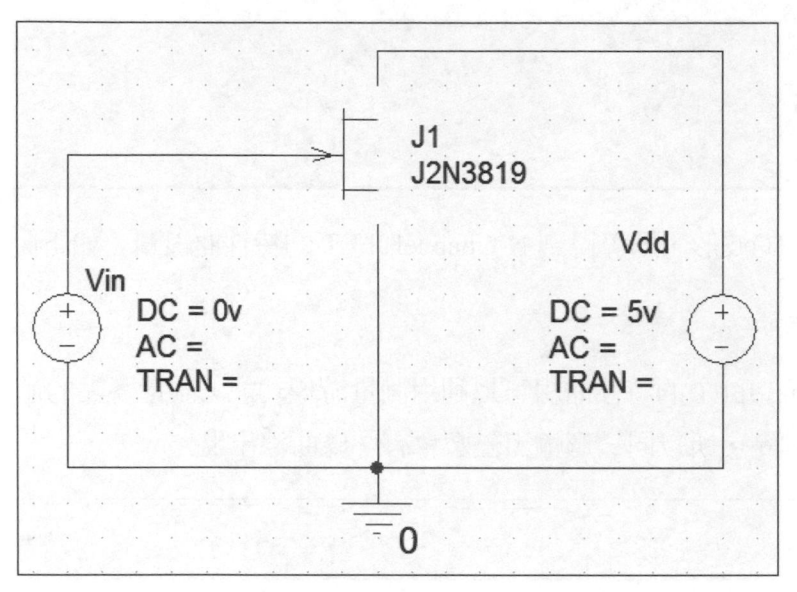

其特性曲線是由(橫軸，縱軸)=(VDS，ID)所組成，而且 VGS 也要變動，所以要利用巢式掃描直流分析，才能得到特性曲線圖。

二、分析步驟：

1. 請建立好上面電路圖。

2. 以 Vdd 為主要掃描且 Vin 為次要掃描，進行巢式掃描分析，根據 4-2 節巢式掃描方法的步驟，開始分析 N-Channel JFET 電路。

   主要的掃描之參數設定，如下所示：

```
掃描變數 = 電壓源
名稱 = Vdd
掃描類型 = 線性
開始值 = 0
結束值 = 10
Increment = 0.1
```

次要的掃描之參數設定，如下所示：

```
掃描變數 = 電壓源
名稱 = Vin
掃描類型 = 線性
開始值 = -3
結束值 = 0
Increment = 0.5
```

3. 呼叫 ID(J1)波形，即可得到 N-Channel JFET 的特性曲線圖，如下圖所示。

三、結果分析：

N-Channel JFET 的特性曲線可以利用測量游標功能，測量各點的值，由於次要掃描共掃描 7 個點，所以同一個輸出變數會有 7 條曲線出現。

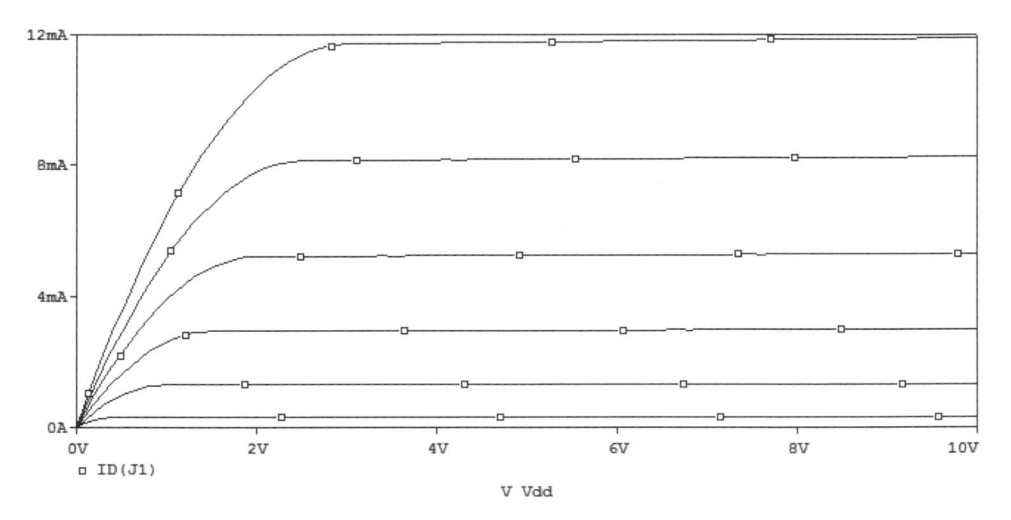

附註：測量波形的功能，請參考第五章的說明。

實驗 4-1 ⋯ SCR 電路巢式掃描分析

一、電路圖：

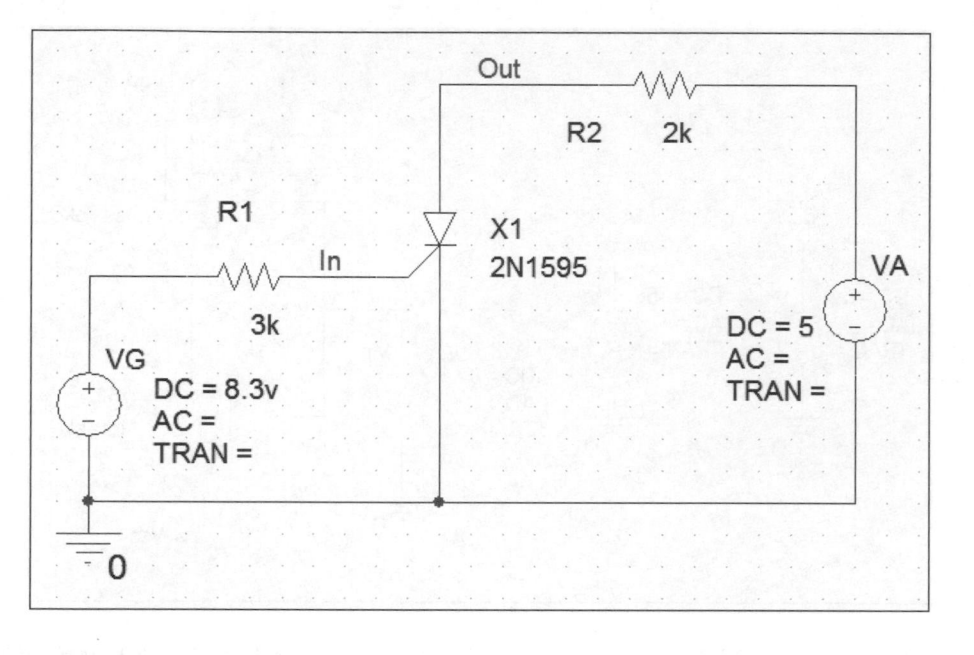

二、使用元件：

元件	元件庫	元件描述
2N1595	eval.olb	SCR 元件
VSRC	source.olb	電壓源
R	analog.olb	電阻
0	source.olb	接地元件

三、問題：

　　以 VA 為主要的掃描，從 0V 掃描到 15V，Increment 值自行決定，以 VG 為次要的掃描，只要掃描 8.1、8.3、8.5 及 8.7V，請畫出(x,y) = [V(Out)，–I(R1)]的圖形(要更改 X 軸變數，請看下一章的介紹)。

附註：X 軸變數是 V(Out)，必須把原本的 X 軸變數(掃描變數)VA 改成 V(Out)，Y 軸變數是–I(R1)，"–"必須自己加。

實驗 4-2

一、電路圖：

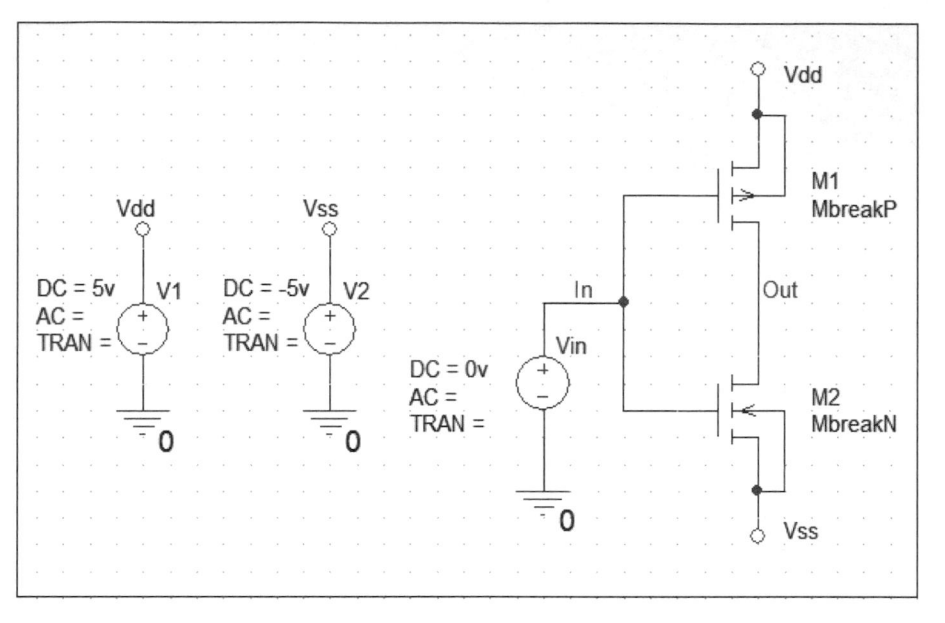

　　使用直流掃描分析方法，進行電路的模擬分析工作，掃描類型採用線性形式，對電壓源 Vin 進行掃描，從－5V 到 5V 為止，Increment 值自行決定。

二、問題：

1. 畫出 V(Out)波形，並且利用波形證明此電路是反相器。(只要簡單文字說明)
2. 找出 M1 的三支接腳(汲極、閘極和源極)的電流波形。
3. 找出 M2 的三支接腳(汲極、閘極和源極)的電壓波形。(MbreakP 和 MbreakN 元件在 breakout.olb 元件庫中)

實驗 4-3

一、電路圖：

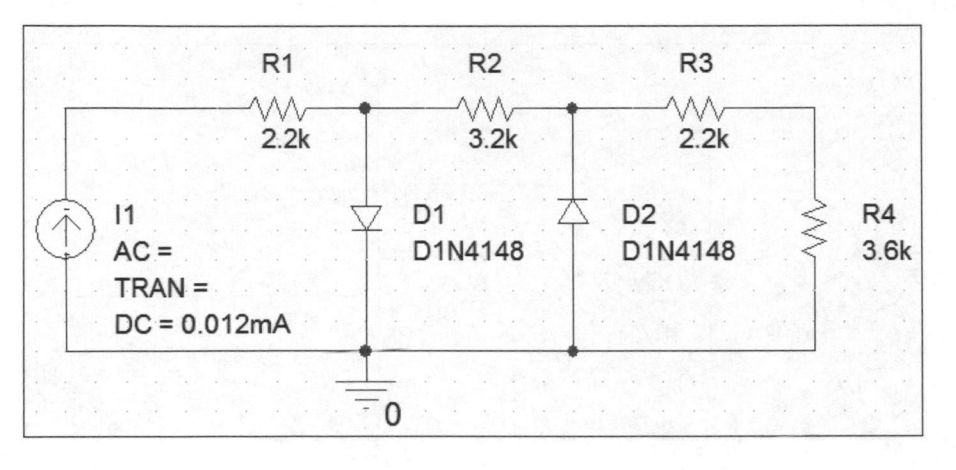

　　使用直流掃描分析方法，進行電路的模擬分析工作，掃描類型採用線性形式，對電流源 I1 進行掃描，從−0.5mA 到 0.5mA 為止，Increment 值自行決定。

二、問題：

1. 畫出二極體(D1 和 D2)的電壓波形。
2. 找出所有流過電阻(R1、R2、R3、R4)的電流波形。

實驗 4-4

一、電路圖：

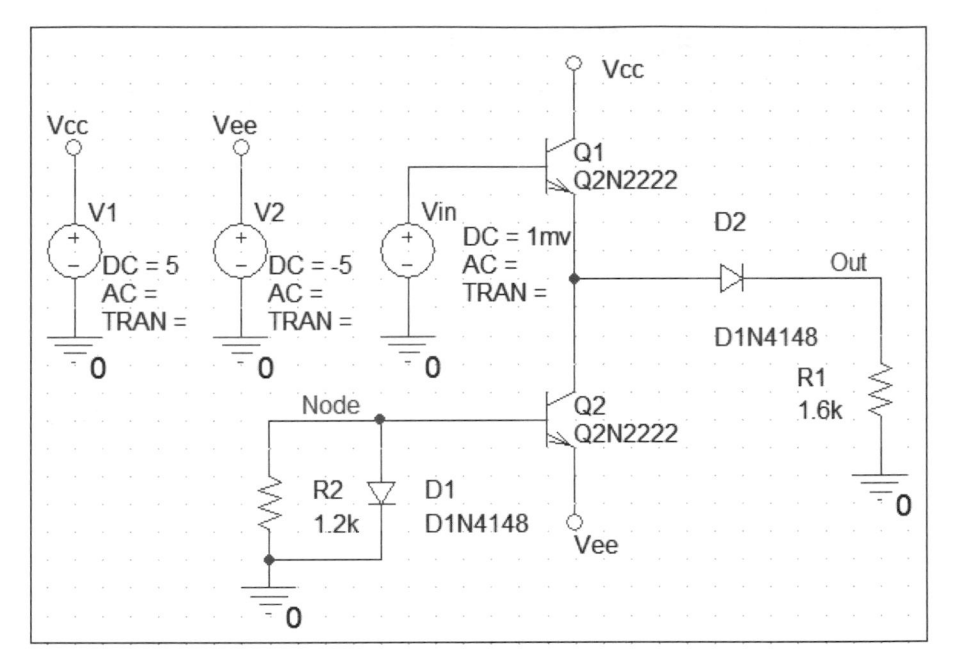

對 Vin 進行直流掃描分析，由 0 掃描到 5V(線性形式)，Increment 值自行決定。

二、問題：

1. 求 V(Out)的波形。
2. 把二極體 D2 的方向改變，再重新分析一次，波形有何變化？

實驗 4-5

一、電路圖：

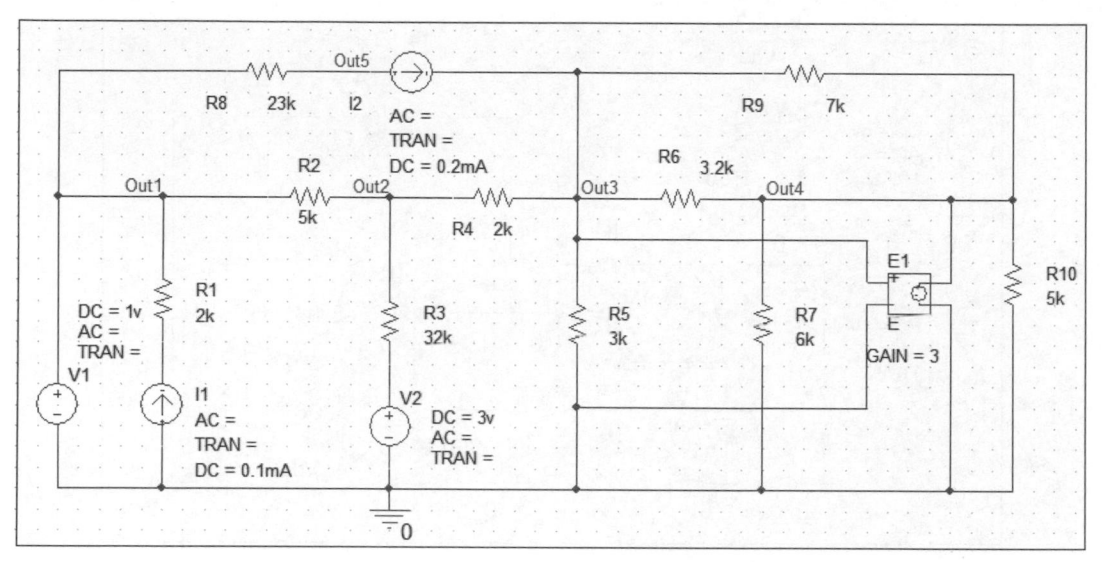

二、問題：

使用直流掃描分析，進行電路分析，掃描形式採用線性形式，對電壓源 V1 從－5V 掃描到 5V 為止，Increment 值自行決定，求 V(Out1)、V(Out2)、V(Out3)、V(Out4) 和 V(Out5)波形。

附註：E1 元件是 analog 元件庫的 E 元件。

實驗 4-6

一、電路圖：

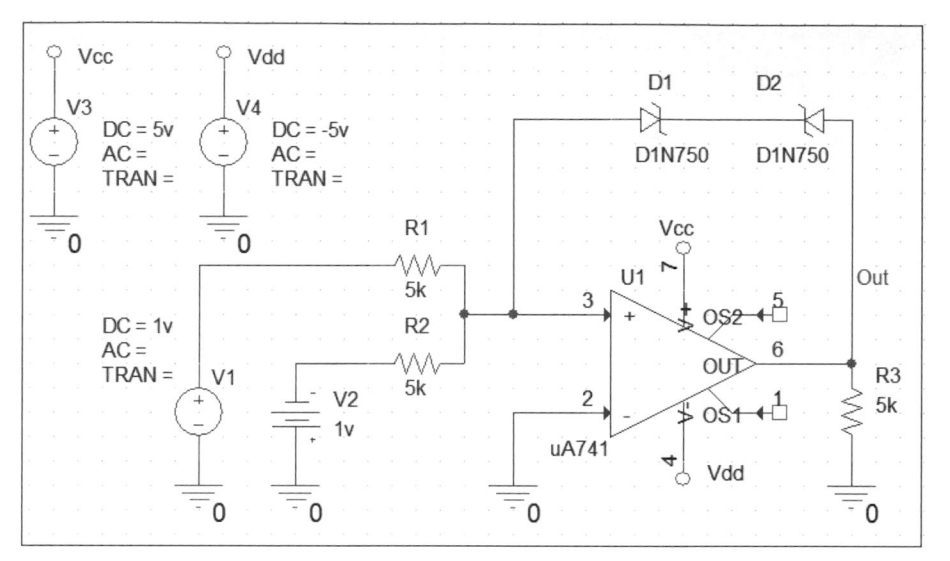

二、問題：

　　使用直流掃描分析，掃描類型採用線性形式掃描，對電壓源 V1 從－3V 掃描到 3V 為止，求 V(Out)波形。(Increment 值自行決定)

　　更改 V2 的電壓值為－1V，再求 V(Out)波形，比較兩個波形有何不同？

PSpice

Chapter 5

PSpice 視窗說明與操作介紹

5-1 執行探針視窗設定工作

開啓電路圖，在 Capture 視窗的功能表中，按 PSpice→編輯模擬設定檔，可以得到 Simulation Settings 對話盒，再按探針視窗標籤，產生對話盒，如圖 5-1 所示：

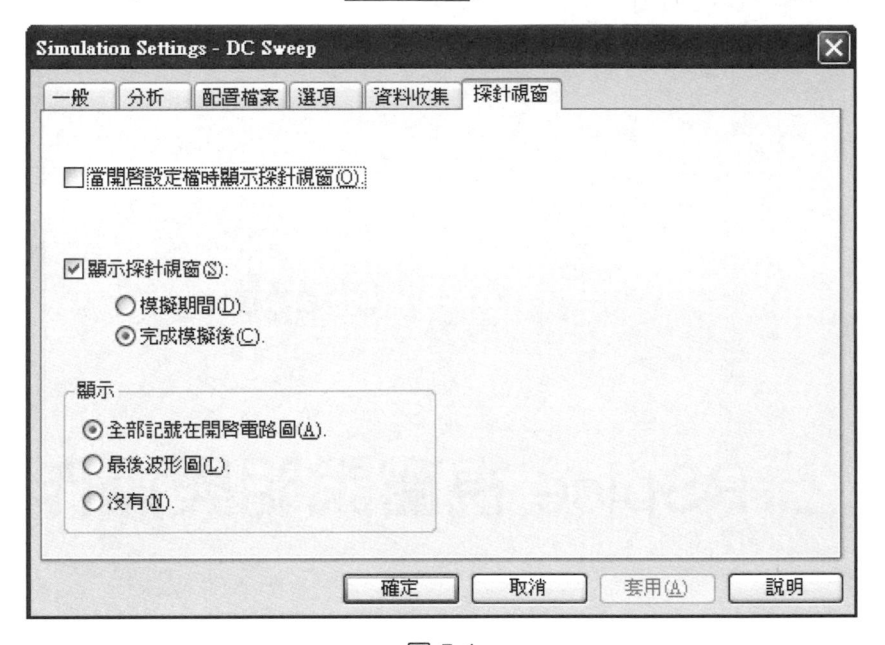

圖 5-1

當電路模擬分析完畢後，如果有波形資料檔(.dat)產生，即會自動執行探針視窗，為何會有這樣的動作呢？接下來說明其原因。

由上面對話盒中可知，啓動 "顯示探針視窗" 設定，並且選擇 "完成模擬後" 設定，所以只要電路模擬分析完畢後，就會自動顯示探針視窗，使用者可以輸入輸出變數，顯示所需要的波形。

如果選擇 "模擬期間" 設定，表示電路分析過程中，就可以看到探針視窗，也可以看到所需要的波形。

在 "顯示" 欄位中，可以選擇探針的顯示狀態，共有三種選擇，分別說明如下：

1. 全部記號在開啓電路圖：電路圖上面的所有探針產生的波形都會顯示。
2. 最後波形圖：顯示最近的分析結果。
3. 沒有：都不顯示。

　　前面只是探針視窗的設定工作，接下來，才是執行探針視窗分析波形的工作，一般而言，探針視窗的設定內容，通常採用預設值就可以了，使用者不需要去更動，除非有需要。

　　在 Capture 視窗中，按 PSpice→執行 命令，產生 PSpice 視窗，同時顯示探針視窗，如圖 5-2 所示。

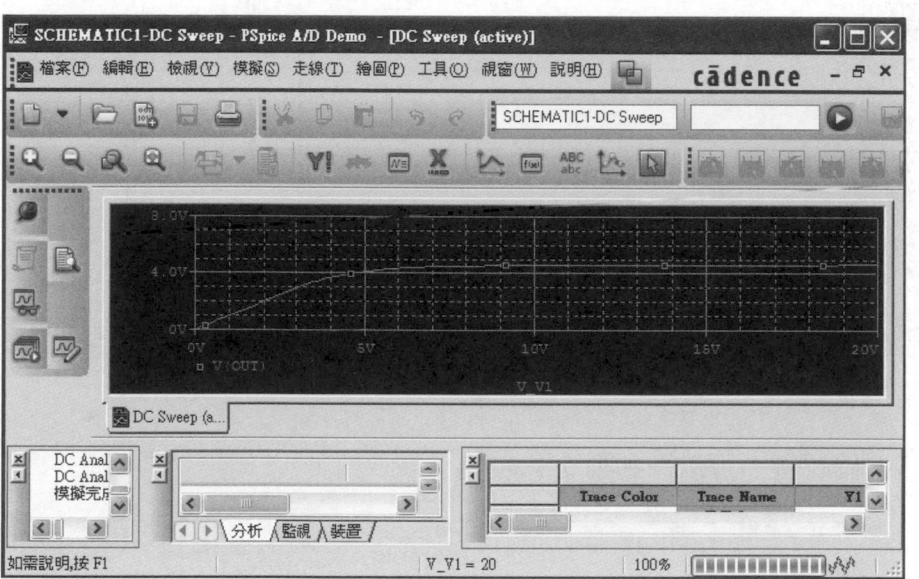

圖 5-2

　　圖 5-2 是 PSpice 視窗，中間黑色部份可以顯示波形，這個部份就是探針視窗，文字檔輸出也是顯示在此位置，只是變成文字編輯器視窗。

5-2　探針視窗的波形顯示方式

　　以下內容採用 4-1 節的 EX4-1 電路圖為範例，進行直流掃瞄分析工作。

　　接下來，要把波形顯示在探針視窗中，有兩種方法可以把波形顯示出來：

1.　在探針視窗中呼叫波形。

(1)　按 走線→加入曲線 命令，出現圖 5-3 的對話盒。

(2)　按 mouse 左鍵，選擇 V(D1:1)與 V(Out)，可在"曲線表示式"看到這兩個變數。

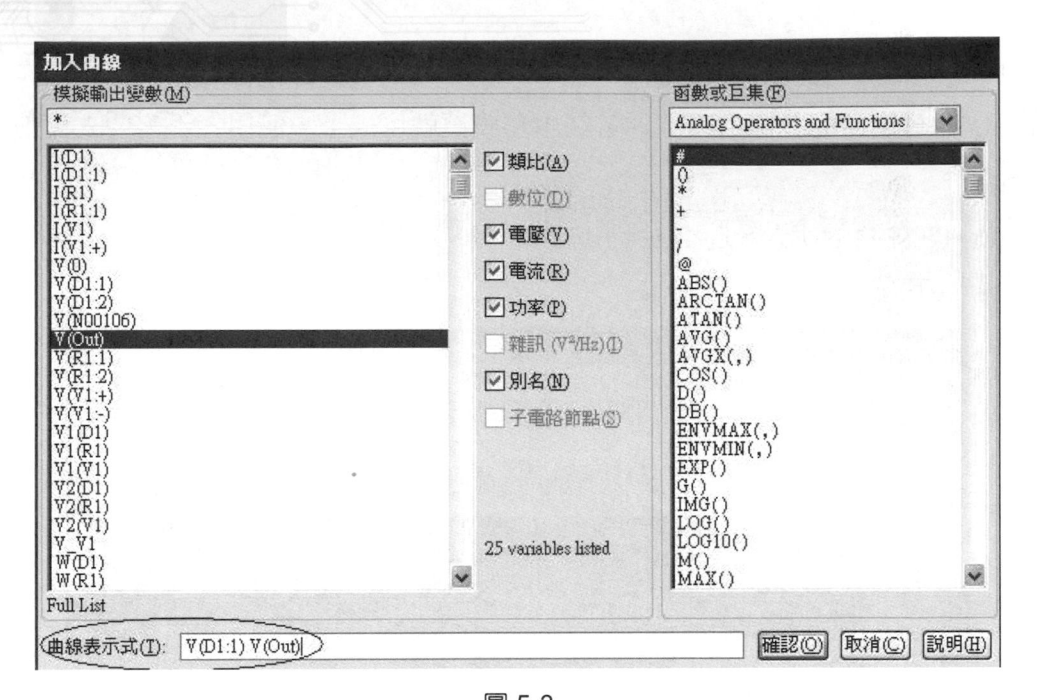

圖 5-3

(3) 按 確認 鍵，可以得到圖 5-4。

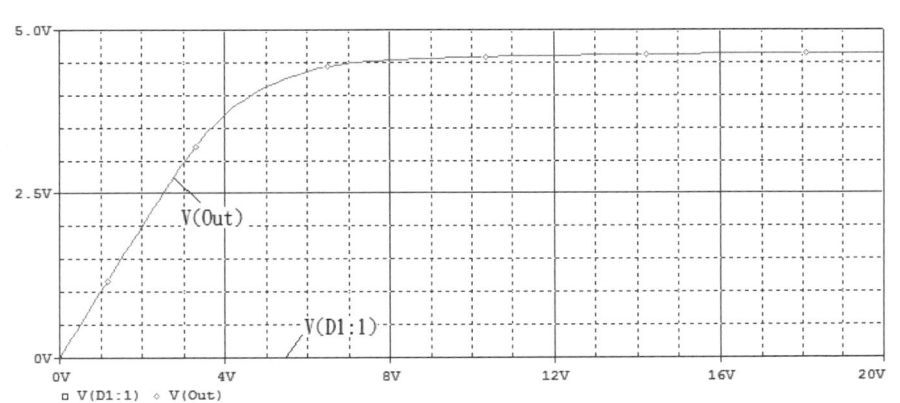

圖 5-4

V(D1:1)波形和 X 軸重疊，所以看不清楚，因為和 X 軸重疊，所以沒有顯示辨識符號。

要刪除波形，只要用滑鼠(mouse)選擇要刪除的波形名稱(左下角)，再按 Delete 鍵或按 編輯→刪除 命令即可。

刪除波形後，在"曲線表示式"，鍵入 V(Out)-V(R1:2)，可以得到兩個波形的差值波形，如圖 5-5 所示。

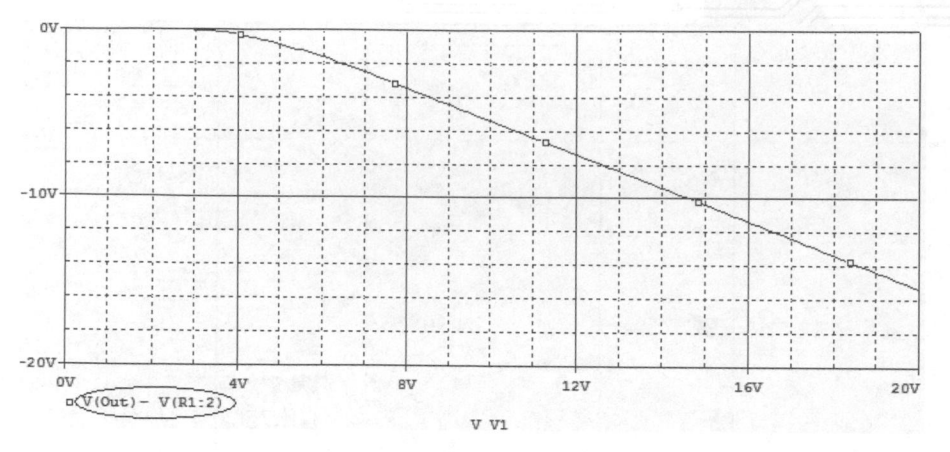

圖 5-5

　　波形變數可以執行運算,例如:圖 5-5 的相減運算,也可以利用圖 5-3 右半面的 "函數或巨集" 欄位,提供各種不同的運算,例如 : EXP(V(Out))、LOG(V(In))…。

　　在圖 5-3 的中間,波形變數種類共有 8 種:類比、數位、電壓、電流、功率、雜訊、別名和子電路節點,讀者可以自行選擇上面八種變數,對話盒左邊顯示對應的波形變數。

　　選擇波形變數的方法共有兩種方式,第一種是在對話盒中直接選擇波形變數,例如:V(In)和 V(Out),會在曲線表示式後,出現這兩個波形變數(中間會空一格)。

　　第二種方式是直接在曲線表示式後,鍵入所要的輸出變數,而輸出變數的表示方法,請見 3-2 節說明。

2. 在 Capture 視窗中,按 PSpice→記號命令,可以選擇所要的探針功能,例如:選擇電壓等級命令,把探針放在 Out 節點上,再結束放置探針功能,此時電路圖如圖 5-6 所示,模擬分析工作完成後,會立刻顯示 V(Out)波形。

使用探針功能呼叫波形步驟,如下所示:

---

(1)　在 Capture 視窗中,按 PSpice→記號命令。

(2)　選擇電壓等級命令。

(3)　用 mouse 左鍵控制,放探針在 Out 節點上。

(4)　按 mouse 右鍵,產生快捷功能表。

(5)　選擇結束模式。

(6)　更換到 PSpice 視窗或重新執行分析,可以看到 V(Out)波形。

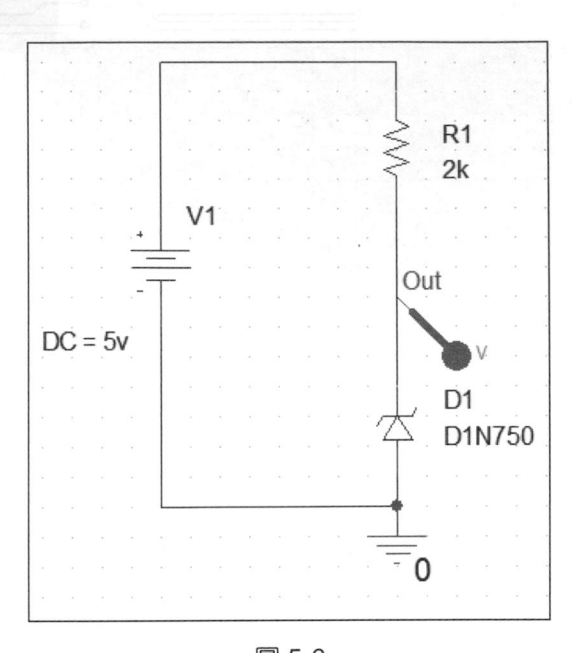

R1
2k

V1

Out

DC = 5v

V

D1
D1N750

0

圖 5-6

　　探針功能除了可以看電壓值、電流值和功率消耗外，也可以看電壓差，只要在"記號"中，選擇 電壓差動 ，用 mouse 左鍵，放置兩個探針，第 1 個探針的電壓減去第 2 個探針的電壓就是電壓差值，這個功能相同於直接在"曲線表示式"格子中，輸入 V(1)-V(2) 或 V(1,2)。

　　探針的種類共有下列幾種：

(1)　電壓等級：測量節點或接腳的電壓。

(2)　電壓差動：測量兩節點的電壓差。

(3)　電流進入接腳：測量流進接腳的電流。

(4)　功率消耗：測量元件的功率消耗。

(5)　進階：更多種類的探針，主要用在頻率響應分析。

　　如果要刪除所有的波形，只要按 走線 → 刪除全部曲線 命令，可以刪除所有顯示的波形。

注意：放置探針時，有些技巧要注意，游標代表探針的接觸點，放置電壓相關探針時，游標要放在導線或元件接腳上，才能放好探針，放置電流探針時，游標要放在接腳上，才能放好探針，而放置功率探針時，游標放在元件上，就可放好功率探針。

5-3 改變座標軸的範圍

　　有時由系統自訂的座標軸刻度，並不是適當的顯示範圍，例如：直流掃描是由 0V 遞增到 5V，但是系統自訂的座標軸範圍卻是 0V 到 6V，所以有一段(5V 到 6V)的波形是空白的。

　　以下是修改波形圖座標軸範圍的步驟：

1. 從圖 4-4 開始(PSpice 視窗)，按 繪圖 → 軸設定 命令，產生圖 5-7 對話盒。

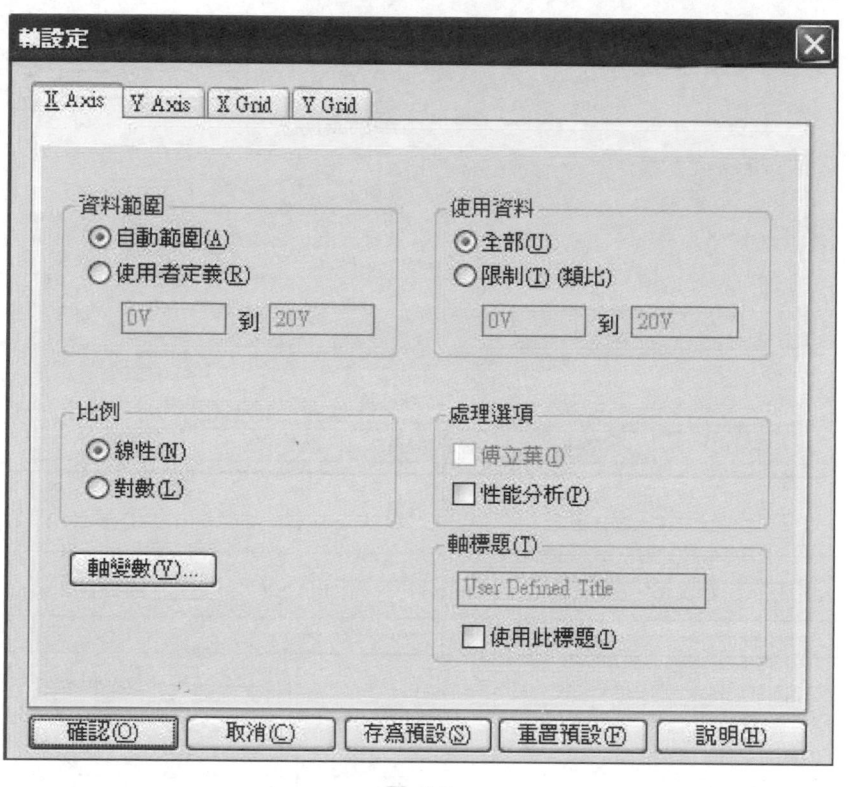

圖 5-7

2. 在軸設定對話盒中，正在使用的標籤是 X Axis，表示可以修改 X 軸範圍。
3. 用 mouse 左鍵，選擇資料範圍的使用者定義，可以自定 X 軸範圍。
4. 用 mouse 左鍵，點選 20V 格子，輸入 10V，表示修改 X 軸範圍為 0V 到 10V，完成修改 X 軸的範圍。
5. 按左上角 Y Axis 標籤，表示要修改 Y 軸的範圍，軸設定對話盒變成圖 5-8 對話盒。
6. 用 mouse 左鍵，選擇資料範圍中的使用者定義，可以自定 Y 軸範圍。

7. 用 mouse 左鍵，點選–5.0 格子，輸入–1V，表示修改 Y 軸範圍為–1V 到 5V，完成修改 Y 軸範圍。

圖 5-8

8. 按 確認 鍵，完成改變座標軸範圍的工作，如圖 5-9。

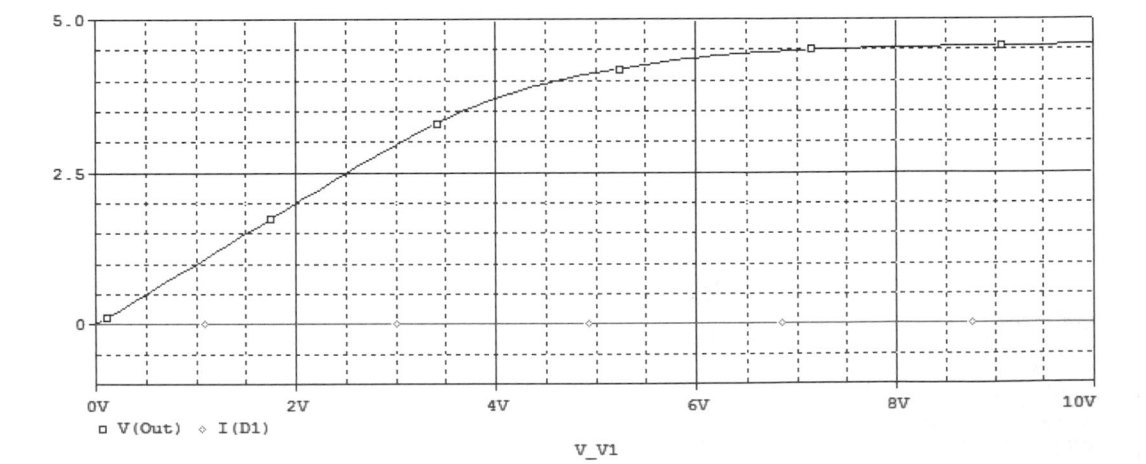

圖 5-9

圖 5-7 對話盒可以設定 X 軸，說明如下：

1. 資料範圍：X 軸顯示的範圍，可以是自動範圍或使用者定義。

2. 使用資料：使用 X 軸的範圍，可以使用全部顯示範圍或限制使用範圍。

3. 比例：設定 X 軸是線性或對數變化。

4. 處理選項：選擇分析的處理方法，有兩種方法提供使用：傅立葉和性能分析。

5. 軸變數鍵：按此鍵，可以更改 X 軸變數，一般而言，系統的預設 X 軸變數都是掃描變數，但是使用者可以更改 X 軸變數。

　　另外，圖 5-8 對話盒可以設定 Y 軸，說明如下：

1. 資料範圍：Y 軸顯示的範圍。

2. Y 軸數：選擇要設定哪一個 Y 軸，因為可以有多個 Y 軸。

3. 比例：設定 Y 軸是線性或對數變化。

4. 軸位置：設定 Y 軸的位置，可以在波形圖的左邊或右邊。

5. 軸標題：設定 Y 軸的標題名稱。

5-4　多重 Y 座標軸和多重圖框

　　要建立多重座標軸，所要用到的命令如下：

命令(主功能表)	功能說明
按繪圖→加入 Y 軸	增加一個 Y 軸
按繪圖→刪除 Y 軸	刪除一個 Y 軸

　　以下是建立多重座標軸的步驟：(請重新執行 PSpice 分析)

1. 在 PSpice 視窗中，首先呼叫 V(Out)波形，再按繪圖→加入 Y 軸命令，會在波形畫面中，增加一個 Y 軸。

2. 有 ">>" 符號的 Y 軸，表示目前正在編輯這個 Y 軸，">>" 符號在第二個 Y 軸上，表示此時呼叫的波形，會使用第二個 Y 軸。

3. 按走線→加入曲線命令，產生圖 5-3 對話盒。

4. 在 "曲線表示式" 格子中，輸入 I(D1)。

5. 按確認鍵。

6. 重複上面 1～5 步驟，產生第 3 個 Y 軸，並輸入 I(R1)波形，結果如圖 5-10 所示。

在圖 5-10 中，因為">>"符號目前指在第 3 個 Y 軸，如果要編輯第 1 個波形 (V(Out))，只要用 mouse 左鍵點選第 1 個 Y 軸，即可以編輯 V(Out)波形，而且">>" 符號移動到第 1 個 Y 軸上。

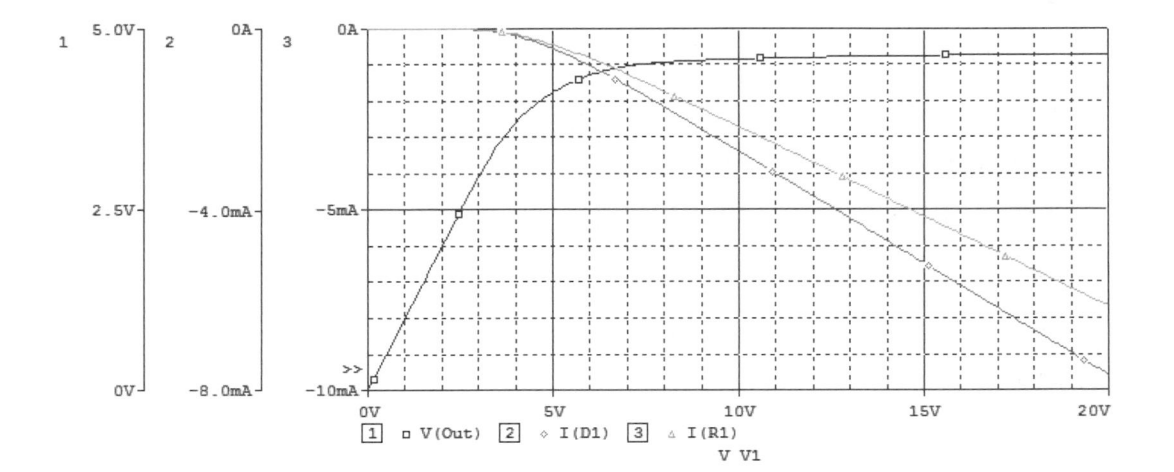

圖 5-10

要建立多重圖框，所要用到的命令如下：

命令(主功能表)	功能說明
按繪圖→加入波形圖到視窗	加入另一個圖框
按繪圖→刪除波形圖	刪除一個圖框
按繪圖→非同步 X 軸	可以使兩個圖框的 X 軸變數不同

以下是建立多重圖框的步驟：(請重新執行 PSpice 分析)

1. 在 PSpice 視窗中，首先呼叫 V(Out)波形，按繪圖→加入波形圖到視窗命令，會 在波形畫面中增加一個圖框。

2. 在空白圖框中，有"SEL>>"符號存在，表示正要編輯此圖框。

3. 按走線→加入曲線命令，產生圖 5-3 對話盒。

4. 在"曲線表示式"格子中，輸入 I(D1)。

5. 按確認鍵，產生圖 5-11。

在圖 5-11 中，因為"SEL>>"符號目前指在第 2 個圖框，如果要編輯第 1 個圖框 (V(Out)波形)，只要用 mouse 左鍵點選第 1 個圖框，即可以編輯 V(Out)波形，而且 "SEL>>"符號移動到第 1 個圖框上。

在圖 5-11 中，兩個圖框的 X 軸變數均相同，一般而言，執行直流掃描，X 軸變數的預設變數都是掃描變數，但是所要分析波形的 X 軸變數，卻不一定要掃描變數，你可以更動 X 軸變數，只要 X 軸變數也是在一定範圍內變化。

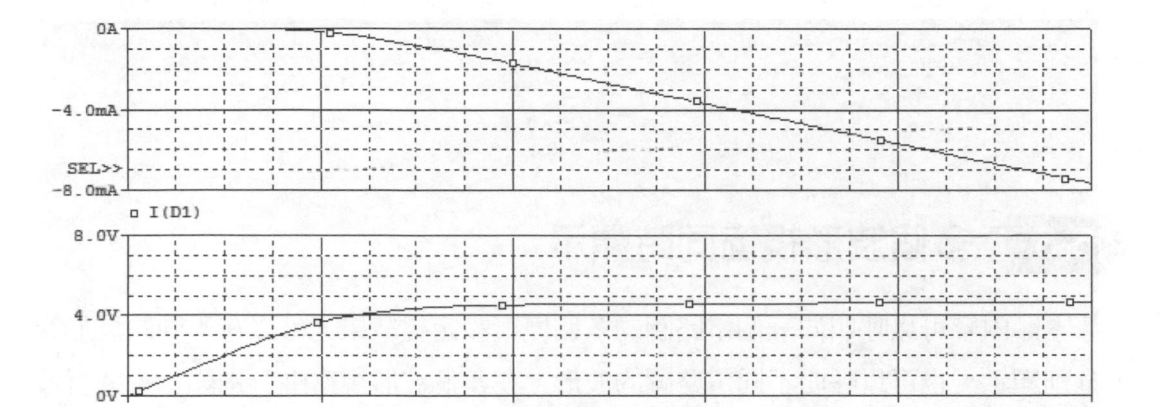

圖 5-11

以下是改變 X 軸變數的步驟：

1. 重新執行 Pspice 分析，在 PSpice 視窗中，只呼叫 V(Out)波形，再按 繪圖 → 加入 波形圖到視窗 命令，會在波形畫面中增加一個圖框。
2. 此時"SEL>>"符號在新的圖框上。
3. 按 繪圖 → 非同步 X 軸 命令，可以使得兩個圖框的 X 軸變數不一樣，但是此時圖框的 X 軸變數還未改變。
4. 按 繪圖 → 軸設定 命令，產生圖 5-7 對話盒。
5. 按 軸變數 鍵，產生對話盒，選擇 X 軸變數，此畫面和加入曲線對話盒相同。
6. 在 "曲線表示式" 格子中，輸入 V(Out)，按 確認 鍵。
7. 按 確認 鍵，此時第二個圖框的 X 軸變數變成 V(Out)。
8. 按 走線 → 加入曲線 命令。
9. 在 "曲線表示式" 格子中，輸入 I(D1)。
10. 按 確認 鍵，產生圖 5-12。

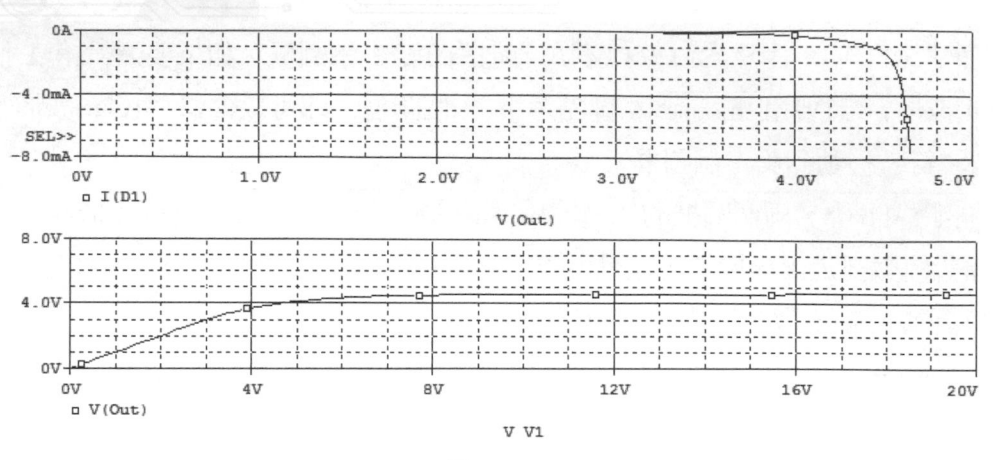

圖 5-12

5-5 多個波形視窗同時顯示

本節內容可以呼叫同一個電路圖的多個模擬設定檔結果,可以在不同的波形視窗中分別顯示,也可以呼叫不同電路圖的波形,在多個波形視窗中分別顯示,進行波形比較。

使得多個波形視窗同時顯示的命令,如下:

命令(主功能表)	功能說明
按 視窗 → 開新視窗	產生一個新的波形視窗
按 視窗 → 重疊排列	波形視窗串列放置,會重疊
按 視窗 → 水平排列	水平分割,使視窗不重疊
按 視窗 → 垂直排列	垂直分割,使視窗不重疊

如果要呼叫不同電路圖的波形,只要按 檔案 → 開啓 命令,到要開啓電路圖的專案目錄中,點選探針資料檔案(.dat),再按 開啓 鍵,就可以讀取不同電路圖的已存在之波形資料,進行不同電路圖之間的波形比較。

以下是使得多個波形視窗同時顯示的步驟:

1. 重新執行 PSpice 分析,在 PSpice 視窗中,首先呼叫 V(Out)波形,再按 視窗 → 開新視窗 命令,產生一個新的波形視窗(B 視窗),此時 A 視窗暫時不見,可以利用下面的標籤,更改不同波形視窗的畫面顯示。

2. 按 走線 → 加入曲線 命令，產生對話盒。
3. 在 "曲線表示式" 格子中，輸入 I(D1)。
4. 按 確認 鍵之後，在 B 視窗中，產生 I(D1)波形。
5. 按 視窗 → 水平排列 命令，畫面水平分割，使得兩個視窗不重疊，如圖 5-13 所示。

在圖 5-13 中，有兩個視窗：A 視窗和 B 視窗，可以在畫面左下角的標籤上，用 mouse 左鍵點選，決定要編輯哪一個視窗。

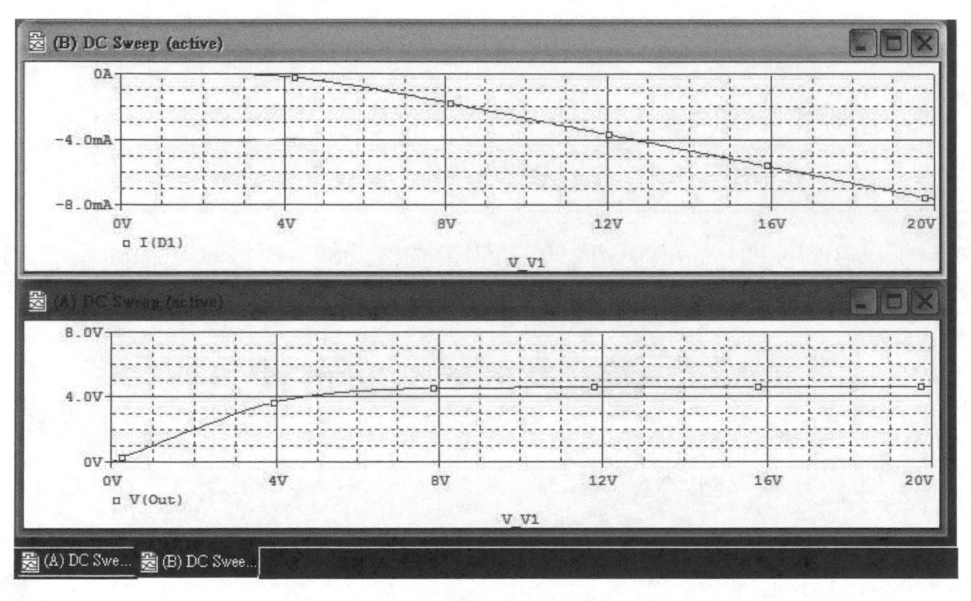

圖 5-13

5-6 啟動游標功能測量波形

在圖 5-4 中，波形圖中有許多虛線存在，正好和測量游標線相同方向，所以很容易有相疊情形，會發生辨識困難的問題，應該將這些虛線消除，才不會找不到測量游標線，這些虛線其實就是格線，要消除這些格線的方法，如下：

1. 在圖 5-4 中，按 繪圖 → 軸設定 命令，產生軸設定對話盒。
2. 在軸設定對話盒中，按 X Grid 標籤，要修改 X 軸的格線，畫面變成圖 5-14。
3. 在主要/格點選項中，選擇無。
4. 在次要/格點選項中，選擇無。
5. 按 Y Grid 標籤，要修改 Y 軸的格線。

6. 在主要/格點選項中，選擇無。

7. 在次要/格點選項中，選擇無。

8. 按 確認 鍵，完成消除 X 軸和 Y 軸格線的工作。

如果是不同 Y 軸，消除 Y 軸的格點，必須針對不同 Y 軸，分別進行消除格點的動作。

要加入或刪除測量游標的命令如下：

命令(主功能表)	功能說明
按 走線 → 游標 → 顯示	使游標顯示在畫面中
按 走線 → 游標 → 凍結	使游標固定不動，可以使用其他滑鼠動作

按 走線 → 游標 → 顯示 命令，可以啟動測量游標功能，再按一次相同命令，可以關閉測量游標功能。

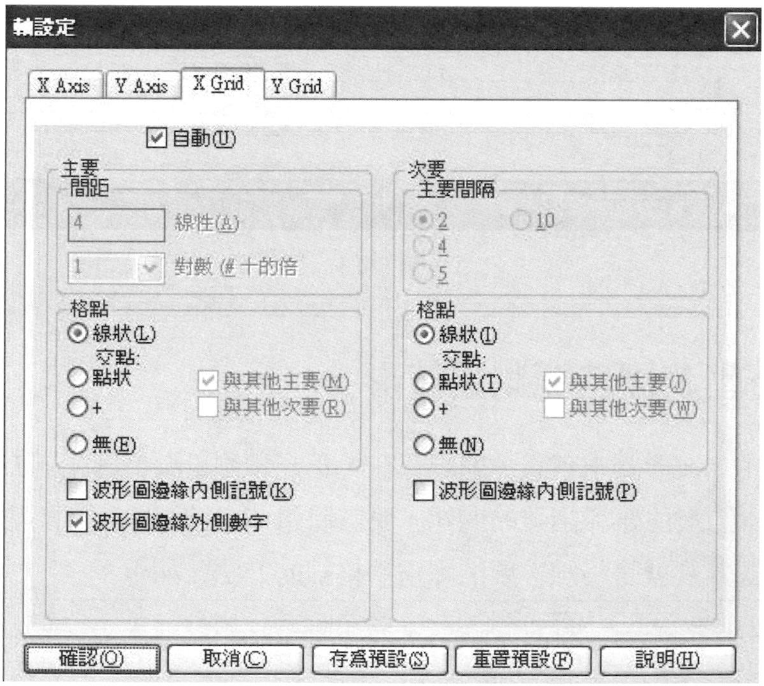

圖 5-14

在視窗中，按 走線 → 游標 → 顯示 命令，可以使測量游標顯示在畫面中，同時有一個測量坐標小視窗出現，其內容說明如下：

一開始，兩個測量游標(游標 1 和游標 2)同時出現在第 1 個波形上，首先，我們必須知道測量游標的測量值如何顯示，測量結果均顯示在測量坐標小視窗中，在右下角(測量坐標小視窗)，可以告訴我們游標 1(CURSOR1)和游標 2(CURSOR2)的 X 軸位置和 Y 軸位置，除此之外，我們也可以知道游標 1 和 2 之間波形的量測資料，包括：相差值、最大值(Max)、最小值(Min)和平均值(Avg)，如何控制兩個測量游標，說明如下：

游標	粗調控制	微調控制	游標顏色	游標特徵 (在辨識符號上)
游標 1 (CURSOR1)	mouse 左鍵	按→或←鍵(方向鍵)，控制游標	紅色線	密的方框
游標 2 (CURSOR2)	mouse 右鍵	按 shift+→或 shift+←鍵，控制游標	綠色線	疏的方框

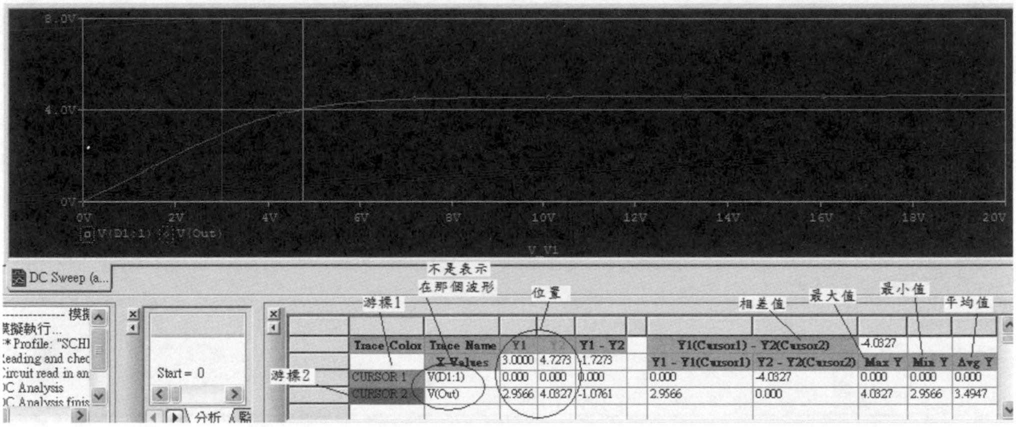

圖 5-15

游標的控制方法可以分為粗調和微調兩種，一般而言，可以用 mouse 移動游標，移動到大略位置，這是粗調方式，接下來，就要使游標慢慢移動，只要用→、←及 shift 鍵控制即可，另外可以放大或縮小波形，按檢視→縮放顯示比例→區塊命令，可以放大某個區域，同時可以增加測量的精確度。

由於每一組測量游標共有 2 個游標可以使用，可以利用游標顏色來分辨，而決定測量游標在哪一個波形上面，則要看波形左下角的辨識符號，用密的方框和疏的方框分別表示游標在哪一個波形上面。

要更動測量游標到另一條波形上，只要用 mouse 左右鍵，點選左下角的辨識符號，就可以更動測量游標的位置(到另一條波形上)。

綜合練習 5-1

一、電路圖：

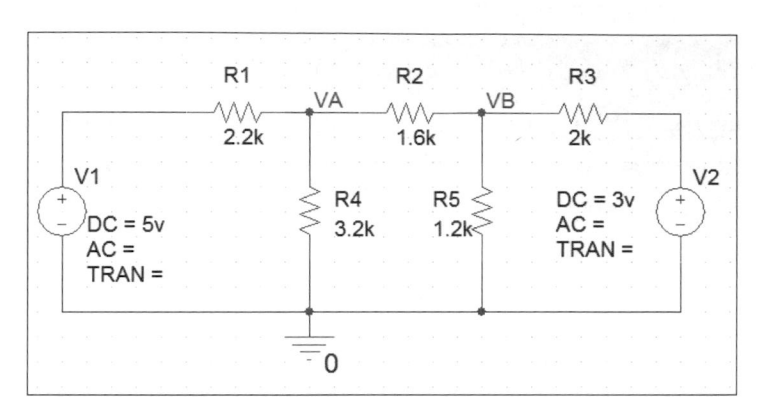

二、分析步驟：

1. 請畫好上面電路圖。

2. 依照直流掃描的執行步驟，進行直流掃描分析工作。

   參數設定如下所示：

   ```
   掃描變數 = 電壓源
   名稱 = V1
   掃描類型 = 線性
   開始值 = 0
   結束值 = 15
   Increment=0.1
   ```

3. 請在 "曲線表示式" 格子中，鍵入 V(VA)–V(VB)，看 VA 和 VB 之間電壓差的波形，如下圖所示。

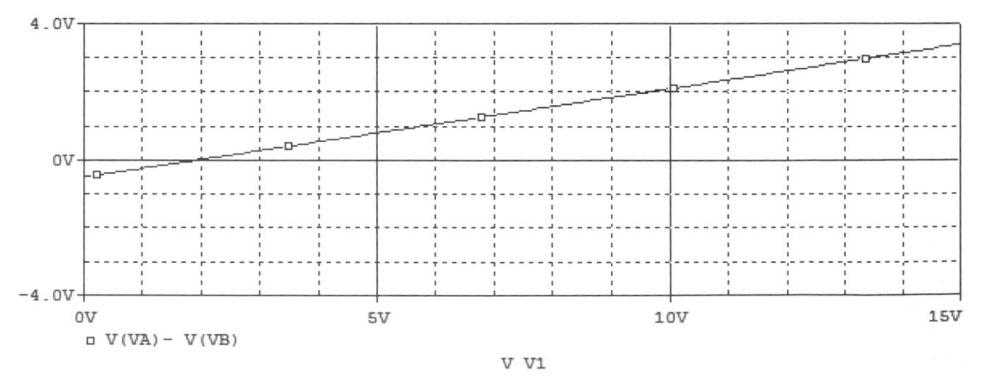

4. 啓動測量游標，測量 V1＝0V、5V、10V 和 15V 時，V(VA)－V(VB)的電壓差值。

綜合練習 5-2 ⸺ CMOS 反相器電路

一、電路圖：

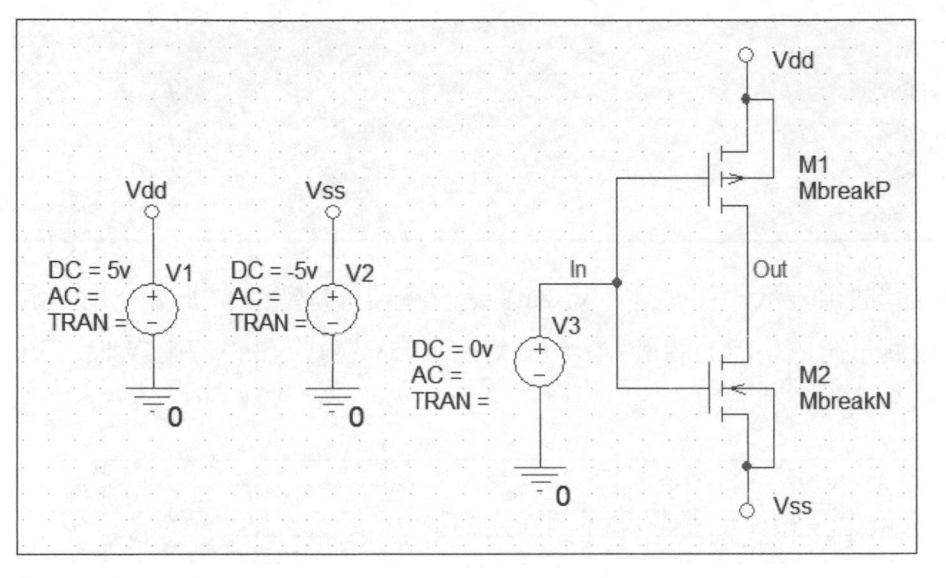

二、使用元件：

元件	元件庫	元件描述
VSRC	source.olb	電壓源
Mbreakn	breakout.olb	n-channel MOSFET
Mbreakp	breakout.olb	p-channel MOSFET
0	source.olb	接地元件
VCC_CIRCLE	CAPSYM	電源符號

三、分析步驟：

1. 請畫好上面電路圖。

2. 依照偏壓點分析及小訊號直流增益分析的步驟，同時執行這兩種直流模擬方法。
   偏壓點分析沒有參數需要設定，而小訊號直流增益分析的參數設定，如下所示：

   ```
   從輸入源變數 = V3
   到輸出變數 = V(Out)
   ```

3. 依照直流掃描的執行步驟，進行直流掃描分析工作。

分析參數設定，如下所示：

```
掃描變數 = 電壓源
名稱 = V3
掃描類型 = 線性
開始值 = -5
結束值 = 5
Increment=0.1
```

4. 請在"曲線表示式"，鍵入 V(Out)，觀看輸出的結果，波形如下所示(圖 A)。
5. 使用測量游標功能，測量 V3＝-5V、-2.5V、0V、2.5V 和 5V 時，V(Out)的電壓值。

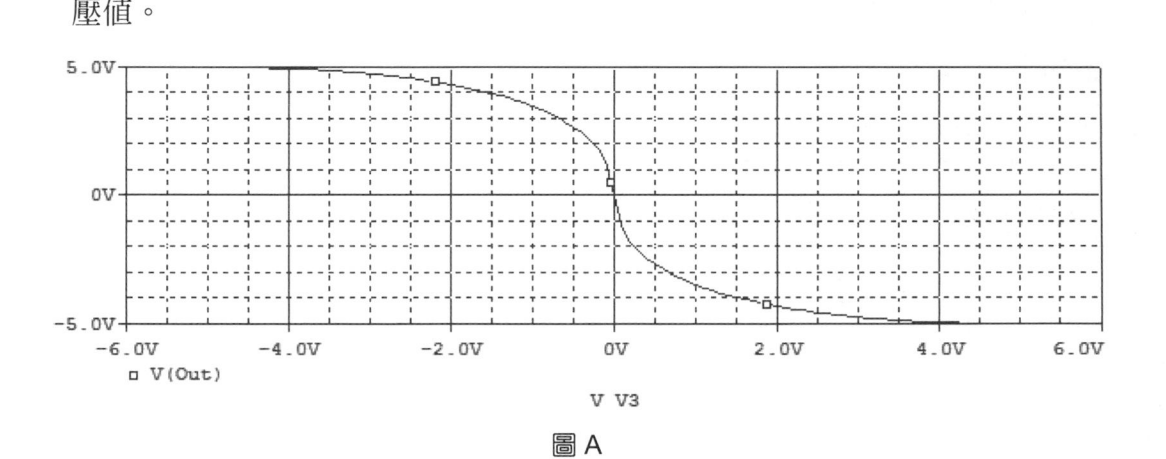

圖 A

四、結果分析：

由於 PMOS 和 NMOS 電路元件的特性並不是固定，會隨著製程不同或技術發展而有所不同，所以加入元件模型參數的設定，可以使分析結果更接近實際電路的工作情形，有關編輯及連結元件模型參數，請依照 8-2 節的步驟處理，PMOS 及 NMOS 的模型參數設定內容如下所示，有關模型參數說明部分，可看附錄 D 半導體元件模型參數的說明。

```
.model Mbreakp PMOS
+VTO=-1 KP=10u LAMBDA=0.02
.model Mbreakn NMOS
+VTO=1 KP=30u LAMBDA=0.01
```

再進行上面的直流掃描分析工作。

問題：使用測量游標功能，測量 V3＝－1V、0V 和 1V 時，V(Out)的電壓值，並且找出 V(Out)＝0V 時，V3 的電壓值？

　　圖 B 是更改 Mbreakp 和 Mbreakn 元件模型參數之後的 V(Out)波形，請注意和圖 A 有何差別？

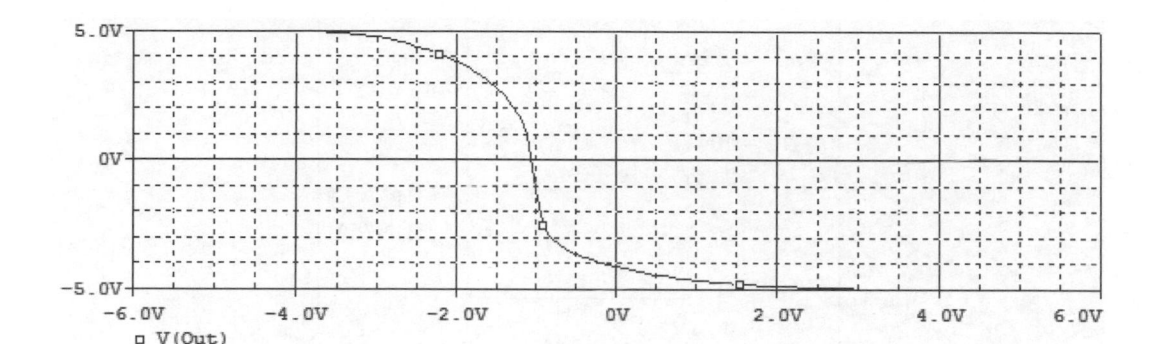

圖 B

綜合練習 5-3 — Zener 二極體

一、電路圖：

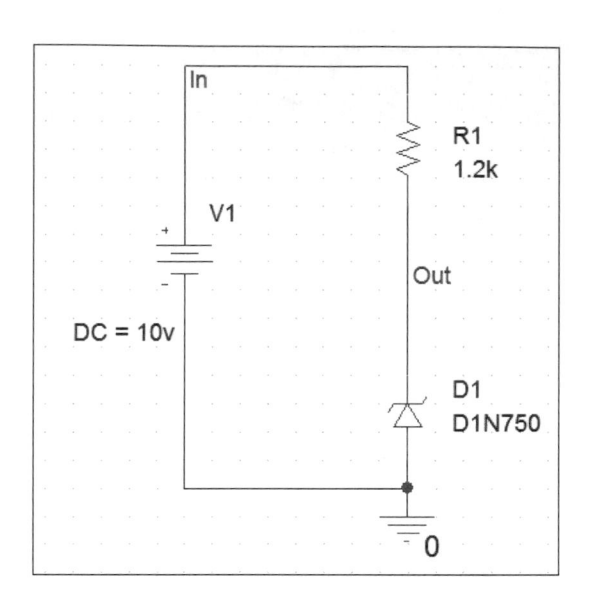

二、使用元件：

元件	元件庫	元件描述
VSRC	source.olb	電壓源
R	analog.olb	電阻
D1N750	eval.olb	Zener 二極體
0	source.olb	接地元件

三、分析步驟：

1. 請畫好上面電路圖。
2. 以 V1 電壓源變化，進行直流掃描分析工作，請依照直流掃描的執行步驟，進行直流掃描分析工作。

分析參數設定，如下所示：

```
掃描變數 = 電壓源
名稱 = V1
掃描類型 = 線性
開始值 = 0
結束值 = 20
Increment=0.2
```

3. 由於要觀察的波形(下圖)，其橫軸為 V(Out)變數，而縱軸是 I(D1)，橫軸變數不是
   掃描變數，所以要更改橫軸變數。

4. 啟動測量游標功能，看 V(Out)=4.5 和 4.6V 時，I(D1)的電流為何？並且找出最大
   電流時，V(Out)和 I(D1)值為多少？

5. 改變顯示範圍，只要看 V(Out)=3V 到 5V 的波形。

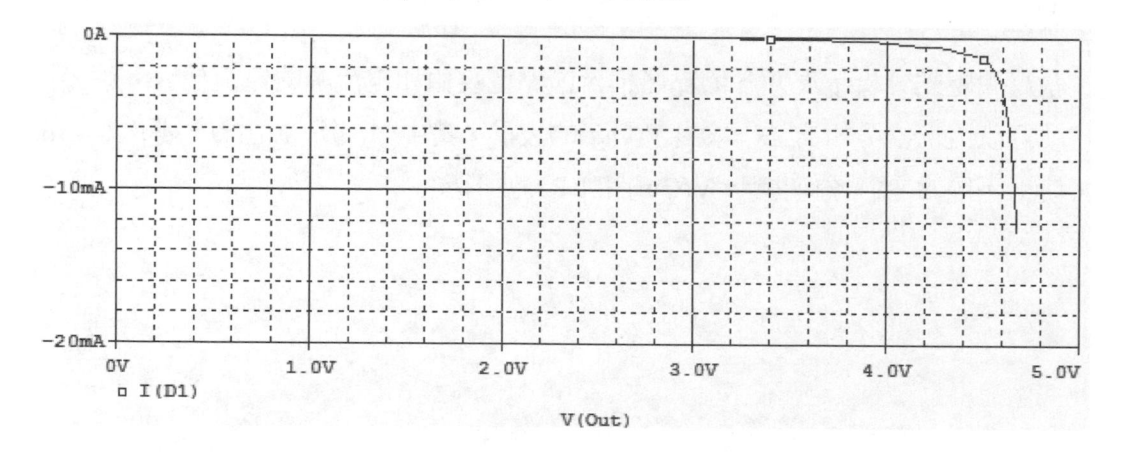

實驗 5-1

一、電路圖：

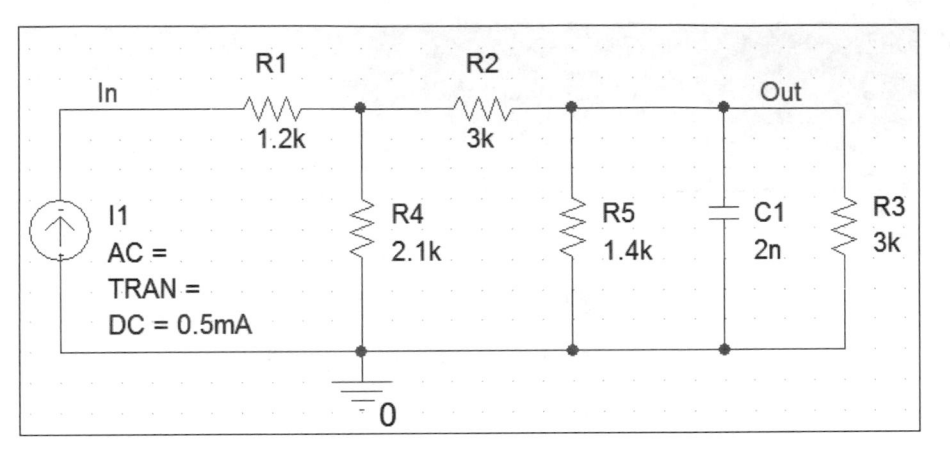

二、問題：

1. 執行偏壓點分析，說明各節點名稱、節點電壓值和電流源的電流值。

2. 執行直流掃描分析方法，求出 V(Out)的波形，其中 I1 電流源由 0A 變化到 1mA，使用不同 Y 軸，分別顯示 V(Out)和 I(R1)波形。

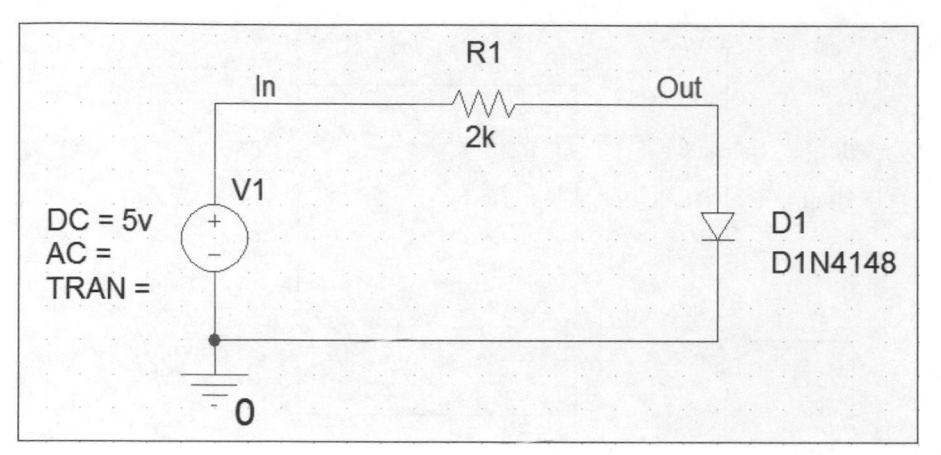

實驗 5-2

一、電路圖：

二、問題：

1. 執行直流掃描分析，其中 V1 電壓源由－5V 掃描到＋5V，請畫出 V(Out)波形，
   並且測量 V1＝－2V、0V、1V 和 2V 時，V(Out)的電壓值。

2. 把 D1N4148 元件換成 D1N750，比較兩元件 V(Out)波形的差異。

實驗 5-3 ⋯⋯⋯ 定電流源差動放大器

一、電路圖：

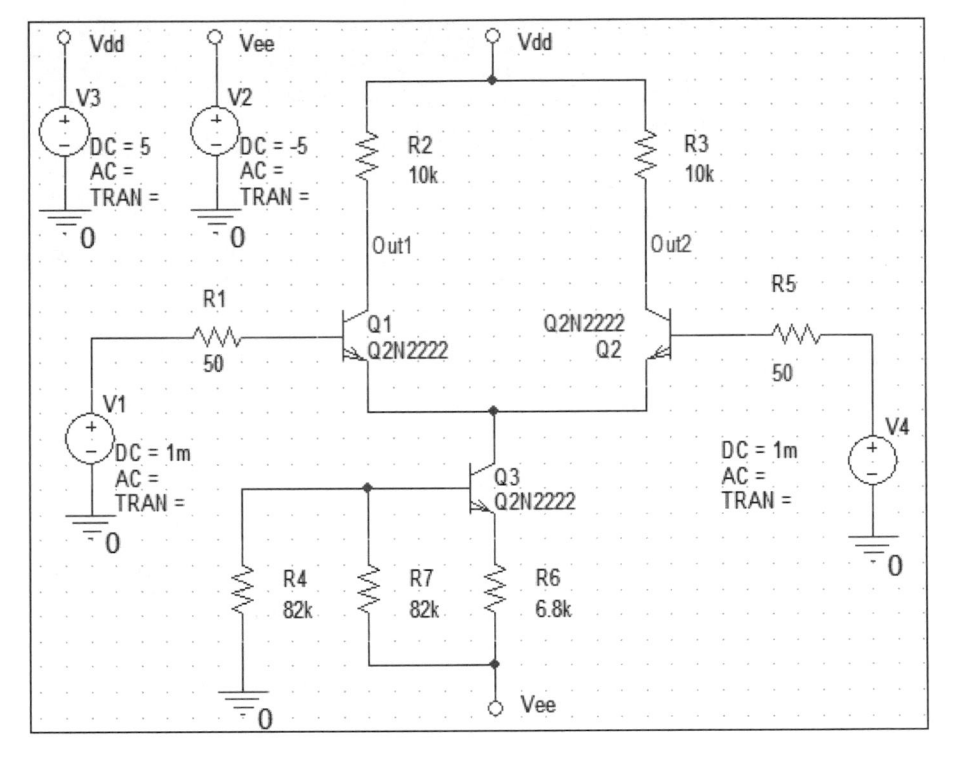

二、問題：

1. 執行偏壓點分析，列出各節點名稱、節點電壓值、總功率消耗。

2. 執行小訊號直流增益分析，找出 V(Out2)/V1 的增益值、輸入阻抗和輸出阻抗。

3. 執行直流掃描分析，對 V1 進行掃描，由 0V 掃描到 5V，使用不同圖框，分別顯示 V(Out1)和 V(Out2)波形。

實驗 5-4

一、電路圖：

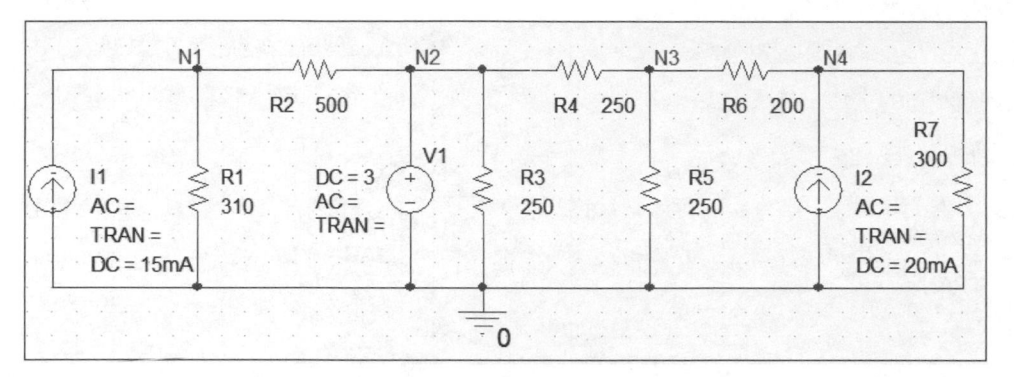

　　當然利用偏壓點分析也可以得到各節點電壓值，只是此處要告訴讀者直流掃描也可以做到，只要讓直流掃描只執行一次分析，設定開始值和結束值相同，只會執行 I1=15mA 的分析，就和偏壓點分析有相同的效果。

二、問題：

1. 執行直流掃描分析，直流掃描的參數設定，如下所示：

```
掃描變數 = 電壓源
名稱 = I1
掃描類型 = 線性
開始值 = 15m
結束值 = 15m
Increment = 1
```

　　由於開始值和結束值相同，所以 Increment 值設定多少都可以，因為不會影響分析的結果，求各節點的電壓值。(由於只有一個點的資料，所以波形只是用一小段線表示，因為至少 2 個掃描點的分析資料，才能形成波形。)

2. 執行偏壓點分析，再重新執行一次分析工作，請找出各節點電壓值和總功率消耗，是否和問題 1 相同。

實驗 5-5 ···· 限壓器電路

一、電路圖：

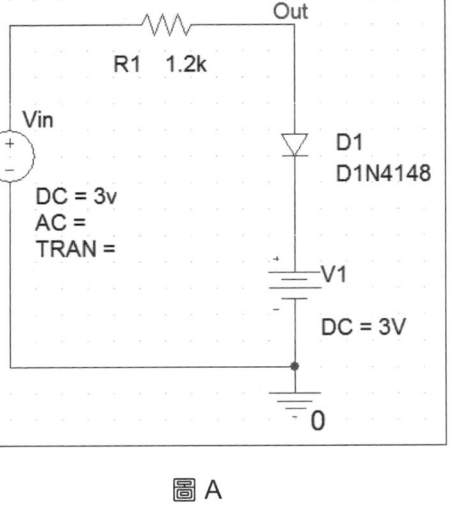

圖 A

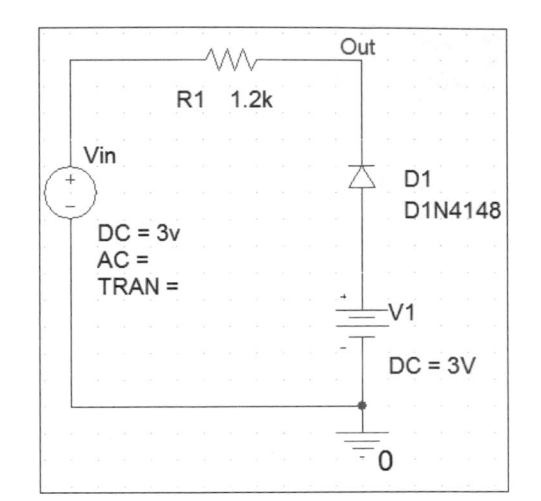

圖 B

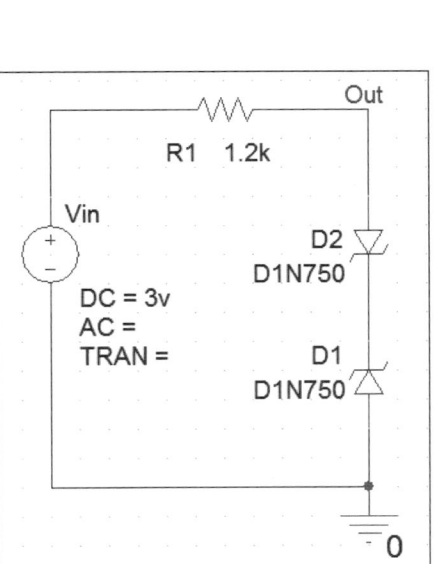

圖 C

二、問題：

1. 執行直流掃描分析，進行電路分析工作，以 Vin 為掃描變數，由-5V 掃描到 5V，掃描間隔自行設定，以不同 Y 軸，分別顯示 V(Out)和 I(D1)波形(三個電路圖請分開顯示)。

2. 使用測量游標功能，量測 V(Out)值(Vin＝-2V、0V 和 2V 時)。

實驗 5-6 ⋯⋯ 輸出級直流分析

一、電路圖：

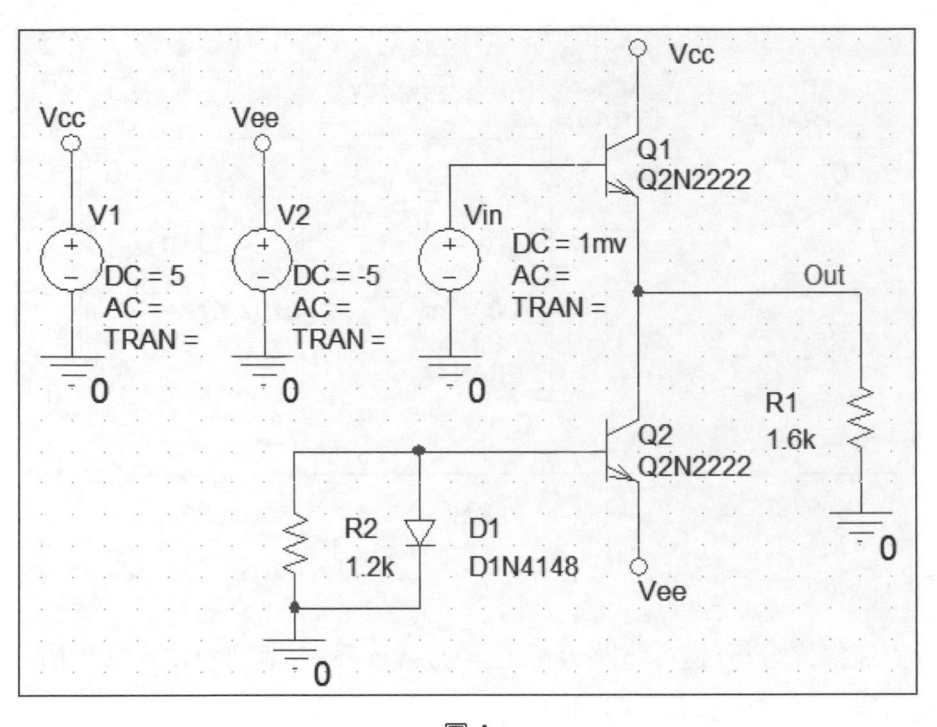

圖 A

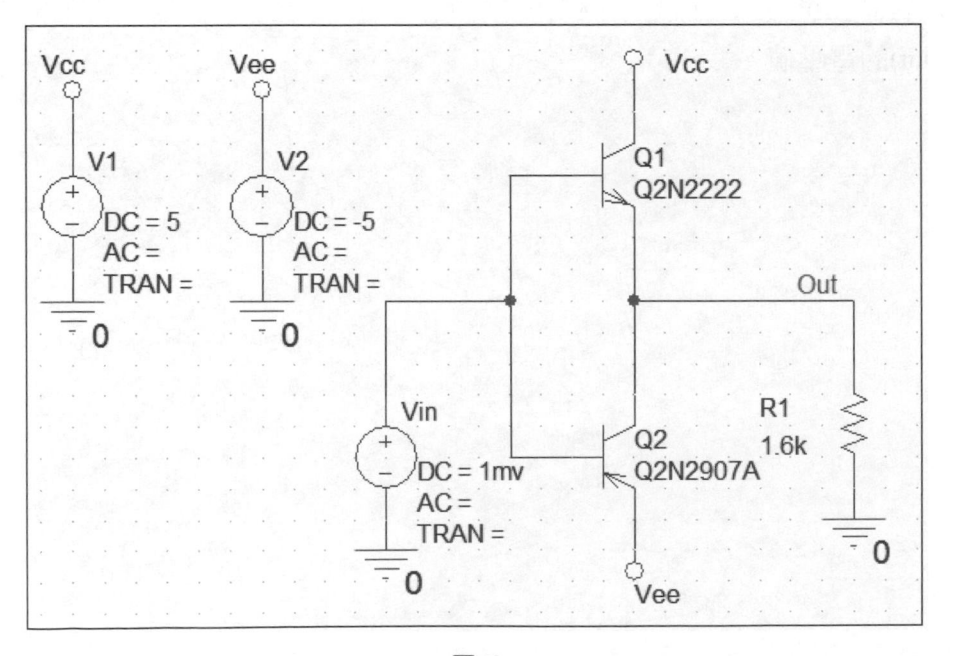

圖 B

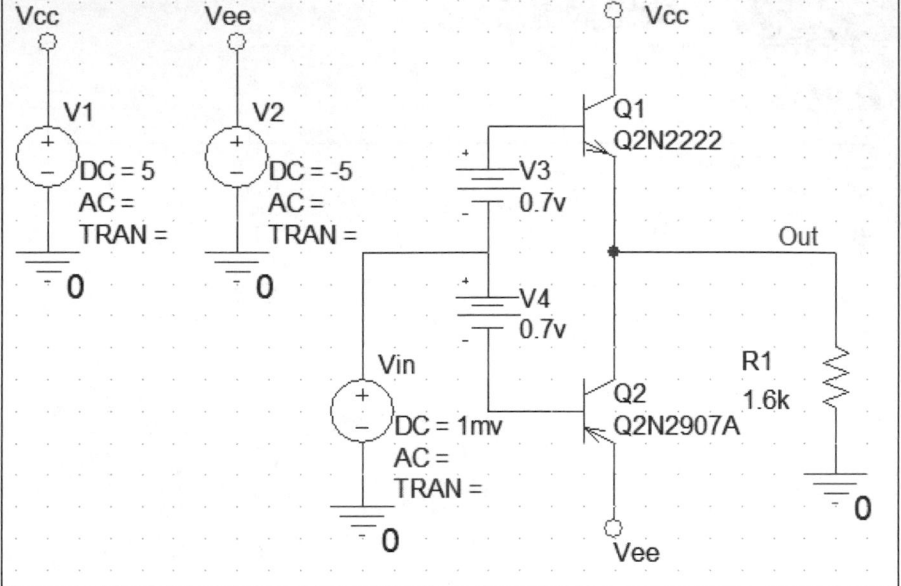

圖 C

二、問題：

1. 執行直流掃描分析，進行電路分析工作，以 Vin 為掃描變數，由－10V 掃描到 10V，
   間隔自定，請畫出三個電路圖的 V(Out)波形。

2. 分別啟動測量游標，測量 3 個電路圖 Vin＝－5V、－2.5V、0V、2.5V 和 5V 時，
   V(Out)的電壓值。

PSpice

6

Chapter

交流掃描分析和雜訊分析

6-1 交流分析的輸出變數說明

交流分析的訊號都和頻率有關，單位是以頻率(Hz)為單位，而且輸出變數可用複數表示，所以輸出變數內容為振幅大小、相位、波群延遲…等。

交流模擬分析的輸出變數，所用字母的代表意義，說明如下：

字母	代表意義	範例
無	振幅大小	V(In)
M	振幅大小	VM(Out)，M(V(out))
db	以分貝表示的最大振幅	VDB(Out)，DB(V(out))
P	相位(單位為角度)	VP(Out)，P(V(out))
R	輸出變數的實部	VR(In)，R(V(out))
I	輸出變數的虛部	VI(Out)，I(V(out))
G	波群延遲(Group delay)	VG(In)，G(V(out))

一般而言，交流分析的輸出變數是在直流分析的輸出變數左括號之前，加入上表的字母，就可以得到交流分析的輸出變數，或字母放在前面，用括號把輸出變數包起來也可以，以下介紹一些輸出變數的範例，如下表所示：

電壓輸出變數	範例	範例說明
V*(N)	VM(Out)	節點 Out 的電壓振幅大小
V*(N1,N2)	VR(1,2)	節點 1 和節點 2 之間電壓的實部
VX*(device) V*(device:X)	VBM(Q1) VM(Q1:B)	雙極性電晶體 Q1 之基極(B)電壓的振幅大小
VZ*(device)	VAP(T1)	傳輸線 T1 之 A 埠電壓的相位
*(輸出變數)	M(V(out))	節點 out 的電壓振幅大小

附註：*表示加入的字母，有關字母的意義，請看上面的表格說明。

電流輸出變數和功率輸出變數有相同的情況，此處不再說明。

6-2 交流掃描分析

交流分析利用訊號源產生 AC 參數，測量電路性能的改變情形，一般而言，電容的等效阻抗會隨頻率升高而降低，所以在高頻情況下，電容可被視為短路，電感的等效阻抗會隨頻率的升高而增加，所以在高頻情況下，電感會被視為開路，而電阻不受頻率變化的影響。

請先畫圖 6-1 的電路圖，並且儲存檔名為 EX6-1。

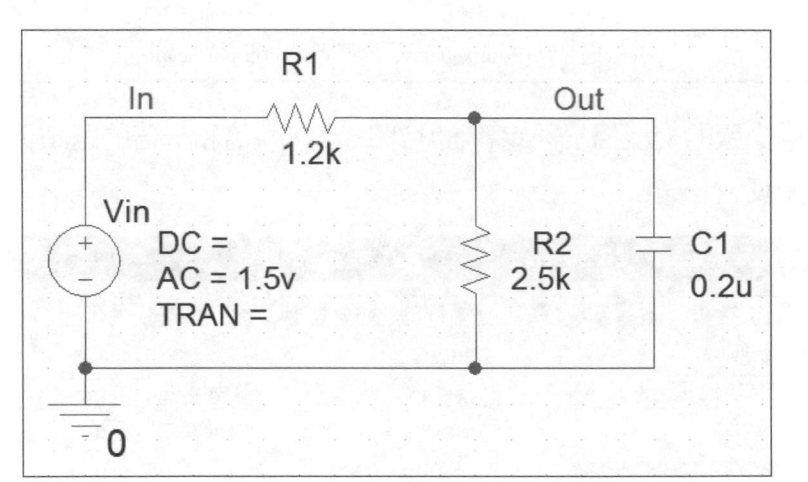

圖 6-1

以下是設定和執行交流掃描分析的步驟，如下所示：

1. 在 Capture 畫面中，開啓 EX6-1 電路檔案或畫好電路圖。
2. 按 PSpice→新增模擬設定檔命令。
3. 在名稱格子中，輸入 AC Sweep。
4. 按建立鍵，產生新的模擬設定檔。

圖 6-2 對話盒的選項欄位中，共有 4 種重要選項(另外 2 種選項儲存偏壓點及載入偏壓點，已經在第三章介紹過)，說明如下：

選項	說明
一般設定	一般分析設定
蒙地卡羅/最壞狀況	蒙地卡羅分析／最壞狀況分析的參數設定
參數掃描	參數掃描的參數設定
溫度(掃描)	對溫度進行掃描

交流掃描類型欄位，說明如下：

交流掃描類型	說明
線性	由開始頻率開始，進行交流掃描分析，到結束頻率，掃描總點數由 Total Points 設定。
對數的十倍	同樣設定開始頻率和結束頻率，但是掃描速度加快，另外要設定掃描點數(Points/Decade)，原版是 Points/Octave。
對數的八倍	同樣設定開始頻率和結束頻率，但是掃描速度加快，另外要設定掃描點數(Points/Octave)，原版是 Points/Decade。

在中文版的交流掃描設定畫面中(圖 6-2)，八倍和十倍的選項似乎有誤，和原版正好相反。

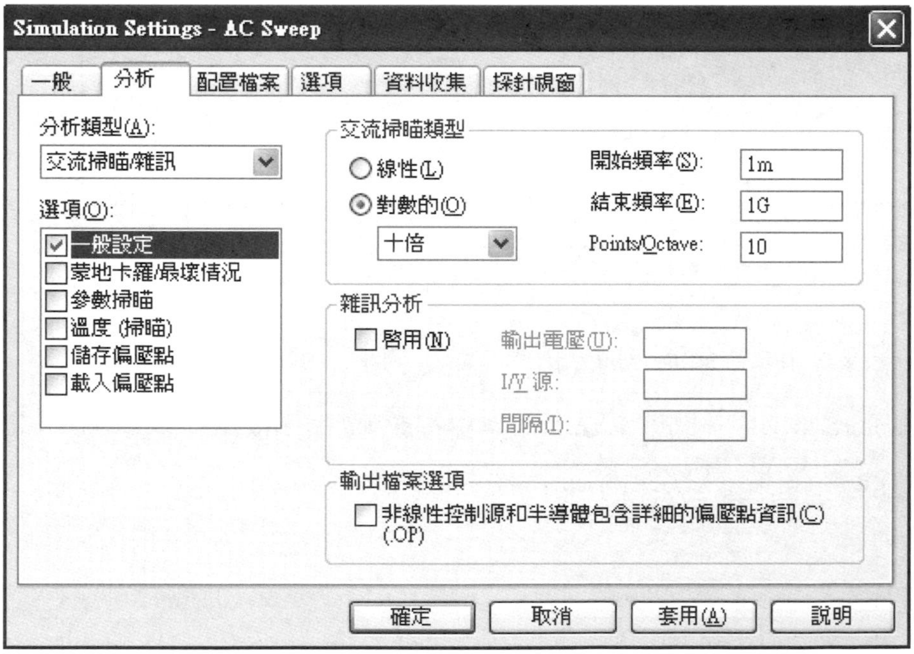

圖 6-2

---

5. 在 Simulation Settings 對話盒中，按 分析 標籤，進行交流掃描分析參數的設定工作。

6. 在分析類型中，選擇交流掃描/雜訊。

7. 在選項格子中，選擇一般設定(圖 6-2 對話盒)。

8. 分析參數設定如下：

交流掃描類型 ＝ 對數的十倍
開始頻率 ＝ 1m
結束頻率 ＝ 1G
Points/Octave = 10

9. 按<u>確定</u>鍵，完成設定工作。

10. 按 <u>PSpice</u>→<u>執行</u>命令，產生復原警告訊息，按<u>是(Y)</u>鍵，開始模擬分析電路。

　　以下是在 PSpice 視窗觀看分析結果：

1. 在 PSpice 視窗中，按<u>走線</u>→<u>加入曲線</u>命令。

2. 在曲線表示式格子中，輸入 VDB(Out)，或點選 V(Out)後，再鍵入 DB。

3. 按<u>確認</u>鍵，產生圖 6-3 圖形，在 PSpice 中，輸出變數變成 db(V(Out))。

　　在加入曲線對話盒中，輸出變數的選項，並未提供交流掃描分析的輸出變數，所以要在曲線表示式的格子中，輸入所要觀看的輸出變數 VDB(Out)，表示 Out 節點的電壓振幅大小(以分貝(db)表示)，或點選 V(Out)再加入字母 DB。

圖 6-3

　　如果要在相同的圖框中，觀察兩個波形，一般情況下，X 軸必須是相同的單位，VDB(Out)的橫軸是 Frequency，所以另一個波形的橫軸也要是 Frequency，但是兩個波形的 Y 軸單位不同，為了要能同時顯示這兩個波形，所以需要兩個 Y 軸。

產生另一個 Y 軸的步驟，如下所示：

1. 按 繪圖 → 加入 Y 軸 ，會多了一個 Y 軸(2 號 Y 軸)。
2. 按 走線 → 加入曲線 命令。
3. 在曲線表示式格子中，輸入 VR(Out)，表示要產生 Out 節點的實部電壓波形。
4. 按 確認 ，產生圖 6-4 的波形。

2 號 Y 軸有 ">>" 符號，表示下次呼叫的波形會出現在此 Y 軸的圖框中，同時可進行編輯工作。要交換 ">>" 符號，只要用 mouse 左鍵在某 Y 軸上點選，則 ">>" 符號就會指到這個 Y 軸，你可以對此軸的波形進行編輯工作，例如：測量波形。

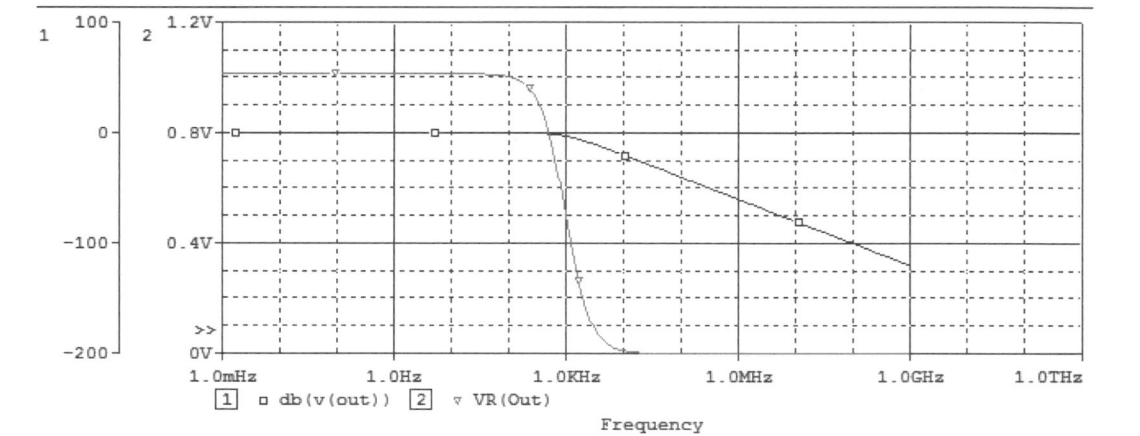

圖 6-4

6-3　雜訊分析

電阻和半導體元件在電路工作過程中，都會產生雜訊，PSpice 軟體會計算電路中電阻和電晶體所產生的雜訊，對輸出的影響程度。

雜訊分析是交流掃描分析的進階功能，所以要執行雜訊分析，同時也要執行交流掃描分析才可以。

此處我們要用的電路圖是差動放大器，請看圖 6-5。

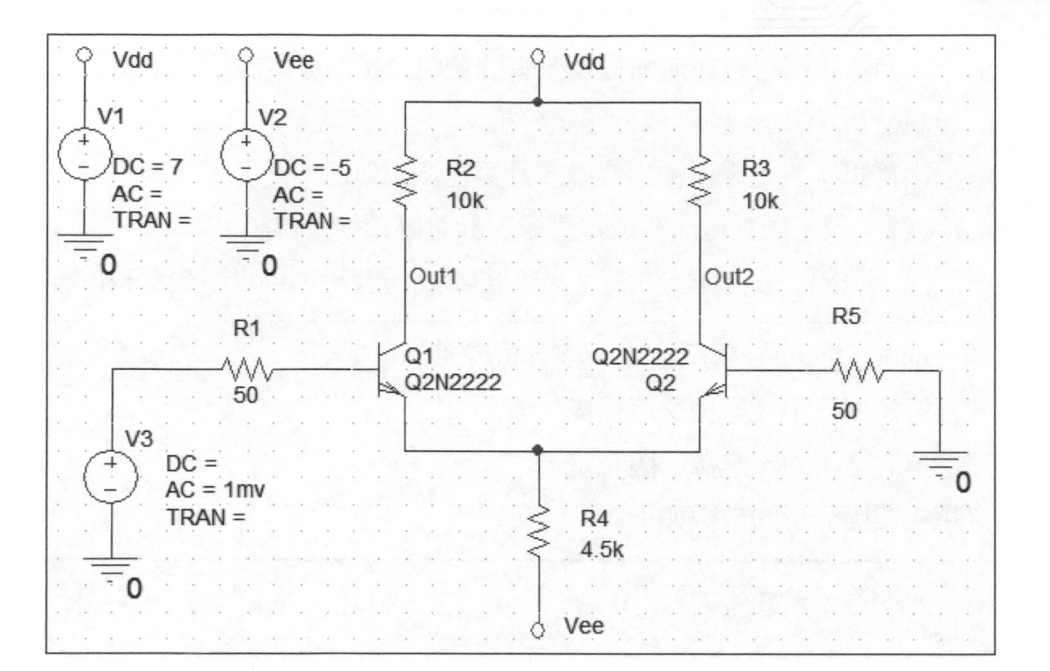

圖 6-5

1. 在 Capture 畫面中，開啟上面的電路檔案。

2. 按 PSpice→新增模擬設定檔命令。

3. 在名稱格子中，輸入 Noise。

4. 按建立鍵，產生新的模擬設定檔。

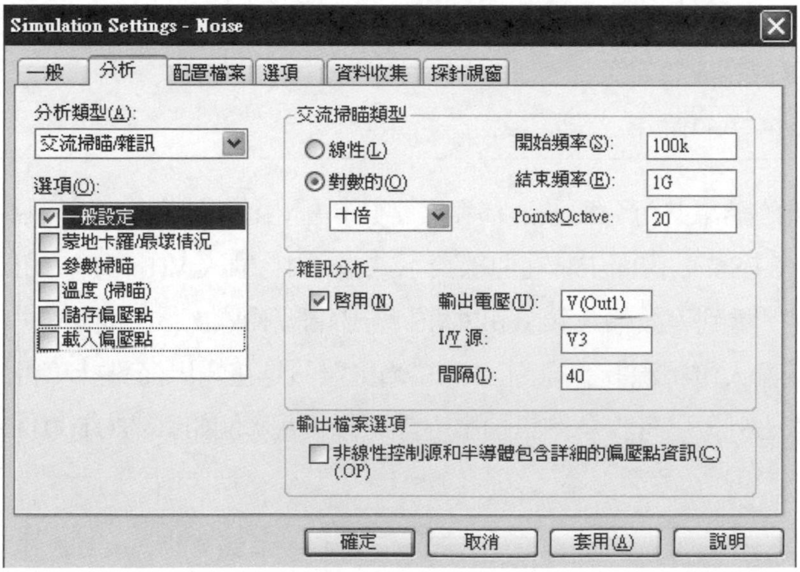

圖 6-6

大部分的參數說明已經在前面提及，有關雜訊分析的參數說明如下：

(1) 雜訊分析/啓用：啓動執行雜訊分析。

(2) 輸出電壓：設定電壓輸出變數，計算總輸出雜訊。

(3) I/V 源：設定獨立電流源或電壓源，計算等效輸入雜訊。

(4) 間隔：每隔一段頻率分析點，才會顯示一份資料，可以減少資料的輸出量。

5. 在 Simulation Settings 對話盒中，按 分析 標籤。

6. 在"分析類型"中，選擇交流掃描/雜訊。

7. 在"選項"格子中，選擇一般設定。

設定頻率響應分析的參數如下：

```
交流掃描類型 = 對數的十倍
開始頻率 = 100k
結束頻率 = 1G
Points/Octave = 20
```

設定雜訊分析的參數如下：

```
雜訊分析/啓用要啓動
輸出電壓 = V(Out1)
I/V 源 = V3
間隔 = 40
```

10. 按 確定 鍵，完成設定工作。

11. 按 PSpice → 執行 命令，開始模擬分析電路。

　　雜訊分析的結果共可分為波形檔和文字資料檔兩種，波形檔可以直接按 走線 → 加入曲線 命令(在 PSpice 畫面中)，在曲線表示式格子中，輸入 V(INOISE) 和 V(ONOISE)，可以在視窗中，看到等效輸入雜訊和 RMS 輸出雜訊兩個波形，如圖 6-7 所示，等效輸入雜訊是指從輸入電壓源計算得到，RMS 輸出雜訊是在輸出節點計算得到，除了這些雜訊輸出變數之外，還有許多雜訊輸出變數可以使用，例如：NTOT(Q1)、NFIB(Q1)…等。

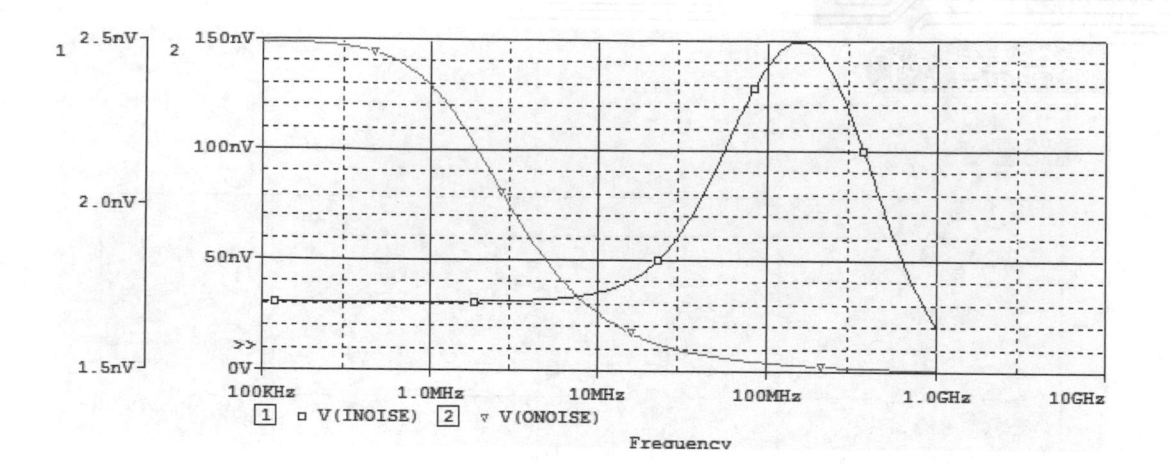

圖 6-7

有關雜訊分析文字資料檔的部分內容，如下所示：

```
       FREQUENCY =   1.600E+06 HZ

**** TRANSISTOR SQUARED NOISE VOLTAGES (SQ V/HZ)

          Q_Q2        Q_Q1
RB        6.591E-16   6.819E-16
RC        4.226E-22   4.787E-21
RE        0.000E+00   0.000E+00
IBSN      2.234E-18   7.416E-17
IC        1.807E-15   1.860E-15
IBFN      0.000E+00   0.000E+00
TOTAL     2.468E-15   2.616E-15

**** RESISTOR SQUARED NOISE VOLTAGES (SQ V/HZ)

          R_R2        R_R3        R_R1        R_R4        R_R5

TOTAL     1.029E-16   4.226E-18   3.410E-15   7.353E-17   3.296E-15

**** TOTAL OUTPUT NOISE VOLTAGE          =   1.197E-14 SQ V/HZ
                                         =   1.094E-07 V/RT HZ

     TRANSFER FUNCTION VALUE:
        V(OUT1)/V_V3                      =   6.414E+01
     EQUIVALENT INPUT NOISE AT V_V3 =   1.706E-09 V/RT HZ
```

綜合練習 6-1

一、電路圖：

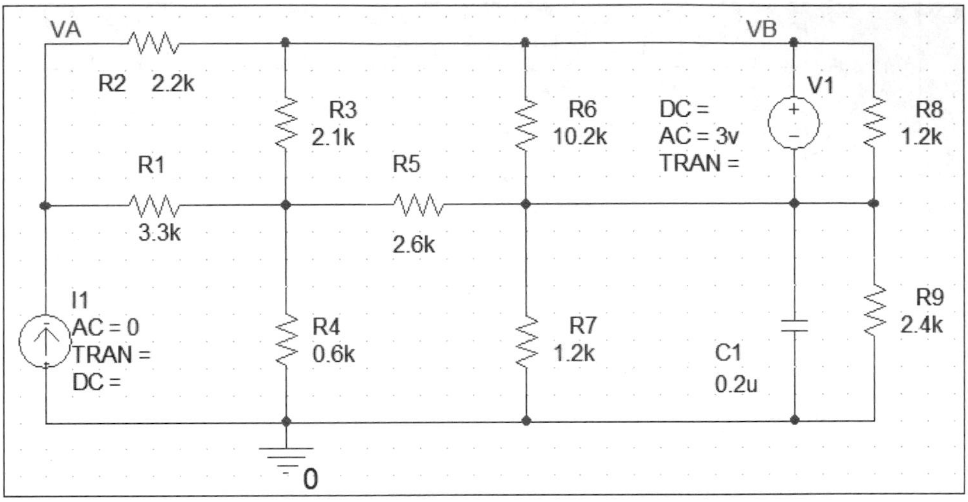

二、分析步驟：

1. 請畫好電路圖。

2. 依照交流掃描的執行步驟，分析電路工作情形。

   交流掃描參數設定，如下所示：

   ```
   交流掃描類型 = 對數的十倍
   開始頻率 = 1m
   結束頻率 = 10k
   Points/Octave = 10
   ```

3. 請產生 VDB(VA)–VDB(VB)和 V(VA)–V(VB)的波形。

三、結果分析：

　　圖 A 和圖 B 分別是 VDB(VA)–VDB(VB)和 V(VA)–V(VB)波形，我們可以從圖中，看出在某個頻率(Frequency)下，VA 和 VB 之間的壓降為多少，當然也可以找出任兩點之間的壓降，只要知道其節點名稱，除了 VA 和 VB 兩節點外，其他節點都是由系統設定，可以利用串接檔內容，看到其他節點名稱，或自行設定節點名稱也可以。

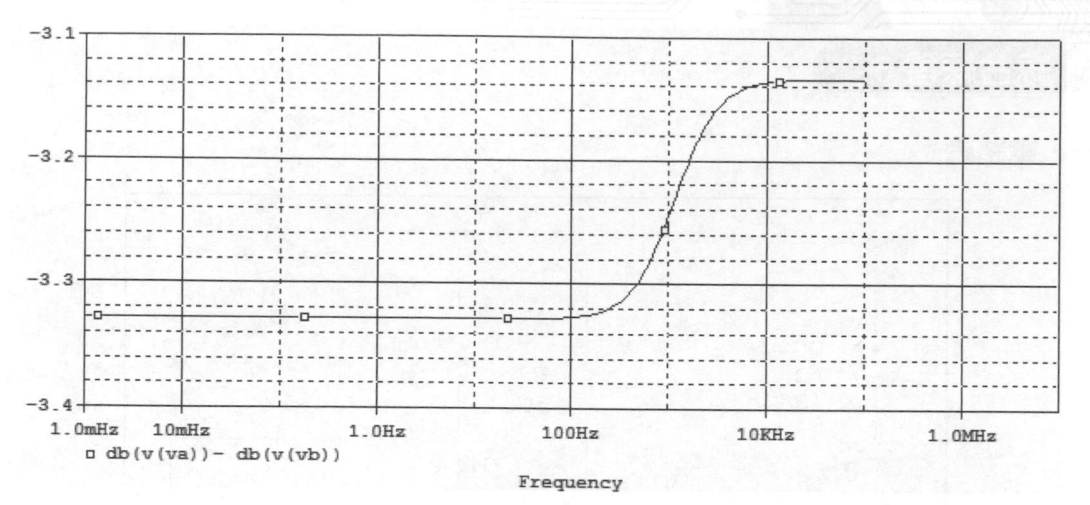

圖 A

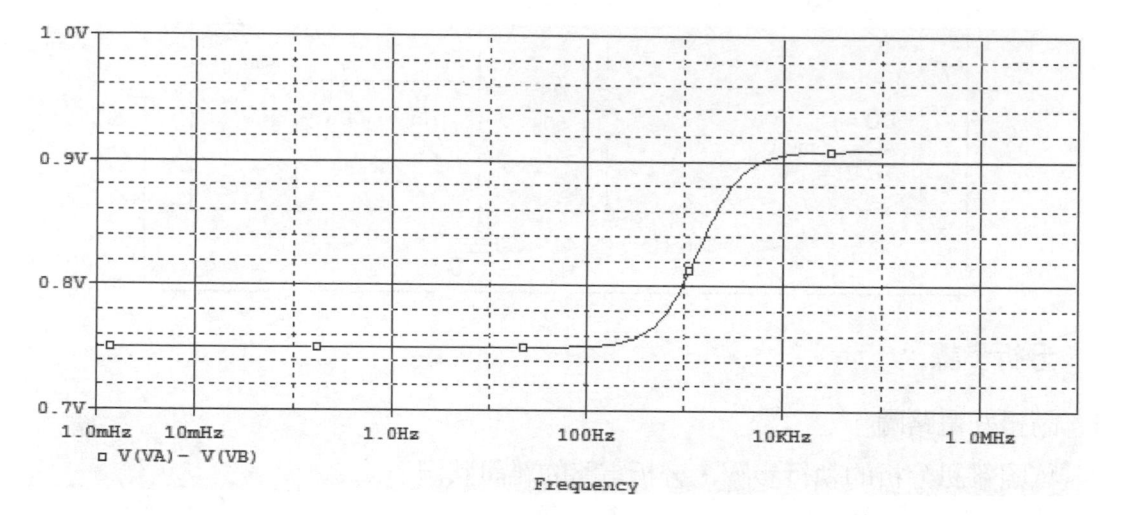

圖 B

1. 使用測量游標功能，在 VDB(VA)–VDB(VB)及 V(VA)–V(VB)波形中，找 10Hz、50Hz、100Hz、500Hz 和 1kHz 的 db 電壓降值和電壓降值。

2. VDB(VA)–VDB(VB)、V(VA)–V(VB)和 VP(VA)–VP(VB)3 個波形的 Y 軸單位都不同，請使用不同 Y 軸的功能，把 3 個波形畫在同一個圖框中。

綜合練習 6-2

一、電路圖：

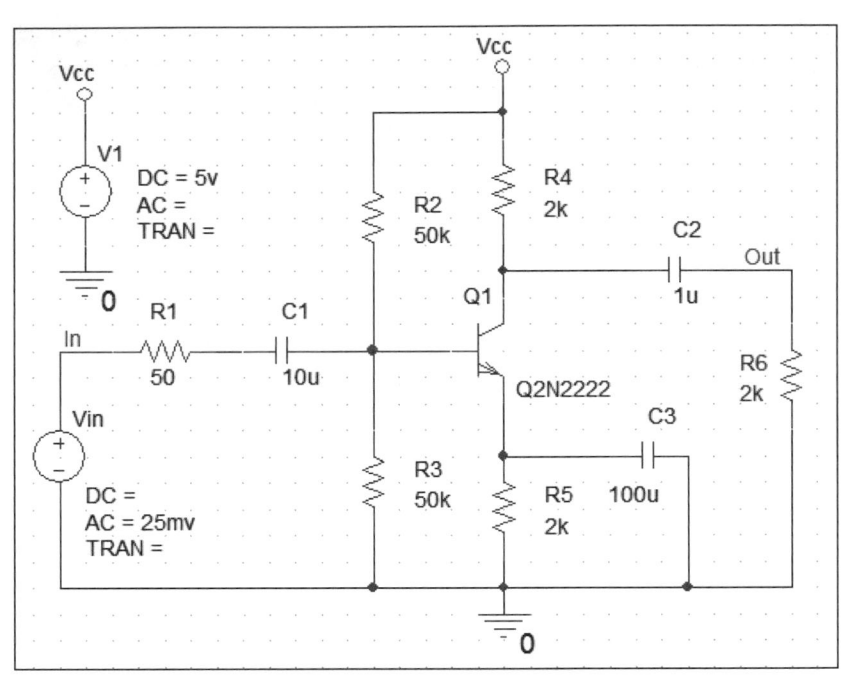

二、分析步驟：

1. 請畫好電路圖。

2. 依照雜訊分析的執行步驟，分析電路的雜訊狀況。

   交流掃描分析的參數設定，如下：

```
交流掃描類型 = 對數的十倍
開始頻率 = 10
結束頻率 = 100MEG
Points/Octave = 10
```

   雜訊分析的參數設定，如下所示：

```
雜訊分析/啓用要設定
輸出電壓 = V(Out)
I/V 源 = Vin
間隔 = 40
```

開始執行交流掃描分析和雜訊分析。

三、結果分析：

1. V(Out)和 V(In)的波形如圖 A 和圖 B 所示。

2. 在 V(ONOISE)和 V(INOISE)的波形，可以知道輸出節點和輸入節點的總和雜訊值，如圖 C 和圖 D 所示。

3. 你也可以畫 V(Out)/V(In)的波形，如圖 E 所示。

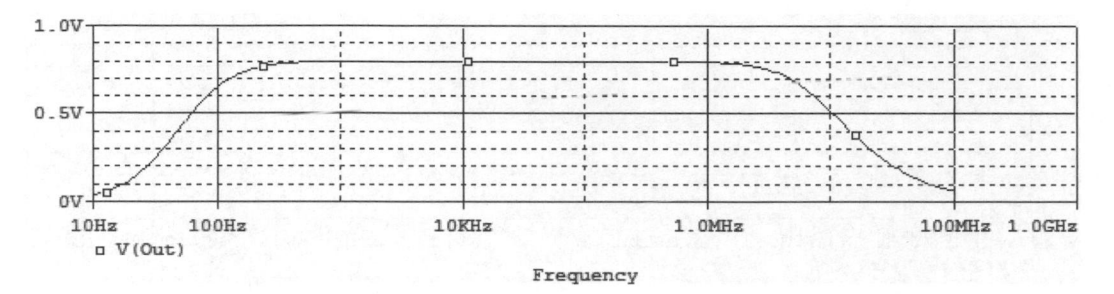

圖 A

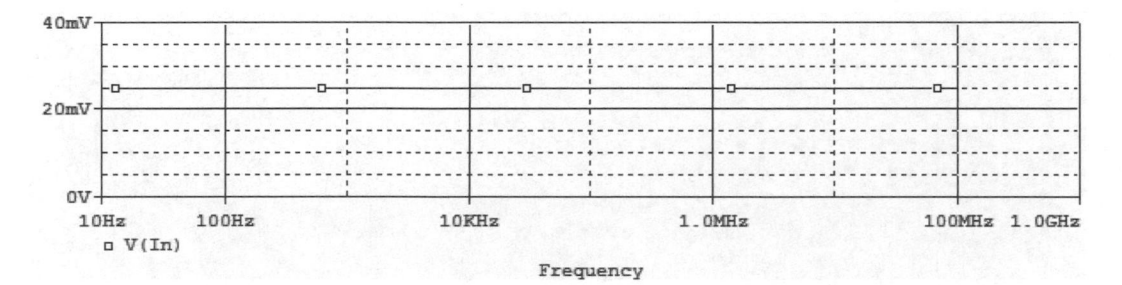

圖 B

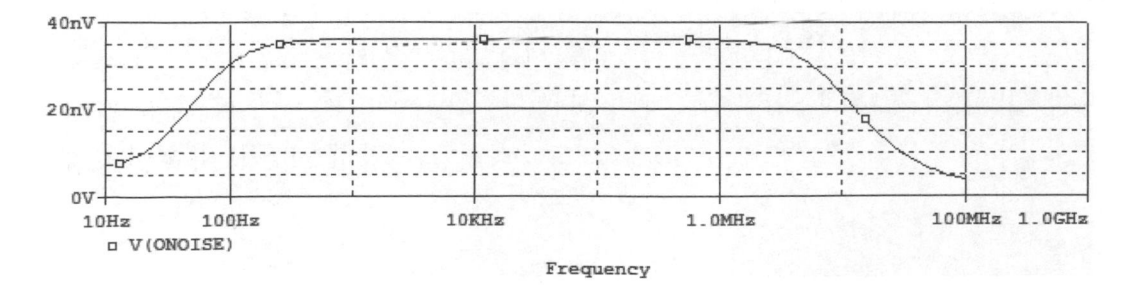

圖 C

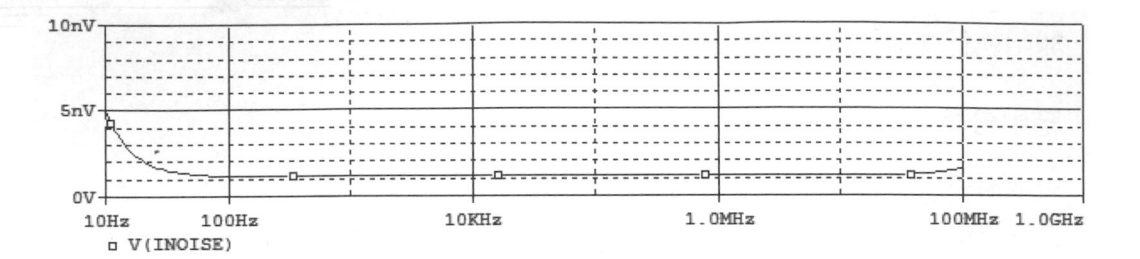

圖 D

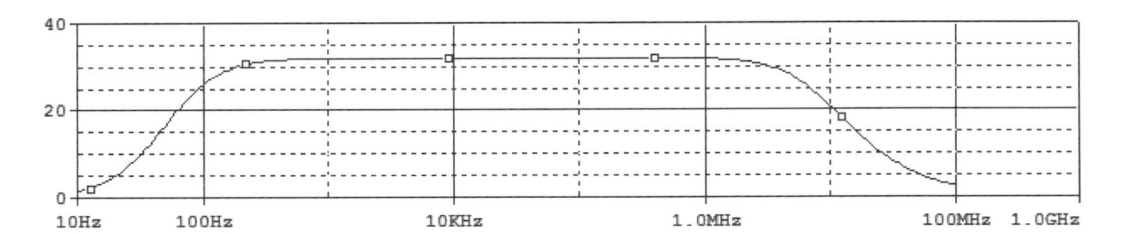

圖 E

綜合練習 6-3

一、電路圖：

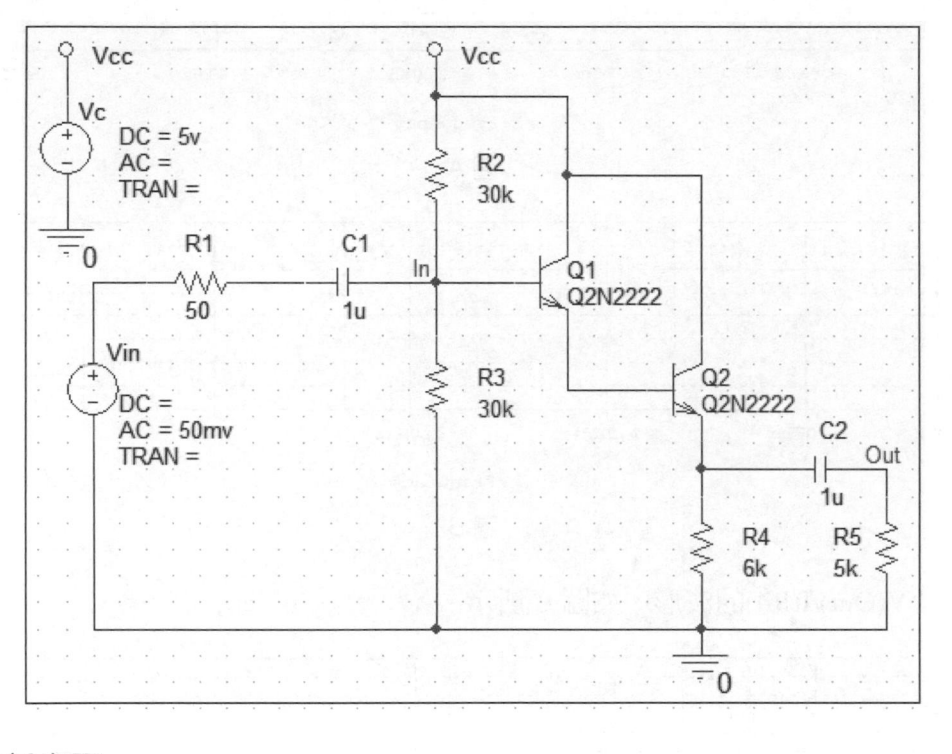

二、分析步驟：

1. 請畫好電路圖。

2. 依照交流掃描的執行步驟，分析電路工作情形，參數設定如下：

> 交流掃描類型 = 對數的十倍
> 開始頻率 = 10
> 結束頻率 = 10T
> Points/Octave = 10

3. 開始進行交流掃描分析。

三、結果分析：

1. 求 V(Out)/V(In)的波形，如圖 A 所示。

2. 求 V(In)/I(R1)的波形，如圖 B 所示。

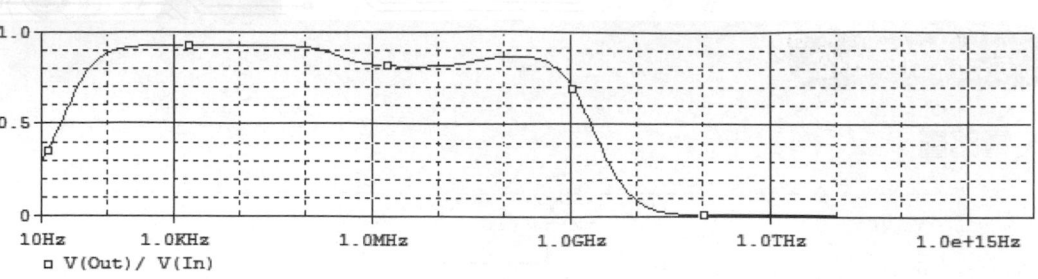

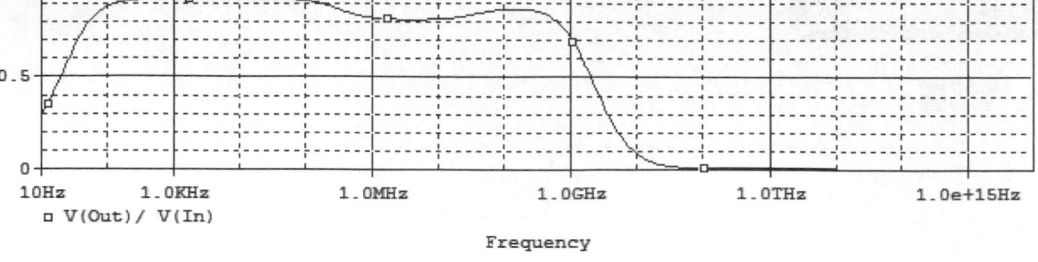

圖 A

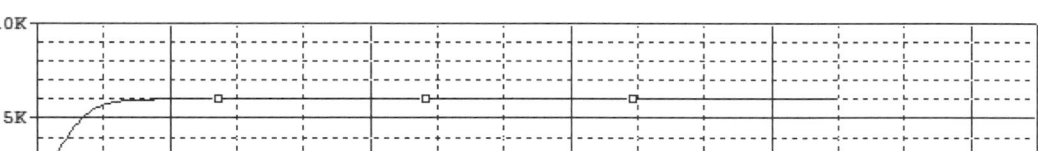

圖 B

3. 畫出 V(Out)/I(R4)的波形,如圖 C 所示。

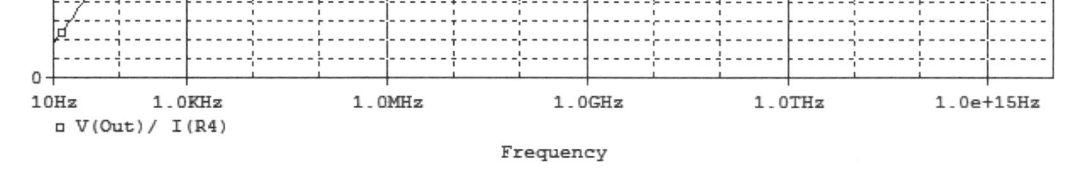

圖 C

4. 在圖 A 的波形中,找出 10Hz、10kHz、10MHz、10GHz 和 10THz 時,V(Out)/V(In)=?

5. 找出 V(Out)時 V(INOISE)和 V(ONOISE)的雜訊分析數據。

實驗 6-1

一、電路圖：

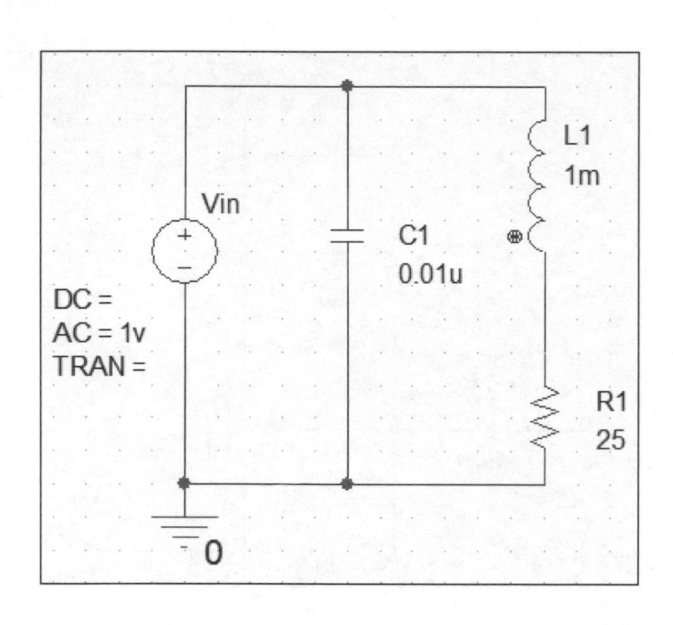

二、問題：

1. 以對數的十倍方式，從頻率 1k 掃描到 1Meg，進行交流掃描分析，模擬分析電路。

2. 畫 I(Vin)的波形，以了解各頻率下的電流值。

3. 畫 IDB(Vin)的波形，以了解各頻率下的電流值(DB 表示)，並和
   I(Vin)波形比較。

4. 試著把 L、C 互換，I(Vin)波形變成什麼？

實驗 6-2

一、電路圖：

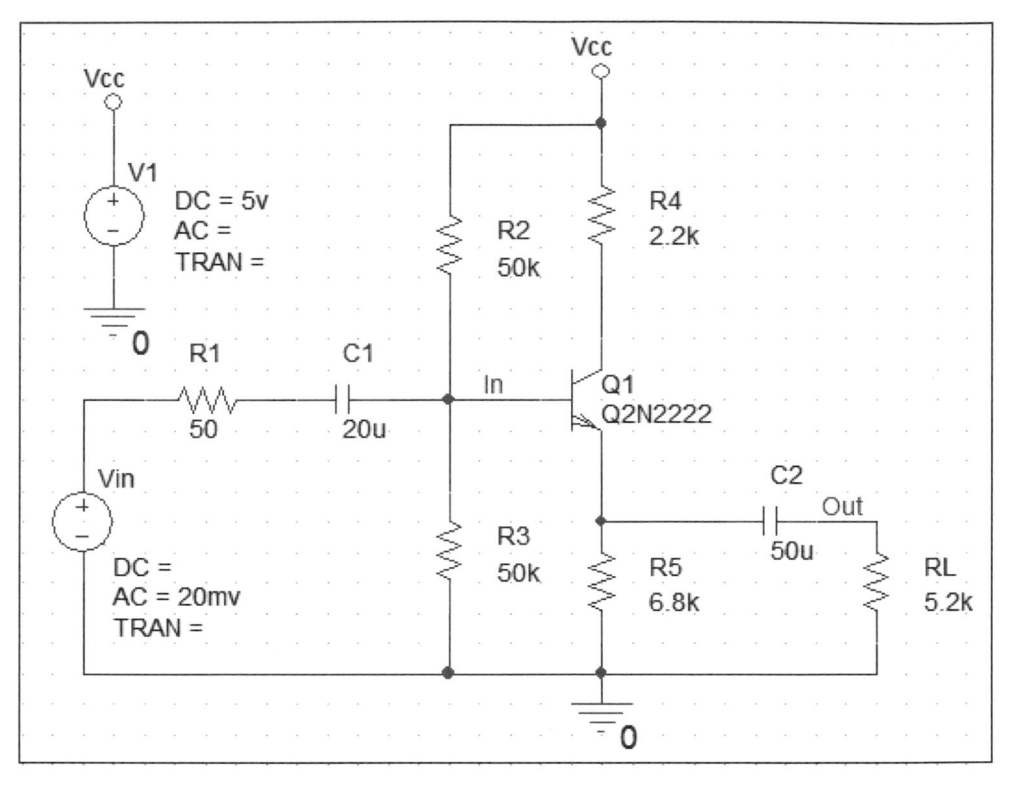

二、問題：

執行交流掃描分析，頻率掃描範圍及參數請自訂：

1. 求 V(Out)/V(In)的波形。
2. 以不同 Y 軸方式，顯示 I(R4) 和 I(R2) 波形。

實驗 6-3

一、電路圖：

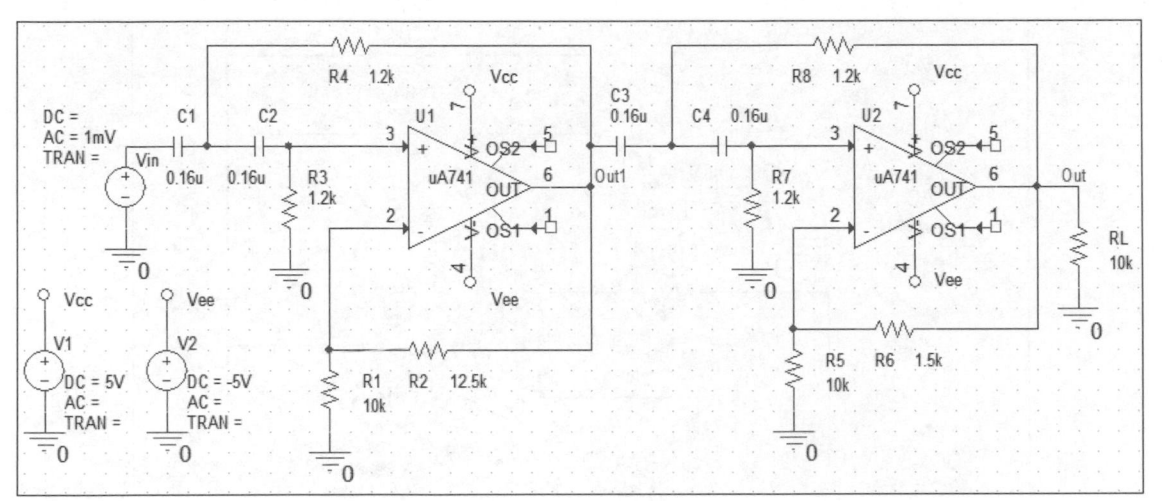

二、原理說明：

　　上面電路圖是一個 4 階 Bufferworth 的高通濾波器(Highpass Filter)，是利用兩個二階高通濾波器串聯而成的。

三、使用元件：

元件	元件庫	元件描述
uA741	eval.olb	OP 放大器

四、問題：

1. 以對數的十倍方式，從 1Hz 掃描到 1Meg，執行交流掃描分析。
2. 以不同 Y 軸方式，顯示 V(Out1)和 V(Out)波形。

　　附註：uA741 元件的接腳 1 和 5 是放不檢查符號，但是這個版本似乎無法把不檢查符號放在接腳上，但是放置其他項目都沒有問題，所以不檢查符號放置功能有些問題(按 放置 → 不檢查符號 命令)，事實上，不放不檢查符號，也不會影響分析結果，所以沒有關係。

實驗 6-4

一、電路圖：

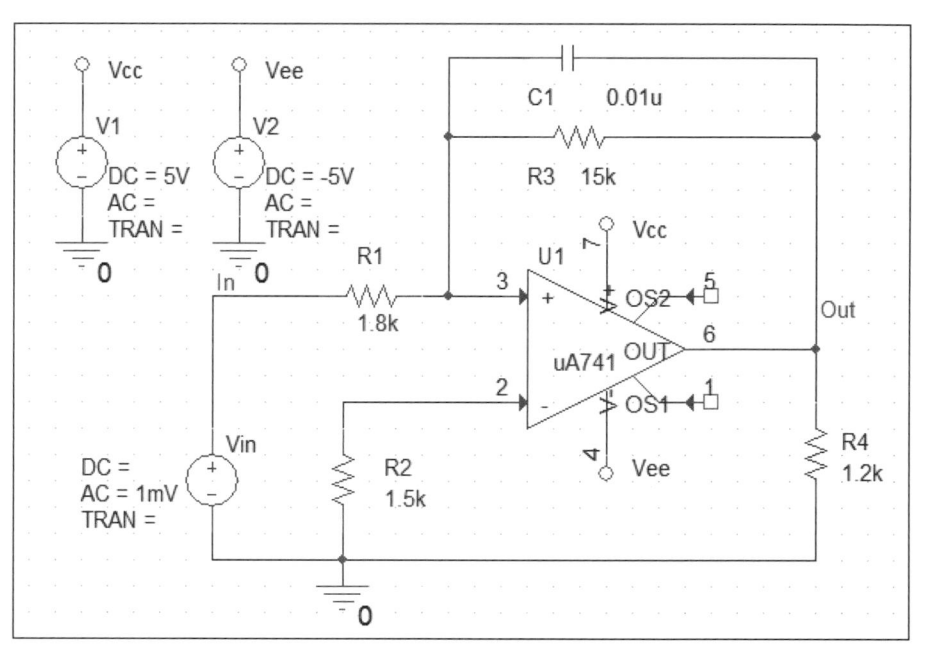

二、問題：

1. 以對數的十倍方式，從 1Hz 掃描到 10Meg，執行交流掃描分析及雜訊分析。
    雜訊分析的參數設定

    雜訊分析/啟用要設定
    輸出電壓 = V(Out)
    I/V 源 = Vin
    間隔 = 40

2. 求 V(Out)的波形。

3. 求 V(ONOISE)的波形，可以知道輸出節點的總和雜訊。

4. 求 V(INOISE)的波形，可以知道輸入節點的總和雜訊。

5. 以不同 Y 軸方式，顯示 VDB(Out)、VP(Out)和 Vm(Out)波形。

實驗 6-5　二階濾波器

一、電路圖：

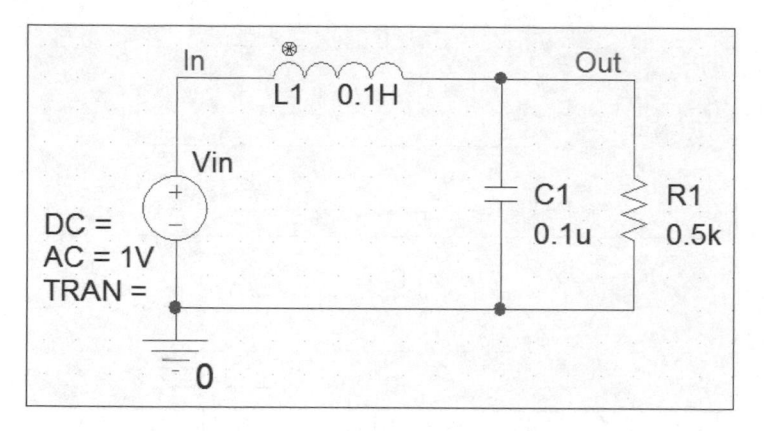

圖 A

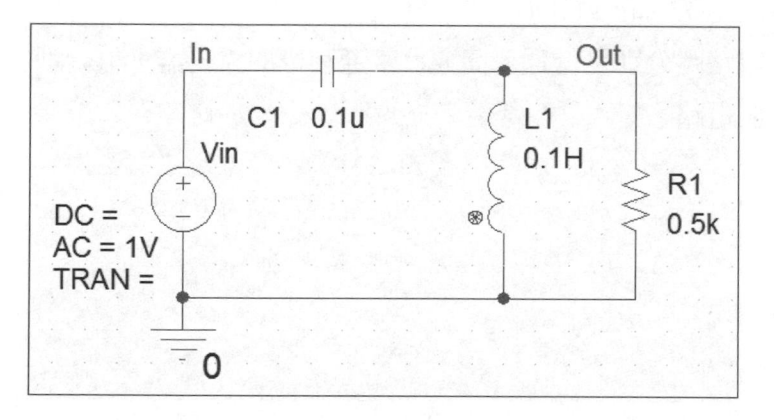

圖 B

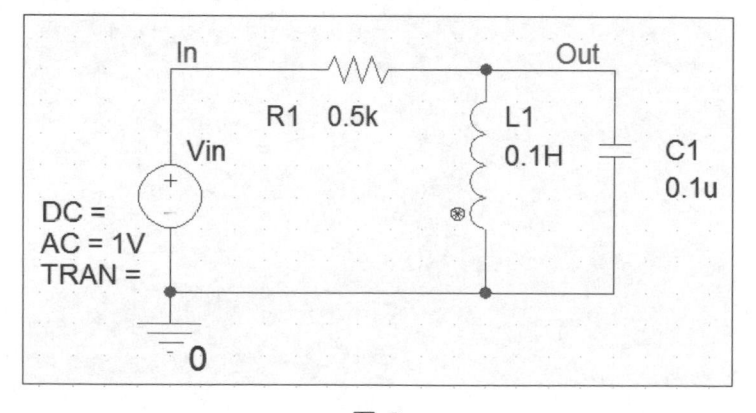

圖 C

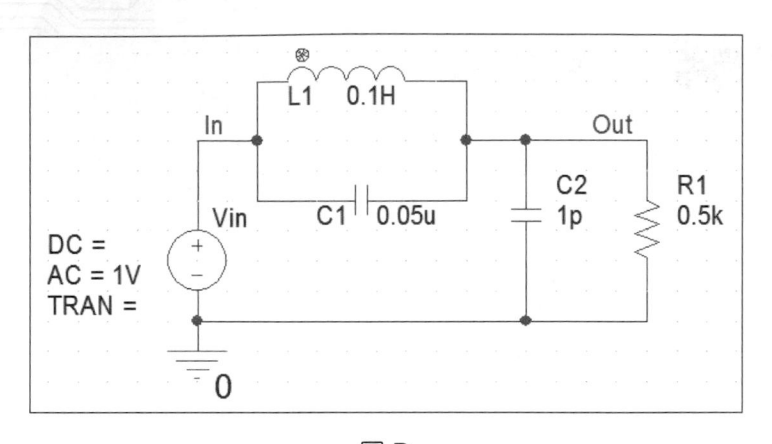

圖 D

二、問題：

1. 以對數的十倍方式，從 1Hz 掃描到 1Meg，執行交流掃描分析。

2. 求上面四個電路圖的 V(Out)波形。

3. 上面四個電路圖分別是低通、高通、帶通和帶抑濾波器，請分別加以說明，並指出是那一個電路。

PSpice

Chapter

7

Chapter

暫態分析和傅立葉分析

7-1 電源或訊號源元件介紹

在電路中，電源或訊號源元件提供各電路元件運作所需要的電壓，電流或訊號，所以大部分電路需要有電源或訊號源元件才能正常工作，電源或訊號源元件其實就是電壓源和電流源，但是這些電源或訊號源可以分類成圖 7-1。

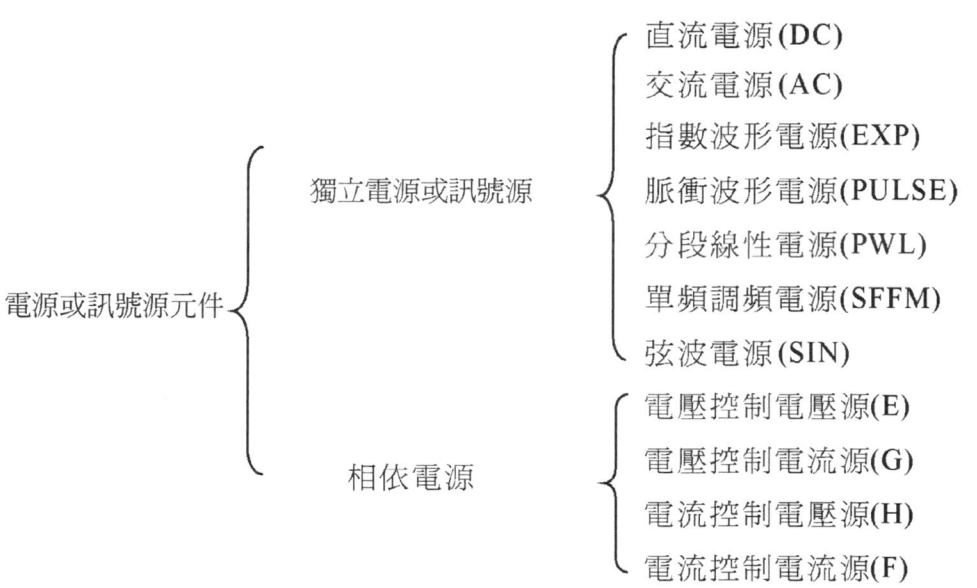

圖 7-1

其中獨立電源部分可以分為電壓源元件及電流源元件。接下來，只介紹電壓源，而電流源的設定參數和電壓源是完全一樣，所以不再介紹。

當然在這些電源元件之中，有些元件是訊號源，可以提供許多不同的訊號，可以視為實驗室中的訊號產生器，而電源元件則是電源供應器。

表 7-1 介紹 PSpice 軟體所用到的電壓源元件，其中電流源(IDC、IAC、IEXP、IPULSE、ISFFM 和 ISIN)就不再介紹。

以下針對每個電源或訊號源元件加以說明：

1. 直流電壓源(VDC)

    只有一個參數要設定，提供固定電壓值的電源(預設值為 0V)，可供直流分析使用。

DC=(電壓值)

表 7-1

元件	名稱	元件庫
VDC	直流電壓源	source.olb
VAC	交流電壓源	source.olb
VEXP	指數波形電壓源	source.olb
VPULSE	脈衝波形電壓源	source.olb
VPWL	分段線性電壓源	source.olb
VSFFM	單頻調頻電壓源	source.olb
VSIN	弦波電壓源	source.olb
E	電壓控制電壓源	analog.olb
G	電壓控制電流源	analog.olb
H	電流控制電壓源	analog.olb
F	電流控制電流源	analog.olb

2. 交流電壓源(VAC)

　　　主要有二個參數要設定，提供交流電壓的電源，可供交流分析使用。(另外還有 DC 參數可以設定，可以提供 DC 值)

```
ACMAG= (振幅大小)
ACPHASE= (相位大小)
```

3. 指數波形電壓源(VEXP)

有六個參數要設定：

```
V1= (起始電壓)
V2= (波峰電壓)
TD1= (上升延遲時間)
TC1= (上升時間常數)
TD2= (下降延遲時間)
TC2= (下降時間常數)
```

　　　指數波形電壓源的波形，如圖 7-2 所示，要產生一個指數波形需要 6 個參數(V1、V2、TD1、TC1、TD2、TC2)，而中間曲線部份是指數波形。(VEXP、VPULSE、VPWL、VSFFM 和 VSIN 元件都有 DC 和 AC 參數可以設定，也就是可以提供 DC 值和 AC 值。)

4. 脈衝波形電壓源(VPULSE)

共有 7 個參數要設定:

```
V1=(起始電壓)
V2=(波峰電壓)
TD=(延遲時間)
TR=(上升時間)
TF=(下降時間)
PW=(脈波寬度)
PER=(週期)
```

脈衝波形電壓源的波形,如圖 7-3 所示,要產生一個脈衝波形需要 7 個參數(V1、V2、TD、TR、TF、PW、PER),而波形是方波,當然也可以變化成三角波,只要調整參數到適當的大小,其中 PW 不可以變成 0,但是可以是極小數值。

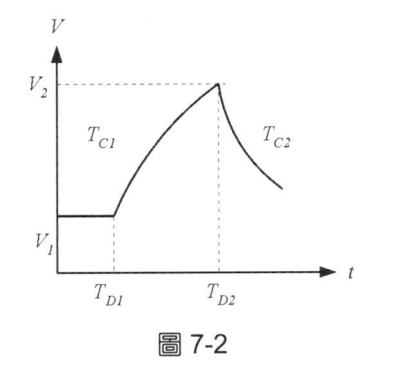

圖 7-2   圖 7-3

5. 分段線性電壓源(VPWL)

共有 16 個參數可以設定,但是不用全部設定,視實際需要,設定數組時間和電壓值。

```
T1=(某一時間)
V1=(在 T1 時間下,電壓值為多少)
T2=(某一時間)
V2=(在 T2 時間下,電壓值為多少)
⋮
T8=(某一時間)
V8=(在 T8 時間下,電壓值為多少)
```

分段線性電壓源的波形，如圖 7-4 所示，利用許多點(T，V)的連線，形成所需要的訊號波形。

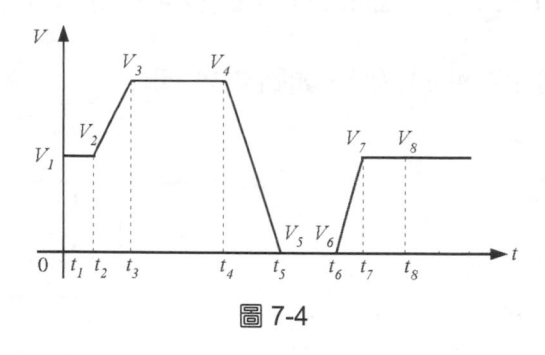

圖 7-4

6. 單頻調頻電壓源(VSFFM)

共有 5 個參數要設定：

```
VOFF= (漂移電壓)
VAMPL= (電壓振幅)
FC= (載波頻率)
MOD= (調變係數)
FM= (訊號頻率)
```

我們可以從單頻調變的數學公式，了解其波形的形狀，公式如下所示：

$$V = VOFF + VAMPL * \sin[(2\pi * FC * t) + MOD * \sin(2\pi * FM * t)]$$

所以其波形是類似弦波波形，但是有載波在波形上，一般電路通常不會使用這種訊號源，這些波形是屬於通訊系統使用的訊號波，所以此種元件常出現在通訊電路中。

7. 弦波電壓源(VSIN)

共有 6 個參數要設定：

```
VOFF= (漂移電壓)
VAMPL= (峰值電壓)
FREQ= (弦波頻率)
TD= (延遲時間，預設值為 0)
DF= (阻尼因數，預設值為 0)
PHASE= (相位延遲，預設值為 0)
```

弦波電壓源的數學公式如下所示：

$$V = VOFF + VAMPL * e^{-df(T-Td)} \sin[(2\pi * FREQ(T - TD)) - PHASE]$$

由數學公式可以畫出弦波的波形，如圖 7-5 所示。

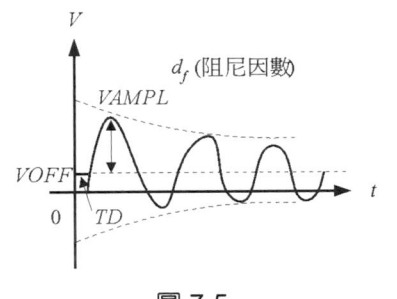 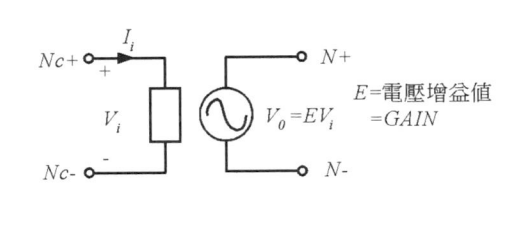

圖 7-5　　　　　　　　　　　　　　　　　　圖 7-6

8. 電壓控制電壓源(E)

要設定電壓增益值：

GAIN=(電壓增益值，預設值為 1)

在圖 7-6 中，共有四個節點要連接，說明如下所示：

N＋和 N－：電壓源的兩個節點，＋表示高電位，－表示低電位。

NC＋和 NC－：控制電壓的兩個節點，電流是由節點 NC＋流到節點 NC－，兩節點的電壓差決定控制電壓的值。

<電壓增益值>：電壓控制電壓源的增益值。

上面四個節點只要直接畫線連接就可以，另外可以利用元件符號編輯器修改，使得控制電壓的兩個節點(NC＋，NC－)直接利用特性值設定節點名稱，表示互相連接，會比較方便，可以不用畫線。

9. 電壓控制電流源(G)

要設定導納值：

GAIN=(導納值，預設值為 1)

在圖 7-7 中，共有四個節點要連接，其他內容如同電壓控制電壓源說明。

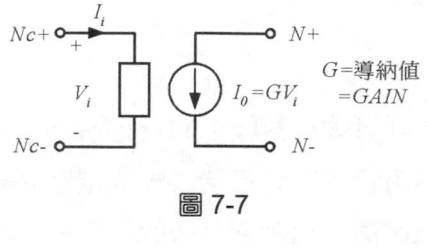

圖 7-7

10. 電流控制電壓源(H)

　　要設定電阻值：

> GAIN=(電阻值，預設值為 1)

圖 7-8 是電流控制電壓源的等效電路圖。

N＋和 N－：電壓源的兩個節點。

V_N：V_N 是控制電流流過的電壓源，而此電壓源一般都是由使用者自行設定在控
　　　制電流流過的支路上，使用者只要連接到所要的控制節點(NC＋，NC－)。

NC＋和 NC－：V_N 的兩端節點。

<電阻值>：電流控制電壓源的電阻值。

11. 電流控制電流源(F)

　　要設定電流增益值：

> GAIN=(電流增益值，預設值為 1)

圖 7-9 是電流控制電流源的等效電路圖，其他相關的說明，請看電流控制電壓源
的說明。

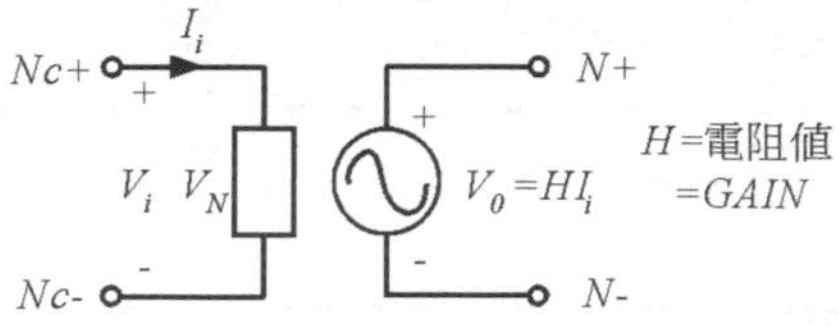

圖 7-8 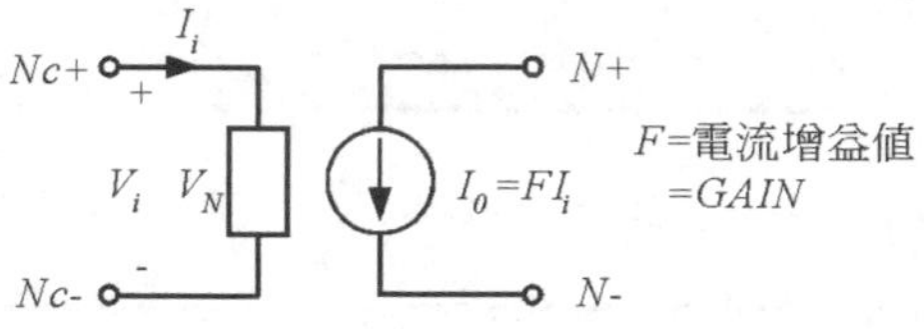　　　　　　　　　　　　　　圖 7-9

7-2 暫態分析

暫態分析是在時域中，計算輸出對輸入的變化情形，直流分析時，電容和電感會分別被視為開路及短路，不用管電容的初始電壓或電感的初始電流，但是在暫態分析中，初始電壓和初始電流都會被視為電路參數的一部分，必須加以計算。

先建立下列電路圖(圖 7-10)，存為 EX7-1 電路檔案。

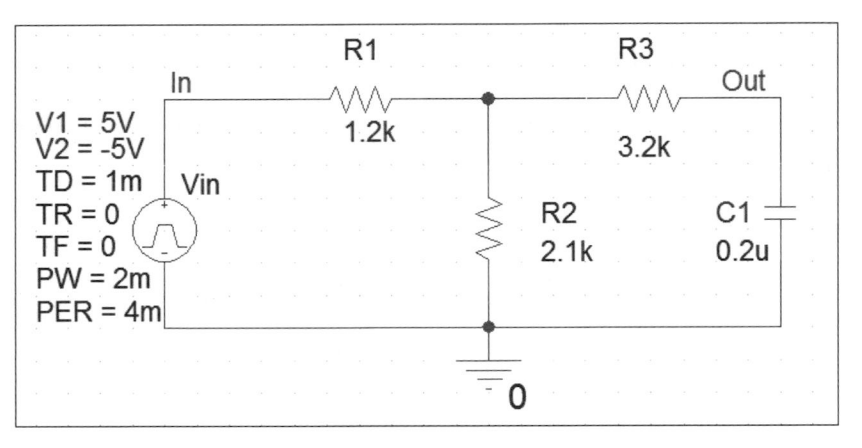

圖 7-10

VPULSE 元件或其他元件的參數顯示在電路圖上，表示這些參數一定要設定，否則無法使用這些元件。進行分析工作時，除了這些必須設定的參數外，還有一些參數並不一定要設定，連點元件兩次(用 mouse)，進入屬性編輯器，可以看到這些參數。

Vin 訊號源的設定：

```
元件=VPULSE
元件庫=source.olb
```

Vin 元件參數的設定：

```
V1=5V
V2=-5V
TD=1m
TR=0
TF=0
PW=2m
PER=4m
```

以下是設定和執行暫態分析的步驟：

1. 在 Capture 畫面中，開啓 EX7-1 電路檔案。
2. 按 PSpice →新增模擬設定檔 命令，產生新模擬對話盒。
3. 在名稱格子中，輸入 Transient。
4. 按 建立 鍵，產生 Simulation Settings 對話盒。

在圖 7-11 對話盒中，暫態分析的參數說明如下：

(1) 執行時間[TSTOP]：執行暫態分析的終止時間，一定要設定此參數。

(2) 開始後儲存資料：表示在此時間之前的所有資料不存入硬碟中，所以此段時間之前沒有波形顯示。

(3) 最大步階：最大間隔時間，可以不用設定。

(4) 跳過初始暫態偏壓點計算[SKIPBP]：忽略最初暫態偏壓點計算，可以不用啓動設定。

(5) 輸出檔案選項 鍵：設定傅立葉分析的參數。

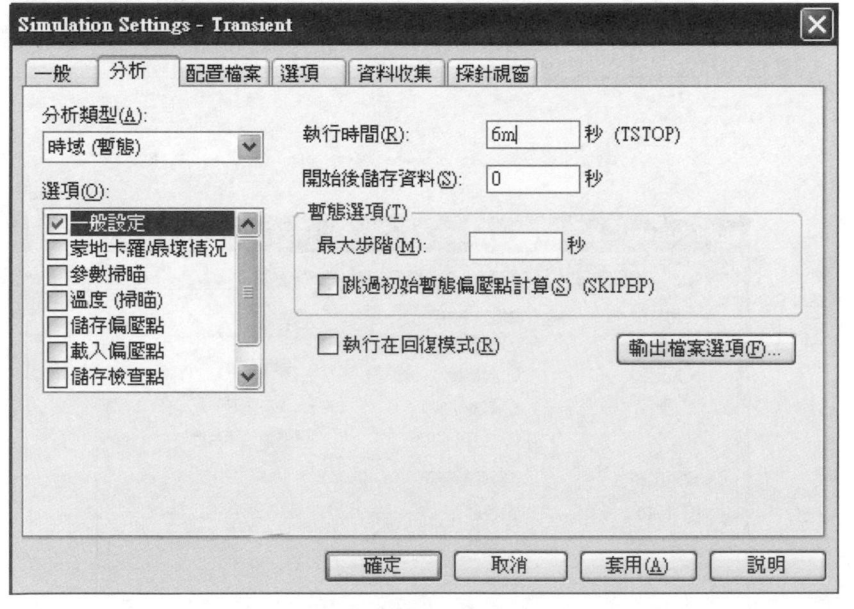

圖 7-11

5. 在對話盒中，按 分析 標籤，進行分析參數設定工作。
6. 在分析類型中，選擇時域(暫態)。
7. 在選項格子中，選擇一般設定。

8. 分析參數設定如下：

> 執行時間=6m
> 開始後儲存資料=0

9. 按 確定 鍵，完成設定工作。

10. 按 PSpice → 執行 命令，開始模擬分析電路。

以下是顯示輸入波形和輸出波形的步驟：

1. 在 PSpice 畫面中，按 走線 → 加入曲線 命令。

2. 在輸出變數的串列中，選擇 V(In) 及 V(Out)。

3. 按 確認 鍵，顯示波形，如圖 7-12。

4. 按 工具 → 選項 命令，產生 Probe Settings 對話盒，如圖 7-13。

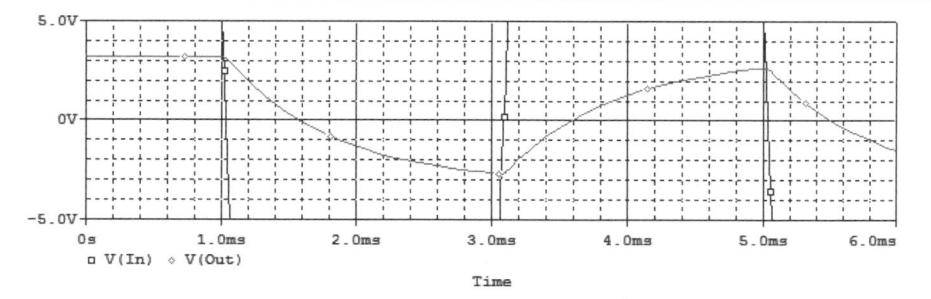

圖 7-12

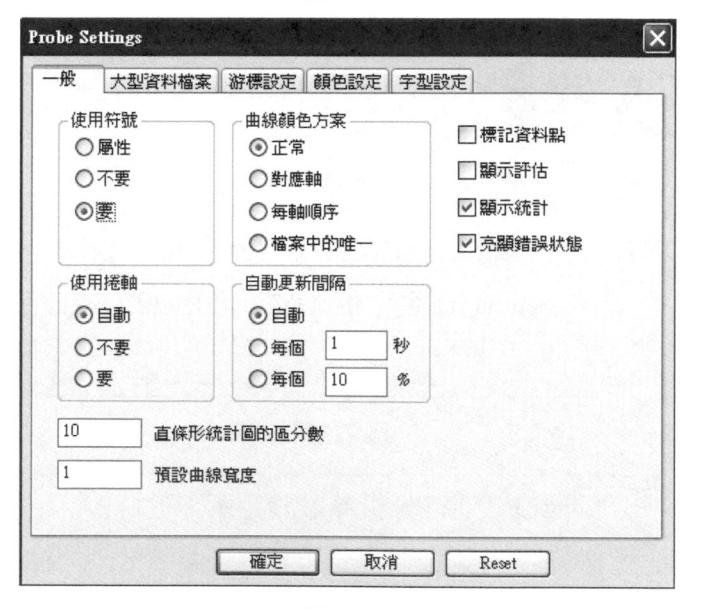

圖 7-13

---

5. 在 "使用符號" 中，選擇不要，可以使波形上面的符號消除。

6. 按 確定 鍵。

　　由於波形上的辨識符號(例如：小方格)並不一定需要，這是因為波形圖中只有一個波形存在，所以辨識符號就不需要，只有當二個波形以上，才有必要存在，但是不同的波形有不同的顏色，所以在螢幕上可以不需要辨識符號。如何消除辨識符號呢？只要按 工具 → 選項 命令，產生圖 7-13(Probe Settings)對話盒。

　　在 Probe Settings 對話盒中，在使用符號中，選擇 "不要"，可以使得波形上符號消除，如果選擇 "要"，可以使得符號重新出現。

　　Probe Settings 對話盒的參數設定說明，如下：

1. 使用符號：決定辨識符號是否顯示。

2. 曲線顏色方案：決定波形顏色。

3. 使用捲軸：決定捲軸是否存在。

4. 自動更新間隔：設定波形更新時間的間隔。

7-3　傅立葉分析

　　傅立葉分析和暫態分析是不可分的，需要執行暫態分析，才能執行傅立葉分析，計算傅立葉級數的係數。

　　VSIN 元件設定參數：

```
VOFF=0
VAMPL=25mV
FREQ=10k
TD=0
DF=0
PHASE=0
```

　　在圖 7-14 中，可以發現 VSIN 元件的前三個參數，是顯示在電路圖上，這三個參數必須要輸入，VSIN 元件才能產生波形，如果沒有設定，就會發生錯誤，可以連按 mouse 兩次，產生顯示屬性對話盒，直接輸入參數值，另外三個參數必須用屬性編輯器設定，因為有預設值(0)，所以可以不用設定，也不會發生錯誤，當然有需要，就一定要輸入適合的參數值。

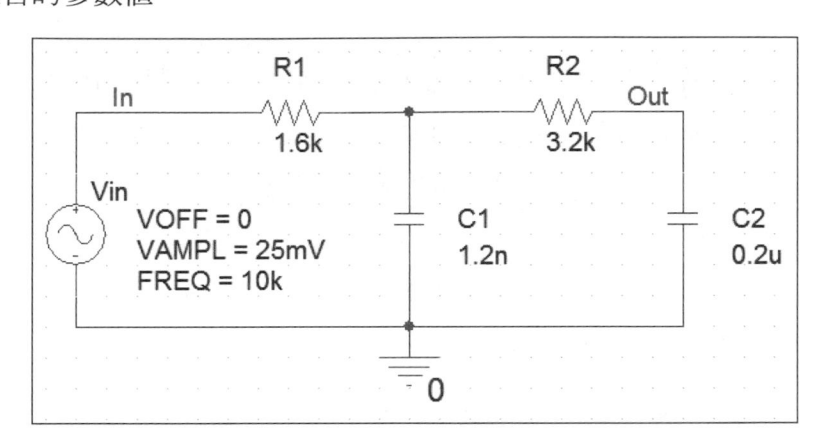

圖 7-14

以下是設定和執行暫態分析和傅立葉分析的步驟：

1. 在 Capture 畫面中，開啓 EX7-2 電路檔案。
2. 按 PSpice→新增模擬設定檔 命令，產生新模擬對話盒。
3. 在名稱格子中，輸入 Fourier。
4. 按 建立 鍵，產生 Simulation Settings 對話盒。
5. 在對話盒中，按 分析 標籤，進行分析參數設定工作。
6. 在 "分析類型" 中，選擇時域(暫態)。
7. 在 "選項" 格子中，選擇一般設定。
8. 暫態分析的參數設定，如下：

> 執行時間=600u
> 開始後儲存資料=0

9. 按 輸出檔案選項 鍵，產生暫態輸出檔案選項對話盒(如圖 7-15)。

圖 7-15 對話盒的參數說明，如下所示：

(1) 在輸出檔案的列印值間隔：設定文字資料檔中輸出資料的時間間隔，時間要控制好，才不會產生太多的資料。
(2) 執行傅立葉分析：啓動設定表示要執行傅立葉分析。
(3) 中心頻率：設定分析的中心頻率值。

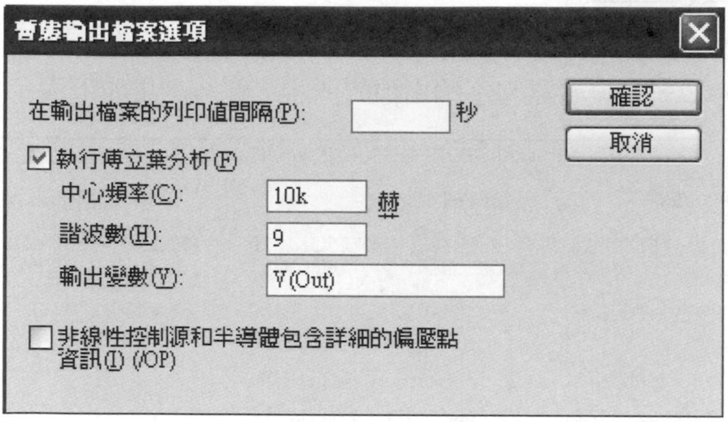

圖 7-15

(4)　諧波數：要計算的諧波個數。

(5)　輸出變數：設定分析的輸出變數。

　　　(執行傅立葉分析，要啟動"執行傅立葉分析"設定。)

---

10. 傅立葉分析的參數設定，如下：

> 執行傅立葉分析設定啟動
> 中心頻率=10k
> 諧波數=9
> 輸出變數=V(Out)

　按 確認 鍵。

11. 按 確定 鍵，完成設定工作。

12. 按 PSpice→執行 命令，開始模擬分析電路。

　　暫態響應分析的結果，如圖 7-16 所示，是 V(in)和 V(out)波形。

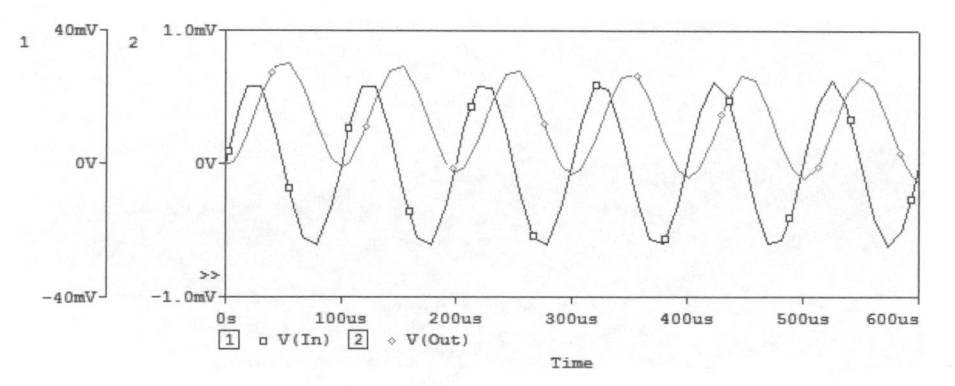

圖 7-16

因為傅立葉分析的結果，只會在文字輸出檔中看到，所以在 PSpice 視窗中，按 檢視 → 輸出檔案 命令，可以看見文字輸出檔的內容，部分結果如下表示：

```
FOURIER COMPONENTS OF TRANSIENT RESPONSE V(OUT)

DC COMPONENT =   2.639512E-04

HARMONIC   FREQUENCY    FOURIER     NORMALIZED    PHASE      NORMALIZED
   NO        (HZ)      COMPONENT    COMPONENT    (DEG)      PHASE (DEG)

    1      1.000E+04   3.748E-04    1.000E+00   -9.255E+01    0.000E+00
    2      2.000E+04   4.677E-06    1.248E-02   -6.028E+00    1.791E+02
    3      3.000E+04   3.205E-06    8.553E-03   -7.276E+00    2.704E+02
    4      4.000E+04   2.380E-06    6.351E-03   -1.046E+01    3.598E+02
    5      5.000E+04   1.926E-06    5.139E-03   -1.989E+01    4.429E+02
    6      6.000E+04   2.169E-06    5.787E-03   -3.898E+01    5.163E+02
    7      7.000E+04   6.597E-06    1.760E-02   -5.386E+01    5.940E+02
    8      8.000E+04   1.706E-06    4.551E-03    1.312E+02    8.716E+02
    9      9.000E+04   3.021E-06    8.060E-03   -6.985E+01    7.631E+02


    TOTAL HARMONIC DISTORTION =    2.691916E+00 PERCENT
```

···· 電晶體開關電路

一、電路圖：

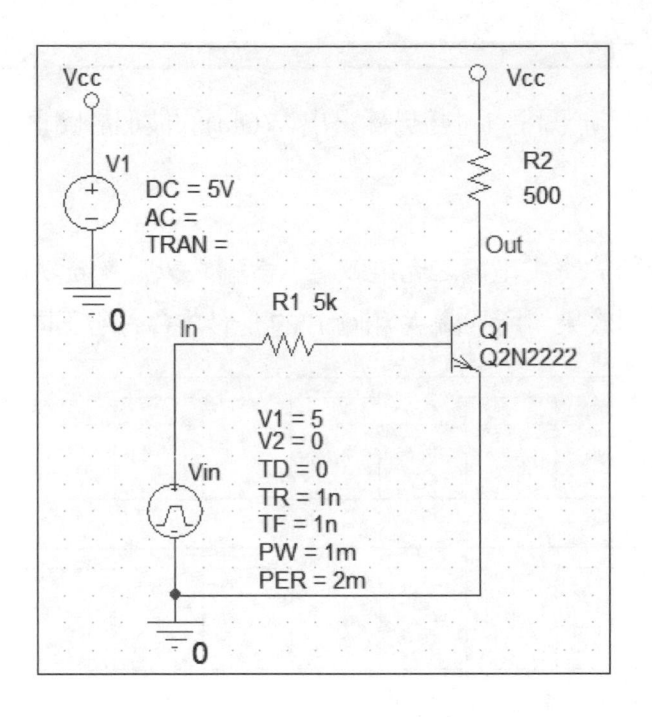

二、分析步驟：

1. 請畫好電路圖。

2. 執行暫態分析，設定暫態分析的參數，如下所示：

```
執行時間=10m
開始後儲存資料=0
```

3. 畫出 V(In)的波形於圖框 1，另外畫出 V(Out)的波形於圖框 2，如圖 A 所示。

4. 修改 VPULSE 的參數為：

```
V1=5
V2=0
TD=0
TR=1n
TF=1n
PW=1u
PER=2u
```

同樣地，執行暫態分析，設定暫態分析的參數，如下所示：

執行時間=10u
開始後儲存資料=0

5. 畫出 V(In)的波形於圖框 1 中，另外畫出 V(Out)的波形於圖框 2 中，如圖 B 所示。

三、結果分析：

由於電晶體內部的寄生電容之充電效應，當輸入訊號 Vin 變化速度較快時，輸出訊號 V(out)會有延遲效果，所以圖 A 和圖 B 的波形才會有所不同。

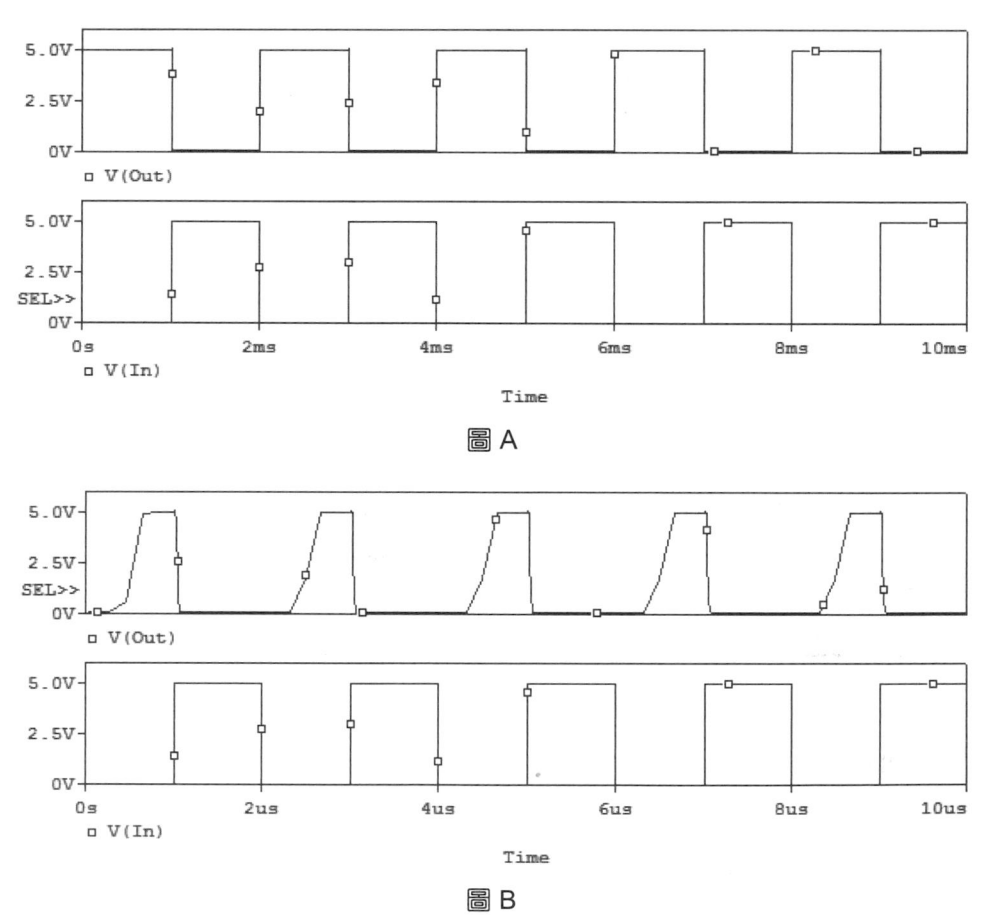

圖 A

圖 B

綜合練習 7-2 ⋯⋯半波整流器

一、電路圖：

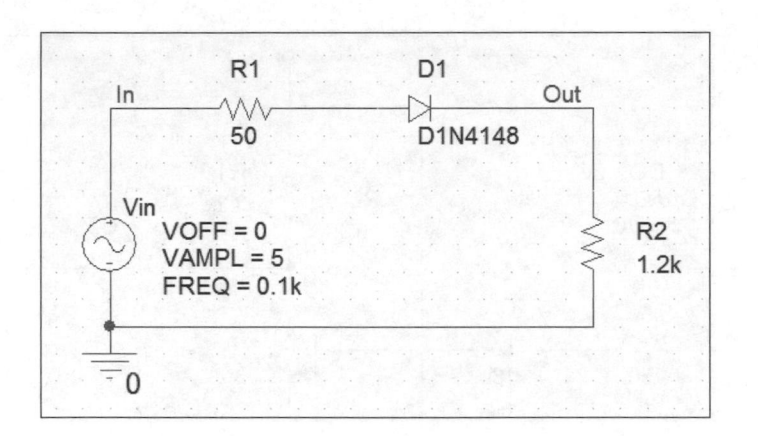

二、分析步驟：

1. 請畫好電路圖。

2. 執行暫態分析，設定暫態分析的參數，如下所示。

   執行時間=30m
   開始後儲存資料=0

3. 畫出 V(In)的波形於圖框 1，另外畫出 V(Out)的波形於圖框 2，如下圖所示。

三、結果分析：

1. 由於 R1 和 R2 的分壓效果，使得 V(Out)最大振幅不到 5V。

2. 由下圖可知，負半週期的訊號變成 0 電位。

3. 利用測量游標功能，測量 V(Out)的最大振幅是多少？

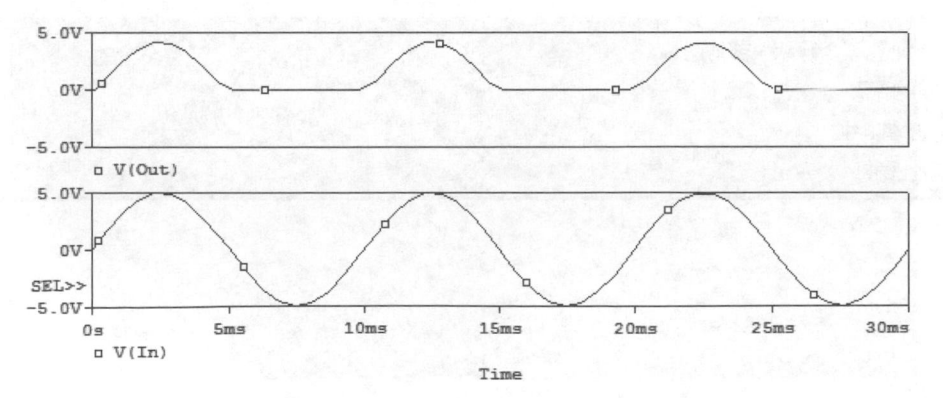

綜合練習 7-3 共射極放大器

一、電路圖：

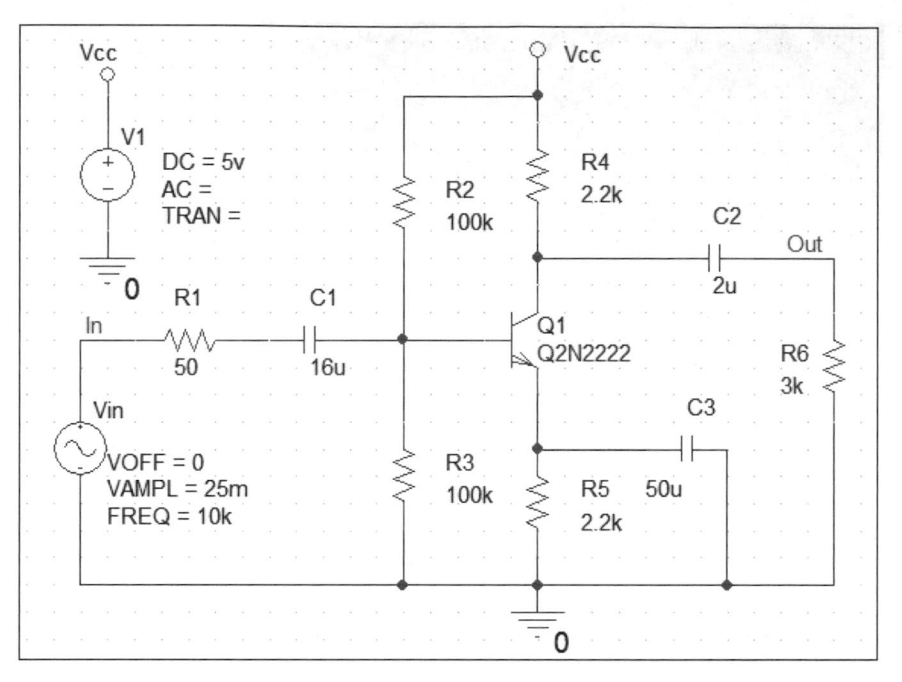

二、分析步驟：

1. 請畫好電路圖。

2. 執行暫態分析和傅立葉分析，暫態分析參數設定，如下。

執行時間=500u
開始後儲存資料=0

傅立葉分析參數設定，如下：

執行傅立葉分析=啟動
中心頻率=10k
諧波數=6
輸出變數=V(Out)

3. 請畫出 V(Out)及 V(In)的波形，如下圖所示。

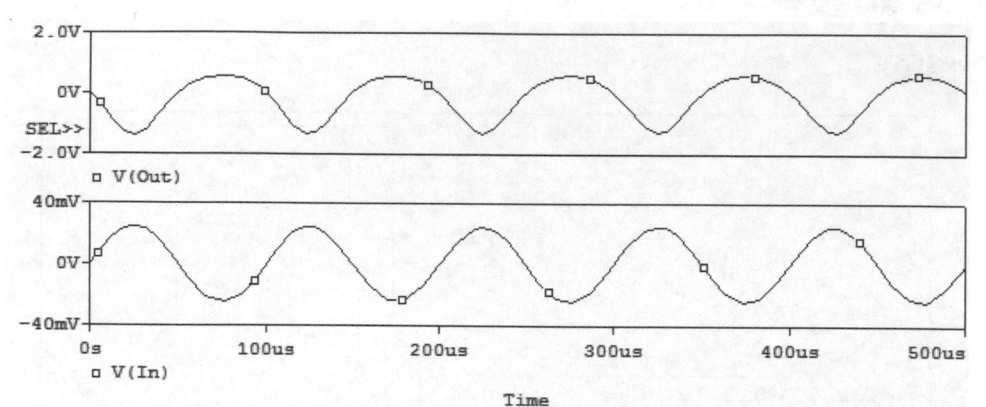

三、結果分析：

1. 上圖是 V(Out)和 V(In)的波形，可以看出放大器放大的效果。

2. 由於諧波的個數共有 6 個，所以傅立葉級數的係數共有 6 個，請列印出有關傅立葉分析的結果。

3. Vampl=200mV 的正弦波，畫出 V(Out)波形，波形是否失真？

實驗 7-1 ⋯⋯ JFET 開關電路

一、電路圖：

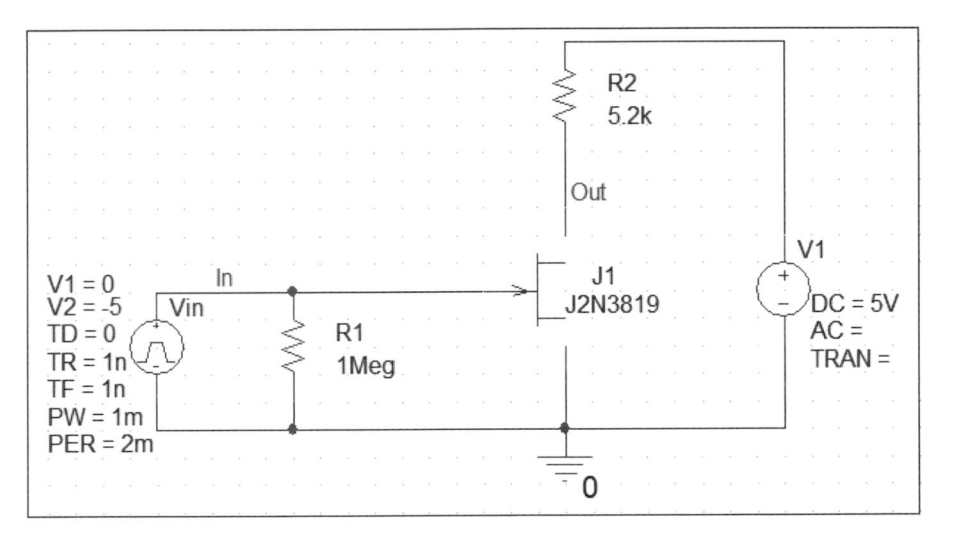

二、問題：

1. 執行0∼10ms的暫態分析，畫出 V(In)的波形和 V(Out)的波形(顯示在不同圖框中)。

2. 修改 VPULSE 的參數為：

V1=0	V2=-5	td=0	tf=1n
tr=1n	pw=1u	per=2u	

執行 0∼10us 的暫態分析，比較兩個 V(Out)的波形。

實驗 7-2　史密特觸發電路

一、電路圖：

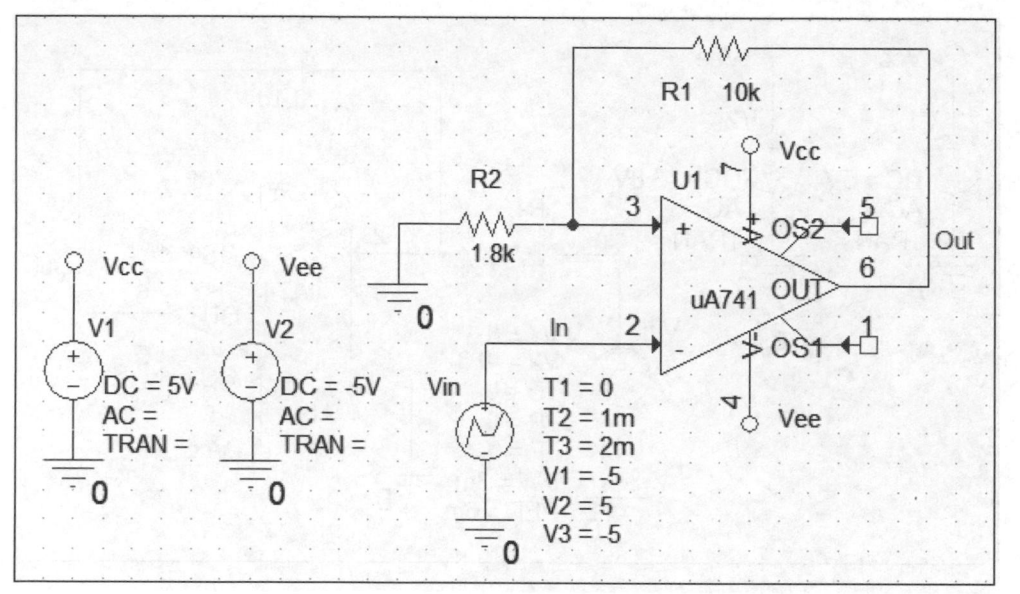

　　要讓 VPWL 元件的 T1、T2、T3、V1、V2 和 V3 參數和值顯示出來，連按 mouse 左鍵兩次，進入 VPWL 元件的屬性編輯器，輸入元件值後，點選此參數，再按上面的 顯示 鍵，在顯示格式中，點選"名稱與值"，就可以在電路圖上顯示參數和值。

二、問題：

1. 執行暫態分析(執行時間=2m)，求出 V(Out)及 V(In)的波形(不同圖框)。

2. 求遲滯曲線波形，請依下列步驟完成波形：

   (1) 呼叫 V(Out)波形。

   (2) 更改 X 軸變數為 V(In)。

   完成上面步驟，即可以得到遲滯曲線波形。

實驗 7-3 ···· 三角波產生電路

一、電路圖：

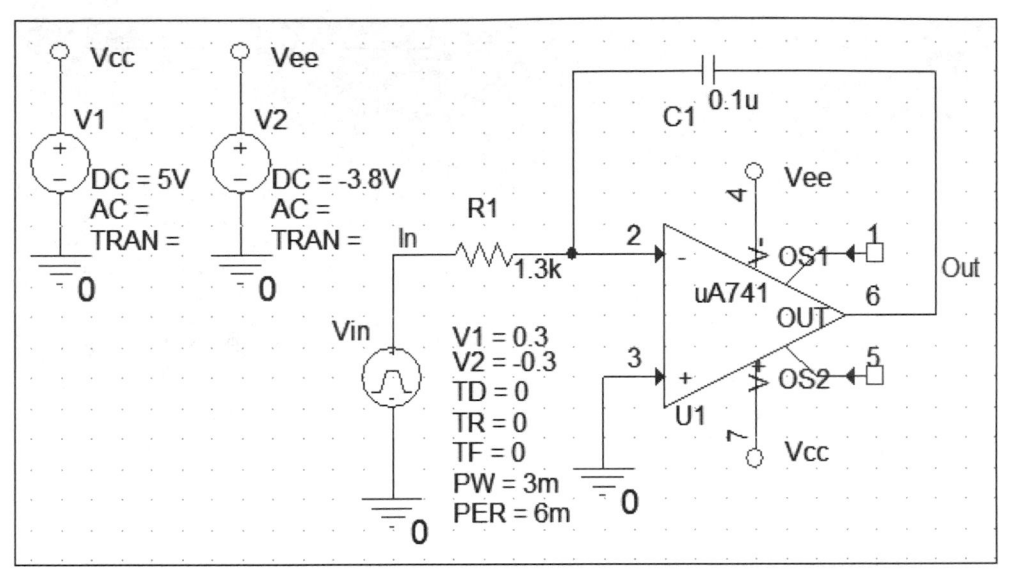

二、問題：

1. 暫態分析的參數(執行時間)設定為 10m，其餘自定，進行暫態分析。
2. 畫出 V(In)和 V(Out)的波形(在不同圖框中)。

實驗 7-4

一、電路圖：

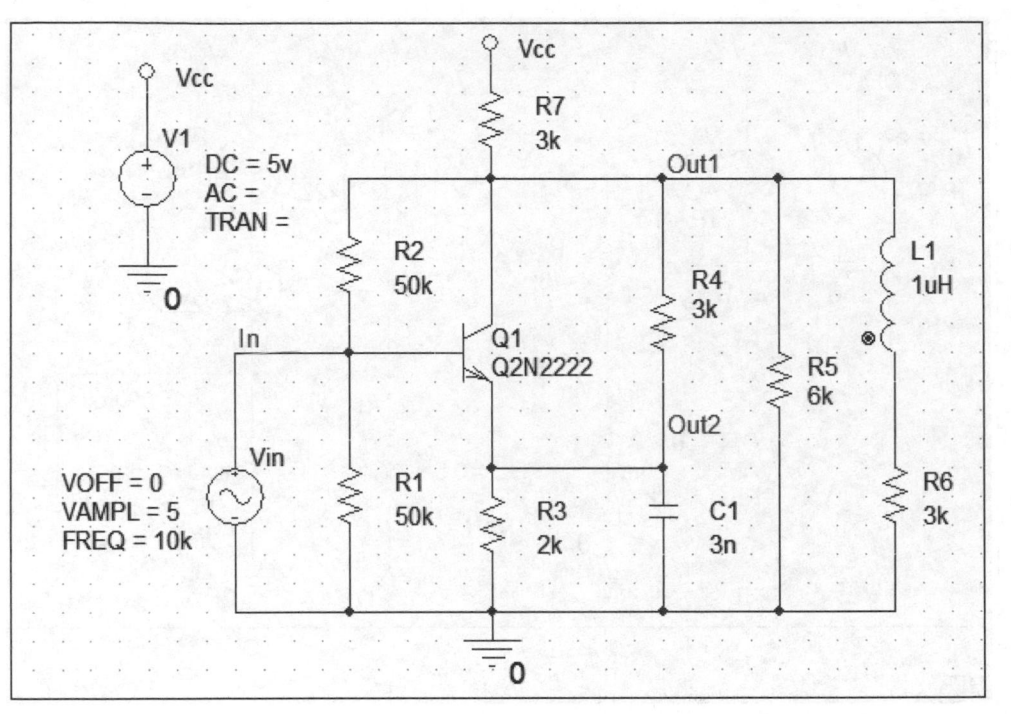

二、問題：

執行暫態分析，進行電路分析工作，執行時間為 600u，完成下列問題？

1. 求 V(In)，V(Out1)和 V(Out2)波形(以不同 Y 軸方式顯示)。
2. 求上面 3 個波形的最大值和最小值。

實驗 7-5

一、電路圖：

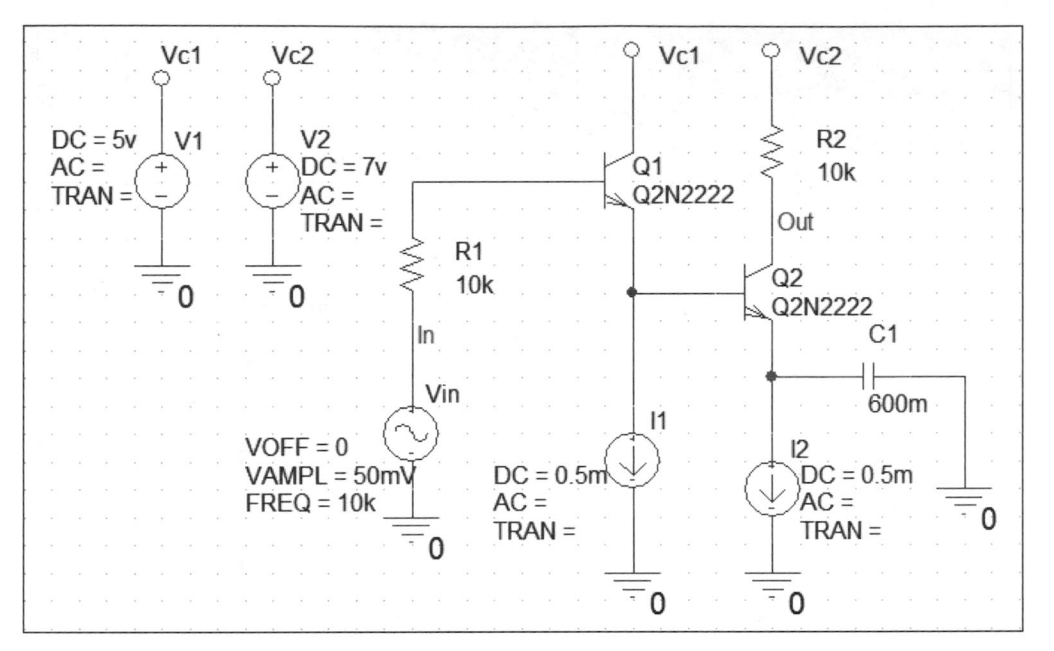

二、問題：

執行暫態分析，進行電路分析工作，執行時間為 1m，完成下列問題？

1. 在不同圖框中，顯示 V(In)及 V(Out)波形。
2. 測量 V(In)及 V(Out)波形的波峰及波谷電壓值(請測量第 3 個波)。

PSpice

Chapter

8

修改元件模型參數

8-1　元件模型資料庫說明

模型(Model)定義元件的電氣特性，由元件的 Implementation 特性值儲存模型名稱，模型可能有下列兩種資料：

1. 模型參數。
2. 子電路的內容。

例 1：下列是雙極性電晶體的模型參數，是 Q2N2222 模型內容，模型的點命令是.model，所以要用.model 開頭，模型內容如下：

```
.model Q2N2222   NPN(Is=14.34f Xti=3 Eg=1.11 Vaf=74.03 Bf=255.9 Ne=1.307
+           Ise=14.34f Ikf=.2847 Xtb=1.5 Br=6.092 Nc=2 Isc=0 Ikr=0 Rc=1
+           Cjc=7.306p Mjc=.3416 Vjc=.75 Fc=.5 Cje=22.01p Mje=.377 Vje=.75
+           Tr=46.91n Tf=411.1p Itf=.6 Vtf=1.7 Xtf=3 Rb=10)
*           National    pid=19            case=TO18
*           88-09-07 bam      creation
```

上面是 Q2N2222 元件的模型，所以是用.model 開頭，超過一行要加上"+"，表示同一個命令，*開頭的那一行，表示是註解行。

NPN 表示 Q2N2222 元件是 NPN 雙極性電晶體，括號內是元件的所有模型參數，有關這些模型參數的說明，請看附錄 D 的介紹，註解行表示元件設計的公司(此元件是 National 公司設計)，元件的包裝形式是 TO18，還有元件的設計時間。

例 2：下列是 uA741 的子電路串接情形，子電路的結構，如下所示：

```
.subckt 子電路名稱     子電路接腳
子電路的內容
.ends
```

uA741 子電路的內容，如下所示：

```
* connections:   non-inverting input
*                | inverting input
*                | | positive power supply
*                | | | negative power supply
*                | | | | output
*                | | | | |
.subckt uA741    1 2 3 4 5
c1    11 12 8.661E-12
c2     6  7 30.00E-12
dc     5 53 dx
de    54  5 dx
dlp   90 91 dx
dln   92 90 dx
dp     4  3 dx
egnd  99  0 poly(2) (3,0) (4,0) 0 .5 .5
fb     7 99 poly(5) vb vc ve vlp vln 0 10.61E6 -10E6 10E6 10E6 -10E6
ga     6  0 11 12 188.5E-6
gcm    0  6 10 99 5.961E-9
iee   10  4 dc 15.16E-6
hlim  90  0 vlim 1K
q1    11  2 13 qx
q2    12  1 14 qx
r2     6  9 100.0E3
rc1    3 11 5.305E3
rc2    3 12 5.305E3
re1   13 10 1.836E3
re2   14 10 1.836E3
ree   10 99 13.19E6
ro1    8  5 50
ro2    7 99 100
rp     3  4 18.16E3
vb     9  0 dc 0
vc     3 53 dc 1
ve    54  4 dc 1
vlim   7  8 dc 0
vlp   91  0 dc 40
vln    0 92 dc 40
.model dx D(Is=800.0E-18 Rs=1)
.model qx NPN(Is=800.0E-18 Bf=93.75)
.ends
```

有關串接情形的點命令說明如下：

1. .subckt：宣告子電路的點命令。

2. uA741：是子電路 uA741 的名稱。

3. 1　2　3　4　5：是子電路的接腳名稱。

```
1－non-inverting input(非反向輸入端)
2－inverting input(反向輸入端)
3－positive power supply(正電壓源)
4－negative power supply(負電壓源)
5－Output(輸出端)
```

4. .model：宣告模型的點命令。

5. .ends：宣告子電路結束的點命令。

接下來，介紹宣告模型的點命令，點命令格式如下：

```
.model Mname Type(N1=Value1 N2=Value2…)
```

1. .model：宣告模型的點命令。

2. Mname：表示模型的名稱。

3. Type：表示模型是屬於哪一種元件，如下表所示。

4. N1、N2…：表示參數名稱。(有關參數的意義，請看附錄 D 的說明)

5. Value1、Value2…：表示參數值。

μA741 元件圖有 7 支接腳，但是模型只定義 5 支接腳，所以元件圖的 OS1 和 OS2 兩支接腳沒有定義，通常不接，另外元件圖的接腳編號和模型的接腳編號也不一致，所以元件圖不要看接腳編號，只要注意接腳名稱，例如：＋、－、V+、V−和 OUT。

表 8-1 是模型的元件種類說明，如下：

表 8-1

元件種類	說明
RES CAP IND	電阻 電容 電感
D	二極體
NPN PNP LPNP	NPN 雙極電晶體 PNP 雙極電晶體 lateral PNP
NJF PJF	N-通道接面場效電晶體 P-通道接面場效電晶體
NMOS PMOS	N-通道金氧半場效電晶體 P-通道金氧半場效電晶體
GASFET NIGBT	N-通道 GaAs FET sub-N channel IGBT
VSWITCH ISWITCH	電壓控制開關 電流控制開關
CORE	變壓器

要啟動模型編輯器，以前可以在 Capture 軟體的電路圖上，點選某個元件，按 mouse 右鍵，啟動"編輯 PSpice 模型"功能，啟動模型編輯器，但是這種啟動方式，已經不能再使用。要啟動模型編輯器，按 開始 → 所有程式 → Cadence → Release 16.3 → PSpice Accessories → Model Editor 命令，就可以啟動模型編輯器，在 C：\ Cadence\SPB_16.3\tools\ PSpice\library 目錄中，可以看到所有的模型資料庫，由於這個版本是正式版和試用版共用，因此有大量的模型資料庫可以使用。

在 PSpice 軟體中，分析電路專門使用的模型資料庫有 nomd.lib、eval.lib 和 breakout.lib…等，其中 nomd.lib 並不是真正的模型資料庫，我們可以直接看 nomd.lib 的檔案內容，就可以知道原因。

通常都是透過 nomd.lib，連接呼叫模型資料庫 breakout.lib 和 eval.lib 以及其他模型資料庫，所以 nomd.lib 並不是真正模型資料庫，而是可以呼叫連接其他模型資料庫。

要開啟 nomd.lib 檔案，不可以用模型編輯器，只要用記事本或文書編輯器開啟，這是因為 nomd.lib 並非真正的模型資料庫，只是提供連接其他模型資料庫的介面檔案，連接方式是執行.lib"eval.lib"命令，就可以連接 eval 模型資料庫。

8-2 修改模型資料庫的參數

要開啟模型編輯器，按 開始 → 所有程式 → Cadence → Release 16.3 → PSpice Accessories → Model Editor 命令，產生 PSpice 模型編輯器 Demo 視窗，按 檔案 → 開啟 命令，開啟 eval 模型資料庫，路徑在 C：\ Cadence\SPB_16.3\tools\ PSpice\library，在左邊的模型列表(L)中，點選 Q2N3904，產生 Q2N3904 元件的模型內容，如圖 8-1 所示。

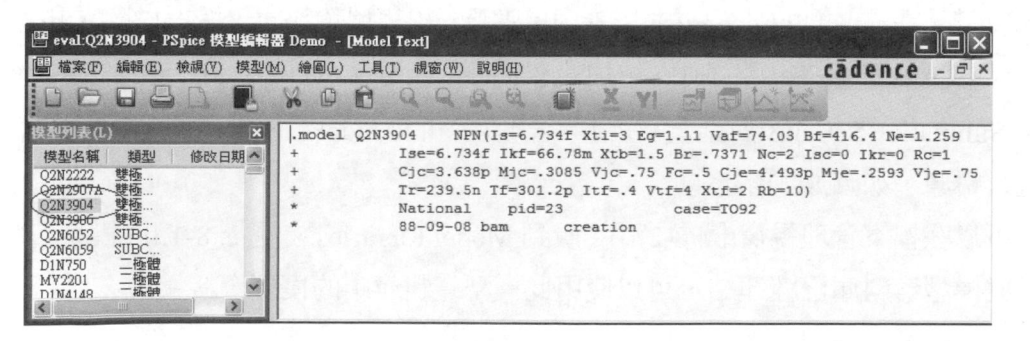

圖 8-1

因為元件模型 Q2N3904 是屬於 eval.lib 模型資料庫，而且 eval.lib 的模型 Q2N3904 有提供模型參數資料，所以在模型編輯器中可以看到此元件的模型參數，並不是所有元件庫都有提供模型資料庫。

在模型編輯器中的左右視窗，左視窗是模型列表(L)，列出這個元件庫中所有模型的簡介(包括：模型名稱、類型…)，而右視窗的內容是被點選模型的內容。

可以在右視窗中，編輯模型的內容，例如：要更改參數值 Ise=14.34f，只要用 mouse 左鍵，點選 Ise 附近，會出現游標，使用者可以直接更改參數值，也可以增加新的模型參數，只要在右括弧”)”之內，並且和前後參數之間各有一個空格，即可以加入一個新的模型參數。

有時在模型內容中，看不到左右括號，不過沒有關係，因為系統會自動處理，你可以輸入模型參數，不管有沒有括號存在。

在模型列表(L)視窗中，在模型名稱上，連按 mouse 左鍵兩次，修改模型名稱，再按 Enter 鍵，可以更改模型名稱，同時右邊視窗的模型名稱也會自動更改。

有時呼叫的元件模型內容，可能沒有任何模型參數存在，例如：Rbreak 元件、Cbreak 元件…等，讀者也可以用相同方式處理。雖然這些元件的參數在視窗中看不見，不設定也沒有關係，因為系統進行分析工作時，會採用模型參數的預設值。

為了不要更動原本模型資料庫的原始資料，所以最好另存模型資料庫，按 檔案 → 另存新檔 命令，存到這個電路專案中，例如：這個電路檔案名稱是 ex8-1，所以模型資料庫就存到 ex8-1-PSpice Files 目錄中，檔名存為 ex8-1。

完成模型編輯工作後，必須按 檔案 → 儲存 命令，儲存模型資料，並且關閉模型編輯器。

開啟模擬設定檔(圖 8-4)，點選 配置檔案 標籤，在分類(O)格子中，選擇 Library，按 瀏覽 鍵，在 ex8-1-PSpice Files 目錄中，點選 8-1 模型資料庫，按 開啟 鍵，再按 加入設計(A) 鍵，在配置檔案格子中，增加 ex8-1 模型資料庫，如圖 8-4 所示，按 確定 鍵後，關閉 Simulation Settings 對話盒，在檔案管理視窗的 Model Libraries 中，就會增加 ex8-1 模型資料庫，如圖 8-2 所示。

可以在檔案管理視窗(圖 8-2)中，看到 Model Libraries 多了 ex8-1.lib 模型資料庫，表示此模型資料庫已經連結，可以使用此模型資料庫中的模型資料。

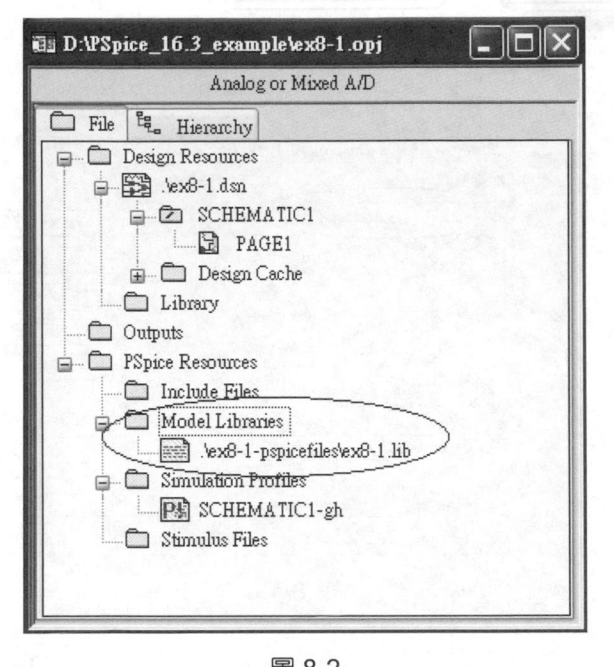

圖 8-2

在屬性編輯器中，模型名稱是由 Implementation 參數所定義，如圖 8-3 所示。

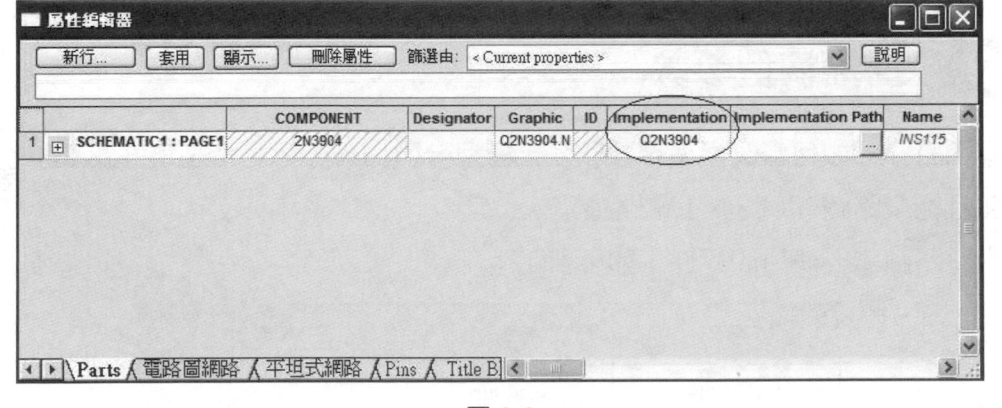

圖 8-3

在 Simulation Settings 對話盒中，按 配置檔案 標籤後，在 "分類" 格子中，點選 Library，可以看到連結模型資料庫的詳細資料，如圖 8-4。

從圖 8-4 中可知，此電路圖共連結兩個模型資料庫：ex8-1.lib 和 nomd.lib，由於我們連結 ex8-1 模型資料庫，所以此處才能看到新的模型資料庫(ex8-1.lib)，而且檔案管理視窗中 Model Libraries 也有 ex8-1.lib，讀者可能也發現，為何 Model Libraries 中沒有 nomd.lib？這是因為 nomd.lib 不是模型資料庫，所以不顯示。

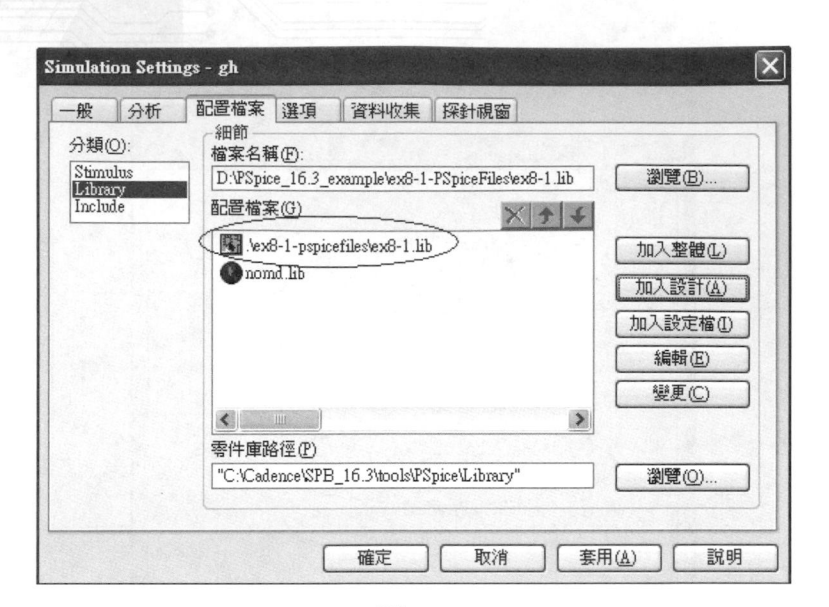

圖 8-4

　　為了確認模型參數有被更動，可以在執行分析之後，按檢視→輸出檔案命令，看文字檔案內容，檢查模型參數內容，就可以看出模型是否真的被更改。

8-3 掃描模型參數

　　本節將介紹如何修改模型參數和執行模型參數掃描分析，請先畫好圖 8-5 的電路圖，並且把電路圖存為 ex8-1 電路檔案。

　　本電路圖需要使用的元件，如下所示：

元件	元件庫	元件種類
Q2N3904	eval.olb	雙極性電晶體
ISRC	source.olb	電流源
VSRC	source.olb	電壓源
0	source.olb	接地元件

　　以下是更改模型參數的步驟：

1. 按開始→所有程式→Cadence→Release 16.3→PSpice Accessories→Model Editor 命令，產生模型編輯器。

2. 按 檔案 → 開啓 命令，開啓 eval 模型資料庫，路徑在
   C：\ Cadence\SPB_16.3\tools\ PSpice\library 目錄中。

3. 點選 eval，按 開啓 鍵。

4. 在左邊的模型列表(L)中，點選 Q2N3904，右邊視窗會顯示此元件的模型內容。

5. 爲了不更動預設模型資料庫內容，按 檔案 → 另存新檔 命令，檔名輸入 ex8-1，儲存到 ex8-1-PSpice Files 目錄中。

6. 在右邊視窗中，更改 Bf 參數 416.4 爲 200。

7. 按 檔案 → 儲存 命令。

8. 按 檔案 → 結束 命令，關閉模型編輯器。

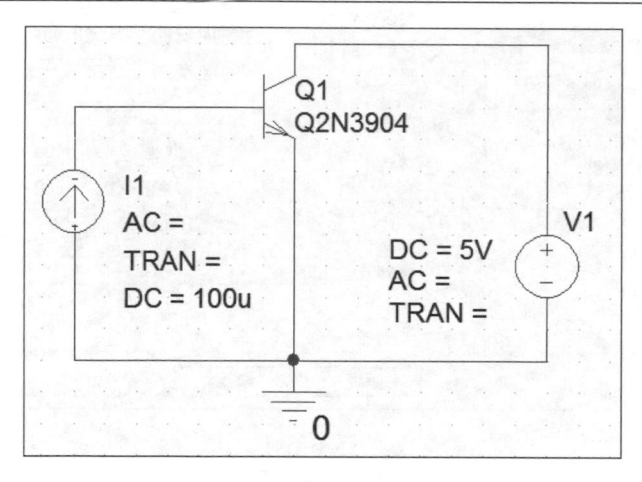

圖 8-5

以下是連結 ex8-1 模型資料庫的步驟：

1. 在 Capture 中，開啓 EX8-1 電路檔案。

2. 按 PSpice → 新增模擬設定檔 命令，產生新模擬對話盒。

3. 在名稱格子中，輸入 gh。(此名稱可以自行決定)

4. 按 建立 鍵。產生 Simulation Settings 對話盒。

5. 按 配置檔案 標籤。

6. 在分類格子中，點選 Library。

7. 按 瀏覽 鍵，選擇 ex8-1.lib 模型資料庫。

8. 按 開啓 鍵，再按 加入設計 鍵，可以連結 ex8-1 模型資料庫，如圖 8-4 所示。

9. 按 確定 鍵，完成連結動作。

以下是對模型參數進行直流掃描分析的步驟：

1. 在 Capture 中，開啟 EX8-1 電路檔案。
2. 按 PSpice →編輯模型設定檔命令。
3. 在 Simulation Settings 對話盒上方，按分析標籤。
4. 在 "分析類型" 中，選擇直流掃描(如圖 8-6 所示)。

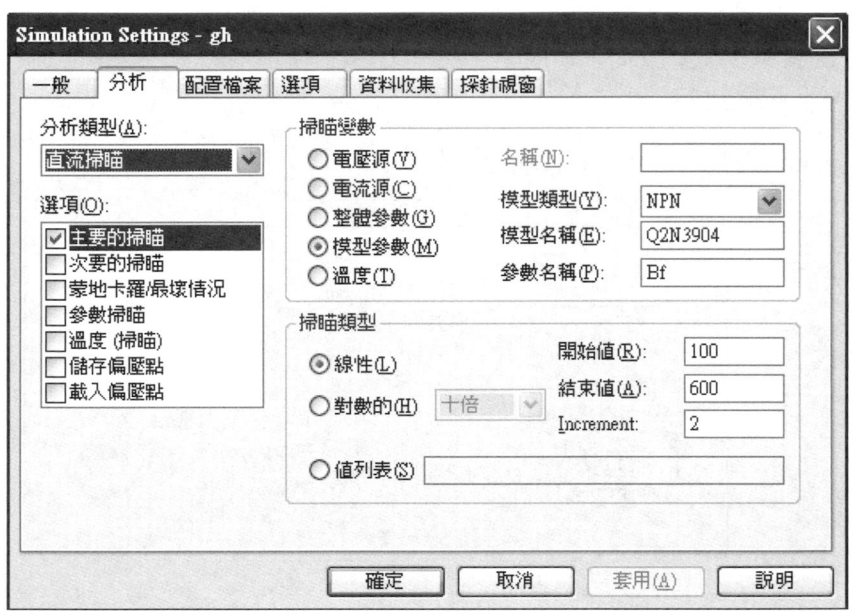

圖 8-6

5. 在 "選項" 格子中，選擇主要的掃描。
6. 設定直流掃描分析的參數，如下：

```
掃描變數=模型參數
模型類型=NPN
模型名稱=Q2N3904
參數名稱=Bf
掃描類型=線性
開始值=100
結束值=600
Increment=2
```

7. 按確定鍵，完成設定工作。
8. 按 PSpice →執行命令，開始模擬分析電路。

　　直流掃描分析完畢後，在 PSpice 視窗中，按 走線 → 加入曲線 命令，點選 IC(Q1) 和 IB(Q1)輸出變數，可以看到這二個波形(分別顯示在不同的圖框中)，模型參數 BF(X 軸變數)由 100 變化到 600，IC(Q1)及 IB(Q1)的波形，如下圖 8-7 所示：

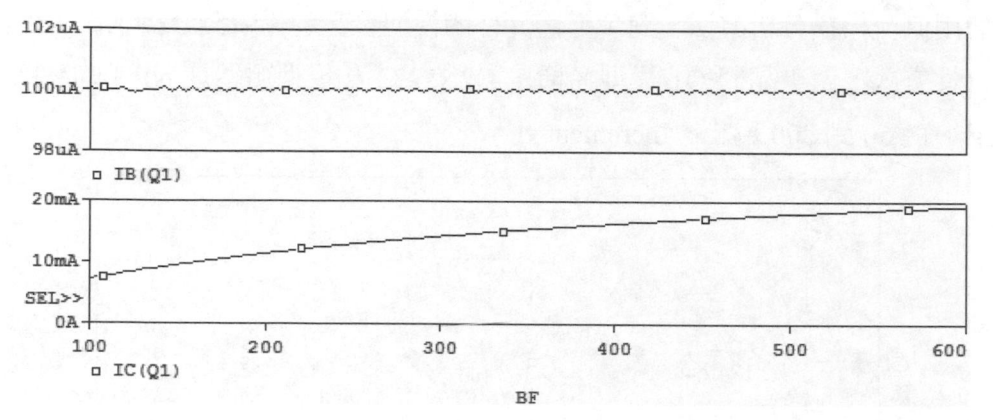

圖 8-7

注意：對於 R、C、L 元件，breakout 元件庫中的元件可以修改模型參數，例如：Rbreak 及 Cbreak，analog.olb 元件庫的 R、L、C 元件無法執行模型修改工作，因為沒有模型 資料，所以分析時採用預設值。

實驗 8-1

一、電路圖：

使用直流掃描分析方法，對半導體元件的模型參數進行模擬分析工作，掃描形式採用線性方式，對電晶體 Q1(模型名稱是 Q2N2222 和模型類型是 NPN)的參數 BF 進行掃描，從 50 到 200 為止，Increment=1。

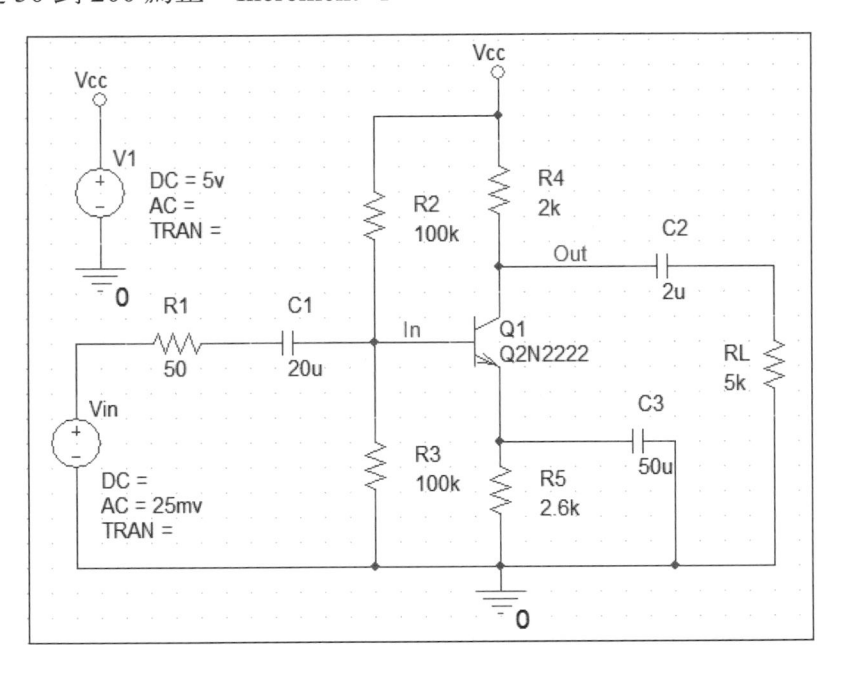

二、問題：

1. 畫出 V(Out)的波形，並且列出預設的橫軸變數是什麼？(更改 Y 軸資料範圍為 3.5V 到 4V)

2. 使用測量游標功能，找出下列值：

Bf	V(Out)
50	
100	
125	
150	
200	

實驗 8-2

一、電路圖：

使用直流掃描分析方法，對電路進行模擬分析工作，採用線性方式，對電壓源 Vin 進行掃描，從–5V 掃描到 5V。

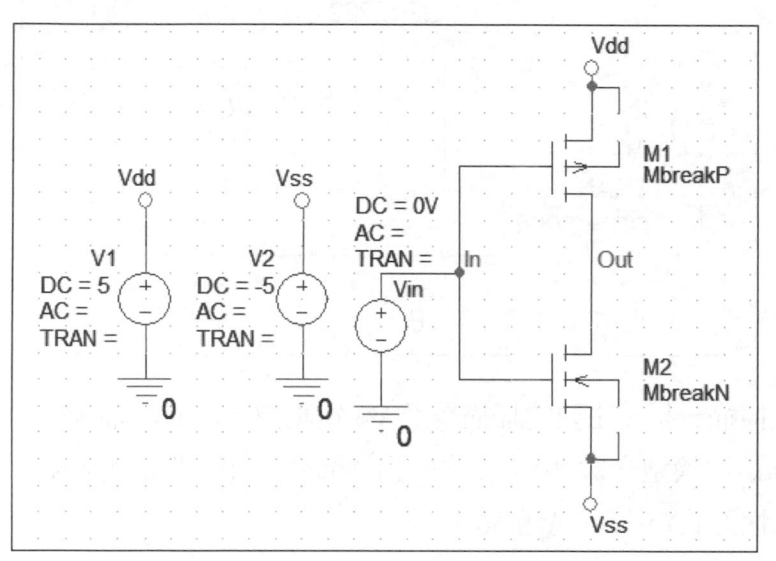

二、問題：

1. 畫出 V(Out)的波形。(在更改模型參數之前，請先做問題 3 的前半部)
   接下來，更改模型參數內容，如下所示：

```
.model Mbreakp PMOS(VTO=-1 kp=10U LAMBDA=0.02)
.model Mbreakn NMOS(VTO=1 kp=30U LAMBDA=0.01)
```

2. 更改模型內容並且連結模型，再重新執行直流掃描分析，畫出 V(out)的波形，和問題 1 有何不同？

3. 使用測量游標功能，找出下列值：

V_Vin	V(Out)(問題 1)	V(Out)(問題 2)
–2V		
–1V		
0V		
1V		
2V		

一、電路圖：

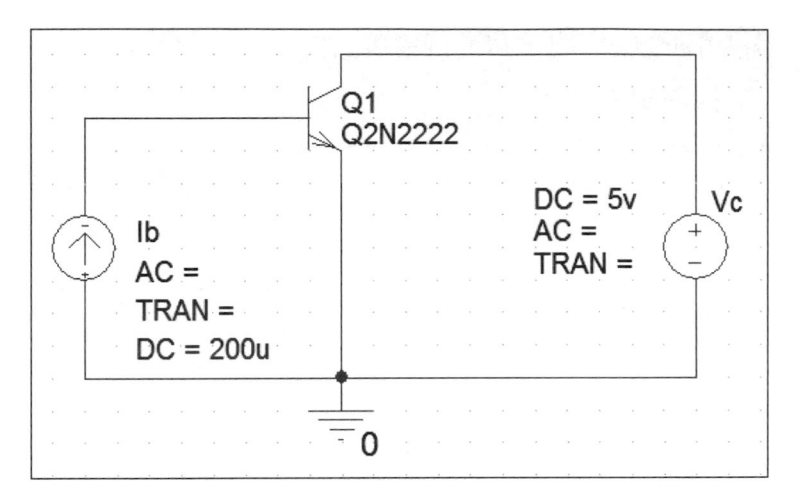

使用巢式掃描分析，主要的掃描是用 Vc 電壓源，從 0V 掃描到 7V(線性方式)，而次要的掃描是用模型參數 Bf，從 50 到 300 為止(模型類型＝NPN，模型名稱＝Q2N2222，線性方式)，每次遞增 50。

二、問題：

1. 畫出 IC(Q1)的波形。

   使用測量游標功能，找出下列值：

Bf	IC(Q1)	IE(Q1)
50		
100		
150		
200		
250		
300		

實驗 8-4

一、電路圖：

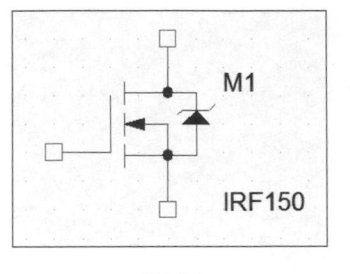

圖 A

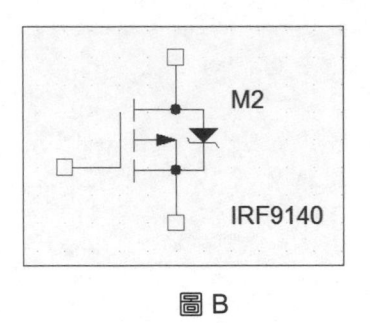

圖 B

圖 A 是 IRF150 元件的元件圖，圖 B 是 IRF9140 元件的元件圖，要看元件的模型內容，必須啟動模型編輯器，找出模型內容，*開頭的註解行不需要顯示。

二、問題：

1. 把兩元件的模型內容寫出來。
2. 完成下表：

模型名稱	IRF150	IRF9140
元件種類		
Vto		
Rs		
Rd		
Is		
Pb		

電路設計模擬—應用 PSpice 中文版

PSpice

9

Chapter

溫度分析和參數掃描分析

9-1 溫度分析

電路的工作溫度並不是保持在 27 度的標準室溫(系統預設的溫度是 27℃)，而是在某個溫度範圍內工作，所以設計電路時，應該要在規定的溫度範圍內，能正常工作，而不會發生錯誤的情況。

請先建立下列電路圖，如圖 9-1 所示，電路存入 EX9-1 檔案中。

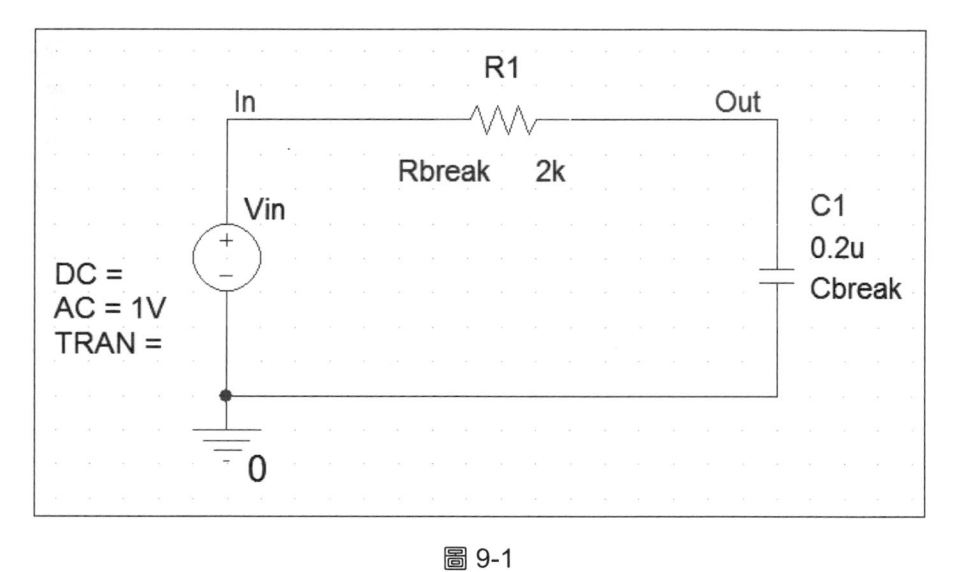

圖 9-1

所要用到的元件，如下所示：

元件	元件庫	元件描述
VSRC	Source.olb	電壓源
Rbreak	Breakout.olb	電阻(可設定模型參數)
Cbreak	Breakout.olb	電容(可設定模型參數)
0	Source.olb	接地元件

上面電路元件中，Rbreak 和 Cbreak 是非理想元件，會受到溫度的影響，但是在模型中要定義和溫度有關的參數，才能隨著溫度變化，而改變元件值，以下是電阻、電容及電感和溫度有關的模型參數：

1.　電阻(Resistor)

模型參數	意義	預設值
R	電阻係數	1
TC1	線性溫度係數	0
TC2	二次溫度係數	0

電阻值隨著溫度變化，可以由下列公式計算得到：

$R(T) = 元件值 \times R \times [1 + TC1 \times (T - To) + TC2 \times (T - To)^2]$

元件值：電阻值

To：27 度的溫度

模型(Model)的範例，如下：

```
.model Rbreak  RES (R=1 TC1=0.01 TC2=0.001)
```

2.　電容(Capacitor)：

模型參數	意義	預設值
C	電容係數	1
VC1	線性電壓係數	0
VC2	二次電壓係數	0
TC1	線性溫度係數	0
TC2	二次溫度係數	0

電容值隨著溫度變化，可以由下列公式計算得到：

$$C(T) = 元件值 \times C \times (1 + VC1 \times V + VC2 \times V^2) \times [1 + TC1 \times (T - To) + TC2 \times (T - To)^2]$$

元件值：電容值

V：電容兩端的瞬間電壓

模型(Model)的範例，如下：

```
.model  Cbreak  CAP (C=1  TC1=0.01  TC2=0.002)
```

3. 電感(Inductor)：

模型參數	意義	預設值
L	電感係數	1
IL1	線性電流係數	0
IL2	二次電流係數	0
TC1	線性溫度係數	0
TC2	二次溫度係數	0

電感值隨著溫度變化，可以由下列公式計算得到：

$$L(T) = 元件值 \times L \times (1 + IL1 \times I + IL2 \times I^2) \times [1 + TC1 \times (T - To)$$
$$+ TC2 \times (T - To)^2]$$

元件值：電感值

I：流過電感的瞬間電流

模型(Model)的範例，如下：

```
.model Lbreak  IND   (L=1  TC1=0.01  TC2=0.002)
```

以下是設定和執行溫度分析的步驟：

1. 首先根據前面的範例模型內容，修改 EX9-1 電路圖的 Rbreak 和 Cbreak 元件之模型內容，如此元件值才會隨著溫度變化，使用 breakout 模型資料庫，另存成 ex9-1 模型資料庫。
2. 按 PSpice→新增模擬設定檔命令。
3. 在名稱格子中，輸入 Temperature，按建立鍵，產生新的模擬設定檔。
4. 在 Simulation Settings 對話盒中，按配置檔案標籤，連結模型資料庫。(有關修改模型內容和連結模型資料庫，請依據第 8 章的說明。)
5. 按分析標籤。

圖 9-2 對話盒可以設定溫度分析的參數，說明如下：

(1) 執行模擬溫度：只設定一個溫度，系統只會執行這個溫度的模擬分析。
(2) 重複每個溫度的模擬：可以設定多個溫度，系統會重覆執行不同溫度的電路分析，不同溫度之間要空格，例如：27 50 70。

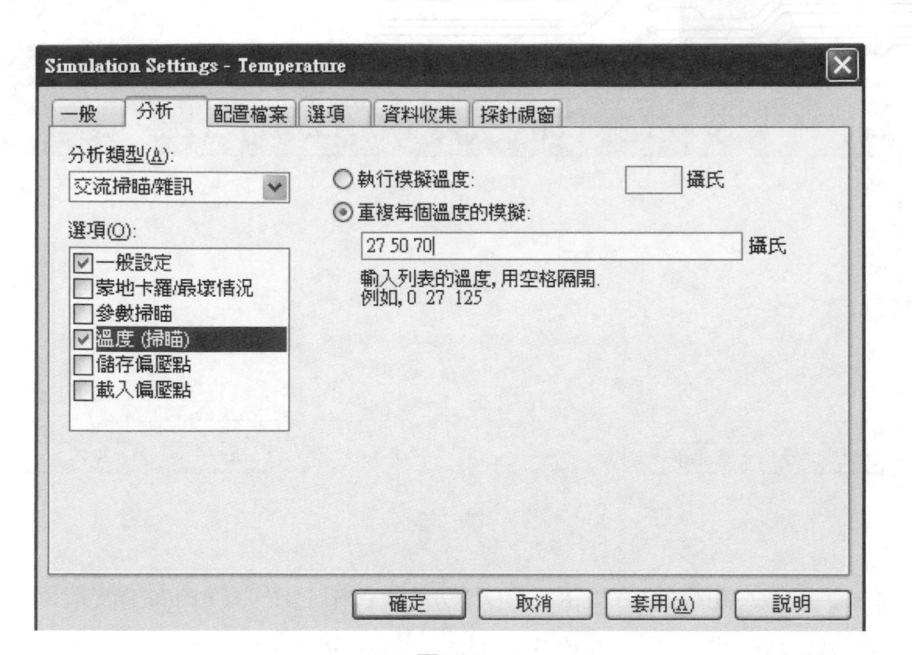

圖 9-2

6. 在"分析類型"中，選擇交流掃描/雜訊。

7. 在"選項"格子中，選擇一般設定。

8. 設定交流掃描分析的參數如下：

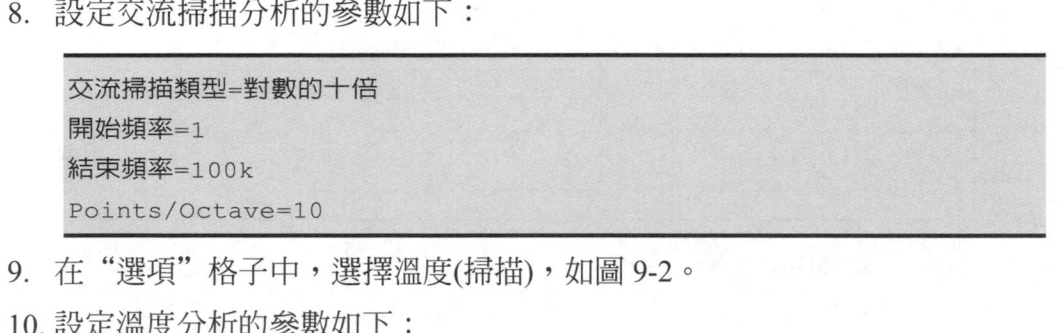

交流掃描類型=對數的十倍
開始頻率=1
結束頻率=100k
Points/Octave=10

9. 在"選項"格子中，選擇溫度(掃描)，如圖 9-2。

10. 設定溫度分析的參數如下：

啓動設定"重複每個溫度的模擬"，輸入：27　50　70。

11. 按 確定 鍵，完成設定工作。

12. 按 PSpice → 執行 命令，開始模擬分析電路。

　　在圖 9-3 中，表示共有三個模擬結果的波形資料，分別是在 27 度、50 度和 70 度三個不同的溫度環境之分析結果，你可以任意選擇顯示那一個波形。反白表示會輸出，只要用 mouse 左鍵，選擇不要的波形，反白消失的那一列，就不會顯示出來，按 確認 鍵，就可以開始顯示波形。

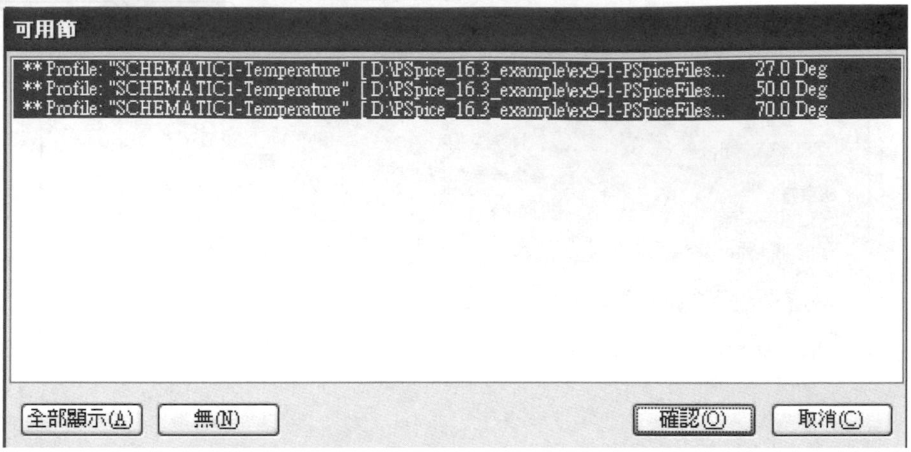

可用節
** Profile: "SCHEMATIC1-Temperature" [D:\PSpice_16.3_example\ex9-1-PSpiceFiles... 27.0 Deg
** Profile: "SCHEMATIC1-Temperature" [D:\PSpice_16.3_example\ex9-1-PSpiceFiles... 50.0 Deg
** Profile: "SCHEMATIC1-Temperature" [D:\PSpice_16.3_example\ex9-1-PSpiceFiles... 70.0 Deg
全部顯示(A)
無(N)
確認(O)
取消(C)

圖 9-3

使用走線→加入曲線命令，求 DB(V(Out)@1)和 DB(V(Out)@3)波形，如圖 9-4 所示，DB(V(Out)@1)是指在 27℃的波形，DB(V(Out)@3)是指在 70℃的波形。(在 PSpice 軟體中，英文大小寫不分)

0
-50
-100
1.0Hz
100Hz
10KHz
1.0MHz
□ db(V(Out)@1) ◇ db(V(Out)@3)
Frequency

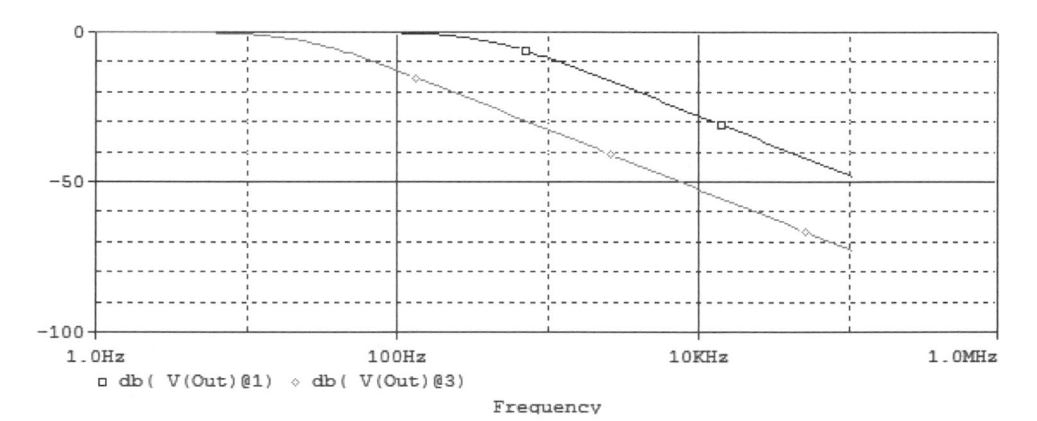

圖 9-4

當然讀者可能會覺得波形的輸出變數爲何不寫成 VDB(Out) @1？這是因爲 PSpice 軟體會自動轉成 DB(V(Out))@1，這種輸出變數的格式不對，無法產生波形，因此上面才以 DB(V(Out) @1)的格式輸入，其他種類的輸出變數就沒有這種問題，例如：VP(Out) @1。

同樣地，按走線→加入曲線命令，求 DB(V(Out) @3)－DB(V(Out) @1)的波形，如圖 9-5 所示。

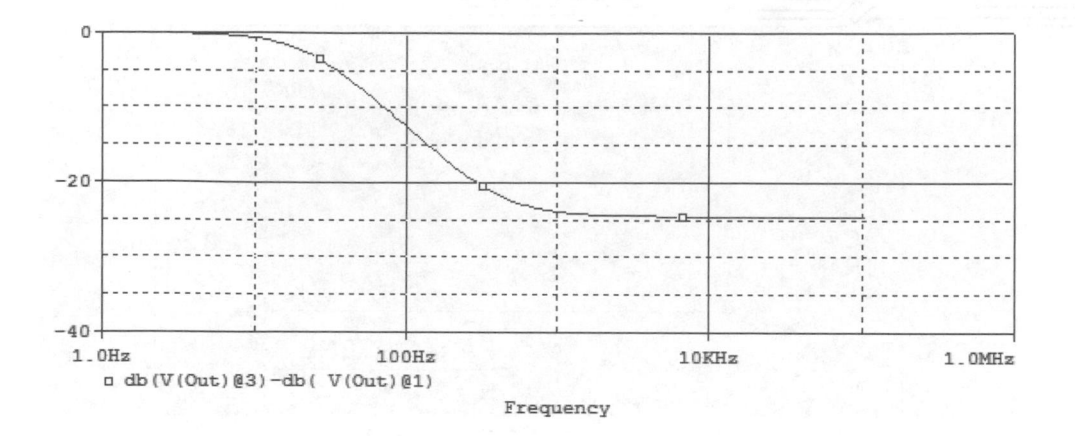

圖 9-5

圖 9-6 是 3 個溫度 V(Out)波形的結果。

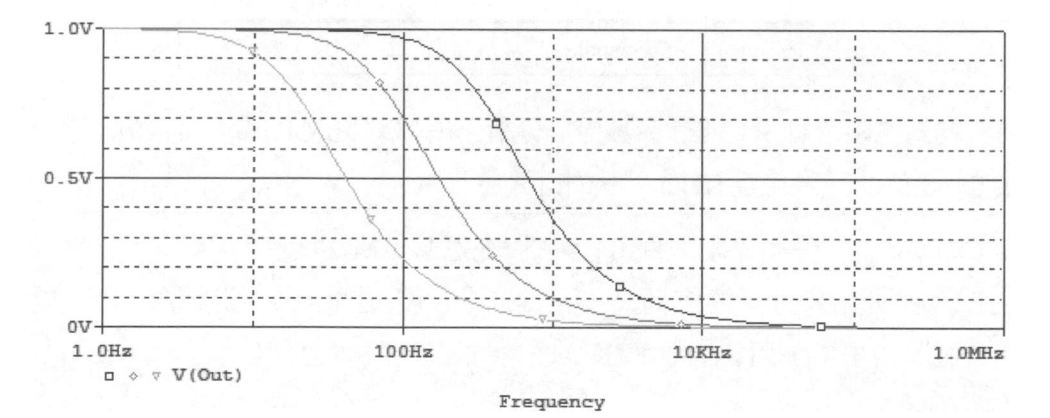

圖 9-6

9-2　參數掃描分析

在電路設計過程中，並不是一次就能達到電路所需要的規格，需要更動某些電路元件的元件值，一直到電路的整體效能達到電路規格，才算完成電路設計工作，所以可以使用參數掃描分析能快速地達到這個目的。

請先建立下列電路圖，如圖 9-7 所示。

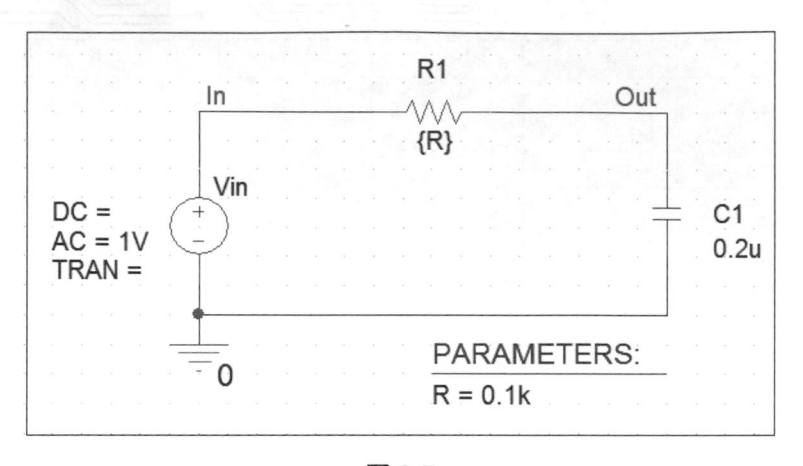

圖 9-7

元件	元件庫	元件描述
Param	Special.olb	R = 0.1K

由於要對電阻元件 R1 進行參數掃描分析，所以要更改 R1 的元件值為{R}，以下是更改 R1 元件的元件值為{R}，步驟如下：

1. 在 Capture 中，呼叫電阻元件 R1，放置在適當位置。
2. 在 R1 元件的 1K 上，連按 mouse 左鍵二次，產生顯示屬性對話盒。
3. 在"值"格子中，用{R}代替 1K。
4. 按確認鍵。

接下來，電路圖中加入 PARAM 元件，並且宣告 R 參數，步驟如下所示：

1. 在 Capture 中，按放置→零件命令。
2. 在"零件"格子中，輸入 PARAM(此元件的元件庫是 Special.olb)，如果沒有連結此元件庫，請自行連結。
3. 按 Enter 鍵。
4. 在空白的位置，放好 PARAM 元件，並且結束放置元件。
5. 在 PARAM 元件上，連按 mouse 左鍵兩次，產生屬性編輯器。
6. 在編輯器中，按新行鍵，要輸入新的參數名稱及值，如果有復原警告對話盒，按是(Y)鍵。
7. 在"名稱"格子中，輸入 R。
8. 在"值"格子中，輸入 0.1k。

9. 按 確認 鍵，可以增加一個參數(R=0.1K)。

10. 點選 R 參數，並且按 顯示 鍵，產生顯示屬性對話盒。

11. 在顯示格式中，選擇名稱與值，按 確認 鍵。

12. 關閉屬性編輯器。

以下是設定和執行參數掃描分析的步驟：

1. 在 Capture 畫面中，開啟 EX9-2 電路圖。

2. 按 PSpice → 新增模擬設定檔 命令。

3. 在名稱格子中，輸入 Parametric。

4. 按 建立 鍵，產生 Simulation Settings 對話盒。

5. 按 分析 標籤，進行分析參數設定工作。

6. 在"分析類型"中，選擇交流掃描/雜訊。

7. 在"選項"格子中，選擇一般設定。

8. 交流掃描的參數設定，如下：

```
交流掃描類型=對數的十倍
開始頻率=1
結束頻率=100k
Points/Octave=20
```

9. 在"選項"格子中，選擇參數掃描(要用 mouse 左鍵，點選在小方格內，使得小方格內產生 v，才算選擇到)

10. 參數掃描分析的參數，設定如下(如圖 9-8)：

```
掃描變數=整體參數
參數名稱=R
掃描類型=線性
開始值=0.1k
結束值=10.1k
Increment=2k
```

11. 按 確定 鍵，完成設定工作。

12. 按 PSpice → 執行 命令，開始模擬分析電路。

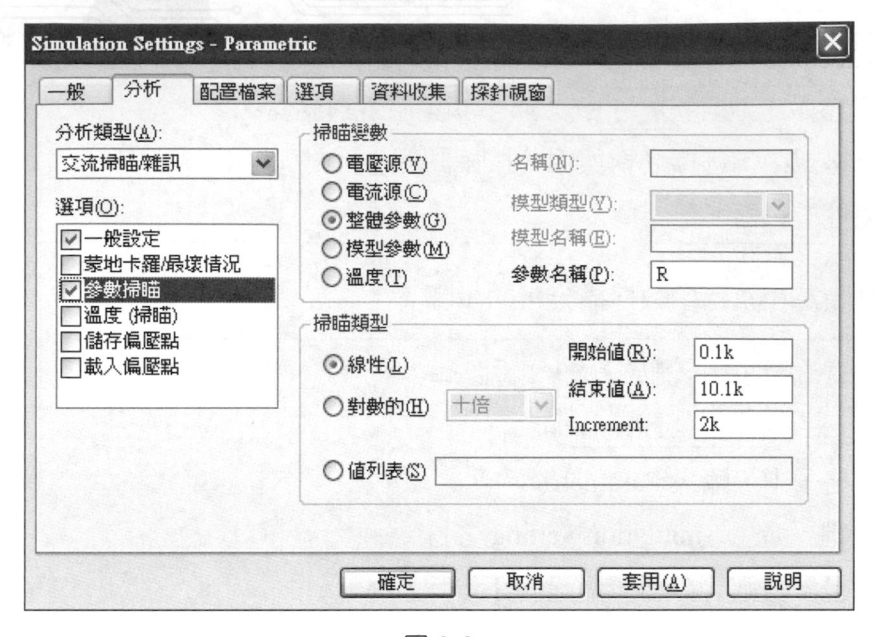

圖 9-8

　　請注意：要掃描的變數是 R，共出現在 3 個地方：電阻元件 R1 的元件值、PARAM 元件的 R 參數和分析設定畫面(對 R 進行掃描)，三者均要設定，否則無法執行掃描工作，當然你可以使用其他名稱，不一定要用 R。

　　當分析工作完成後，即進入 PSpice 視窗，會出現圖 9-9 的對話盒，圖 9-9 告訴我們，共有六個波形資料產生，分別是 100、2.1k、4.1k、6.1k、8.1k 及 10.1k 電阻值的分析結果。

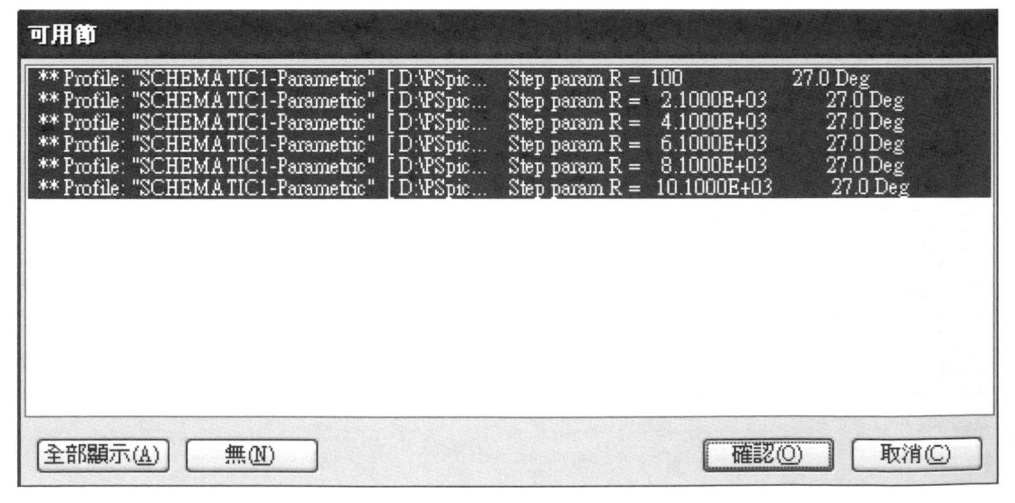

圖 9-9

　　以下是顯示參數掃描分析結果的步驟：

1. 由圖 9-9 開始，按 確認 鍵，要顯示六個波形資料。
2. 按 走線 → 加入曲線 命令。
3. 在 "曲線表示式" 格子中，鍵入 VP(Out)，再按 確認 鍵，可以得到圖 9-10 的圖形。

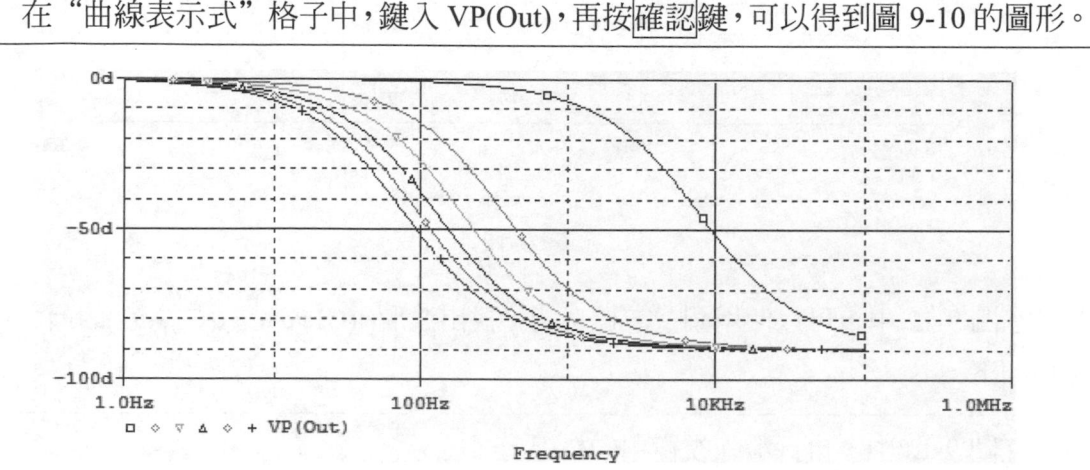

圖 9-10

　　按 走線 → 加入曲線 命令，在 "曲線表示式" 格子中，輸入 I(C1)@1　I(C1)@6，按 確認 鍵後，在 PSpice 視窗中，可以看到 I(C1)@1 和 I(C1)@6 的波形，如圖 9-11 所示。

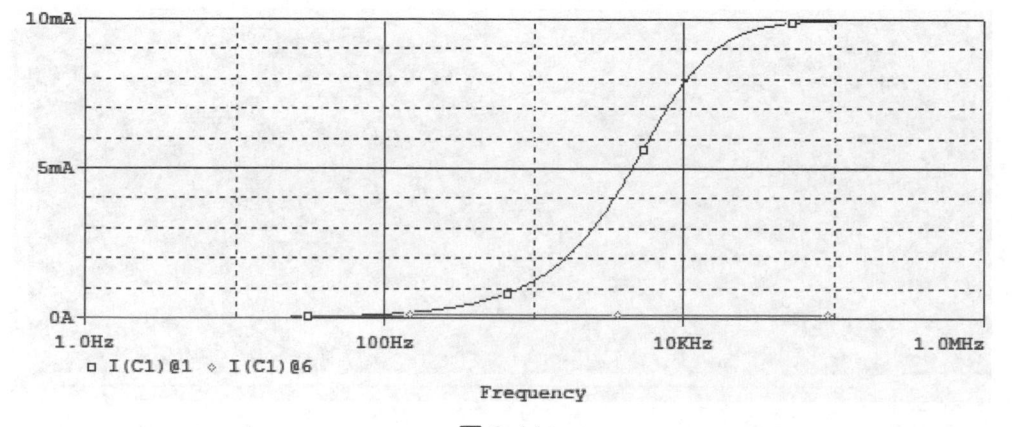

圖 9-11

　　I(C1)@1 和 I(C1)@6 表示 I(C1)波形中第 1 個波形和第 6 個波形，其中 R1 阻抗值分別是 0.1k 和 10.1k。

　　按 走線 → 加入曲線 命令，在 "曲線表示式" 格子中，輸入 I(C1)@6－I(C1)@1，按 確認 鍵後，可以得到差值波形，如圖 9-12 所示。

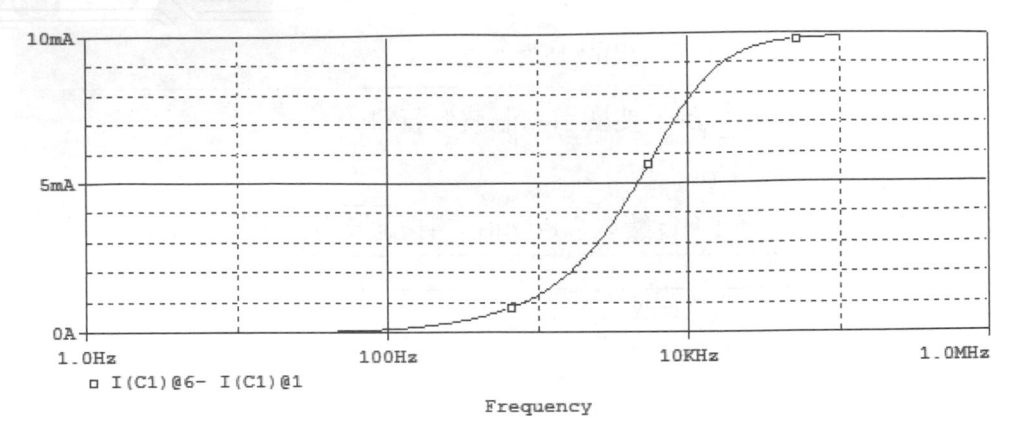

圖 9-12

在圖 9-12 中，可以使用測量游標功能，找出波形(I(C1)@6－I(C1)@1)的最大值，步驟如下：

---

1. 在圖 9-12 中，自行消除視窗中的格線。
2. 按走線→游標→顯示命令，產生測量游標。
3. 按走線→游標→最大命令，找出波形的最大值，如圖 9-13 所示。
4. 看 A1 游標的位置值，可以知道最大值為 9.871mA。
5. 按走線→游標→顯示命令，關閉測量游標。

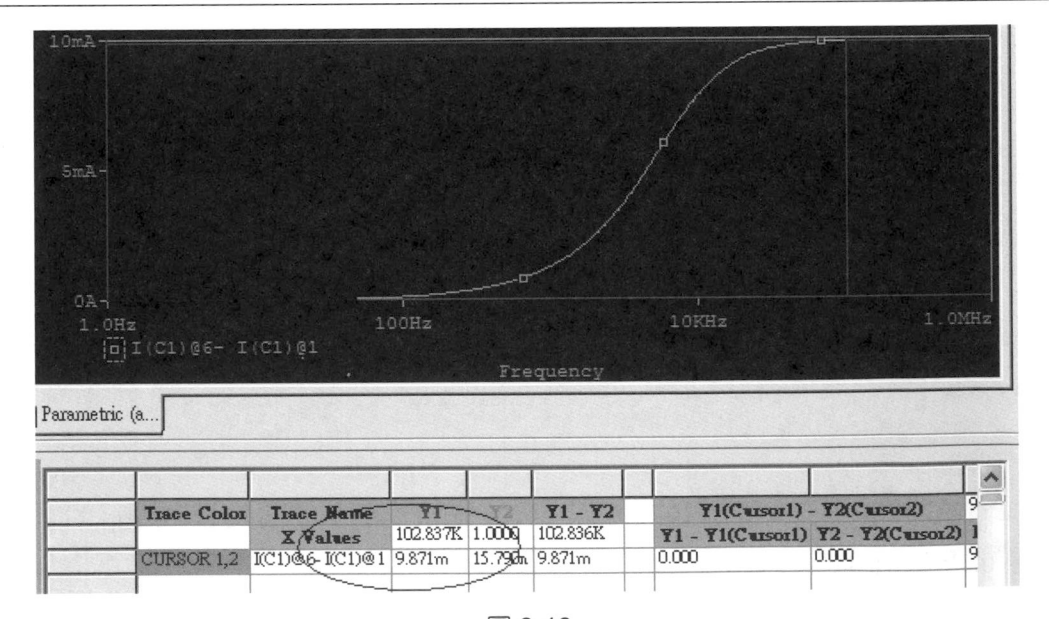

圖 9-13

綜合練習 9-1

一、電路圖

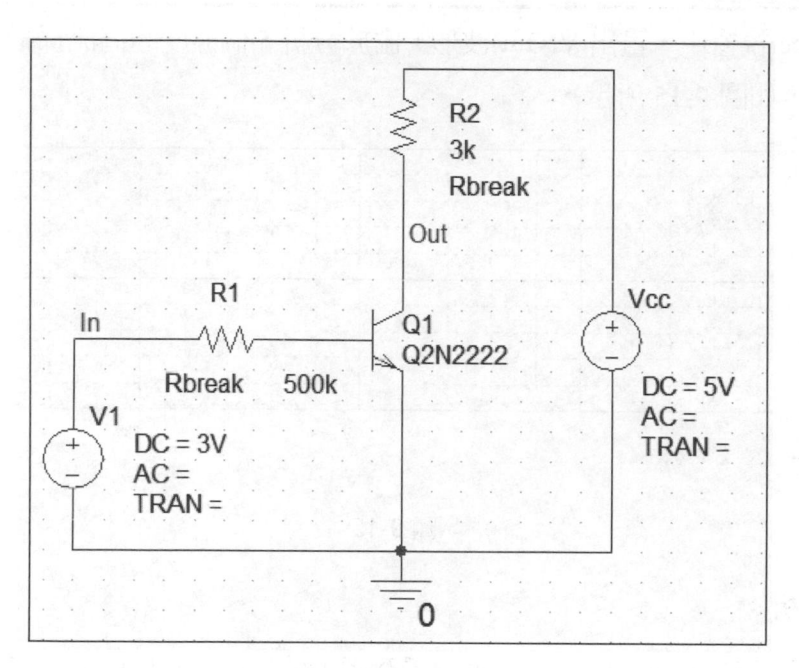

圖 9-14

二、分析步驟：

1. 請畫好電路圖。

2. 依照編輯及連結模型資料庫的步驟，更改電阻元件的模型內容，如下所示：

```
.model  Rbreak  RES  (R=1  TC1=0.01  TC2=0.001)
```

3. 由於執行溫度分析之外，還要執行另一種基本分析方法，此練習採用直流掃描，
   直流掃描的參數設定如下：

```
掃描變數=電壓源
名稱=V1
掃描類型=線性
開始值=0
結束值=20
Increment=0.1
```

溫度分析的參數設定如下：

```
0   15   27   50   70
```

4. 在 PSpice 視窗中，畫出 V(Out)波形，由於分析 5 個溫度的直流掃描，所以產生 5 個波形，如圖 9-15 所示。

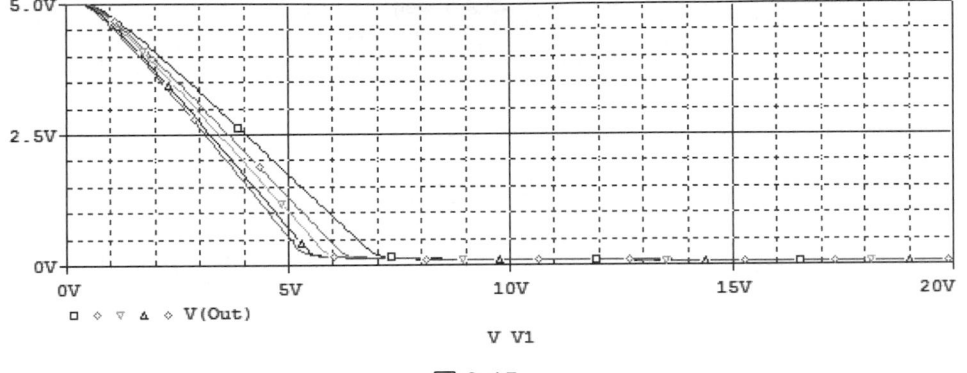

圖 9-15

三、結果分析：

1. 因為電阻元件 R1 及 R2 的電阻值會受到溫度的影響，所以只要溫度發生變化，電路的工作情形就會受其影響。

2. 另外可以只使用直流掃描分析方法，對電路進行溫度變化的掃描分析，其直流掃描分析的參數設定，如下：

```
掃描變數=溫度
掃描類型=值列表=0   15   27   50   70
```

記得要取消原本設定的溫度(掃描)分析，才能進行此處的分析，因為無法同時執行兩個溫度分析。其結果如下圖所示。

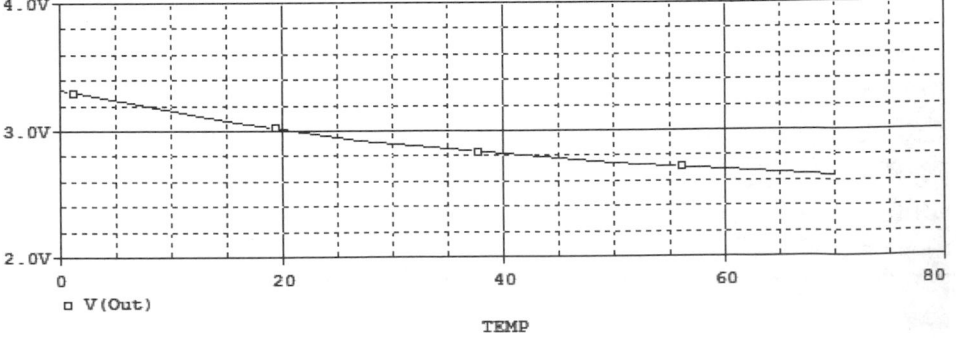

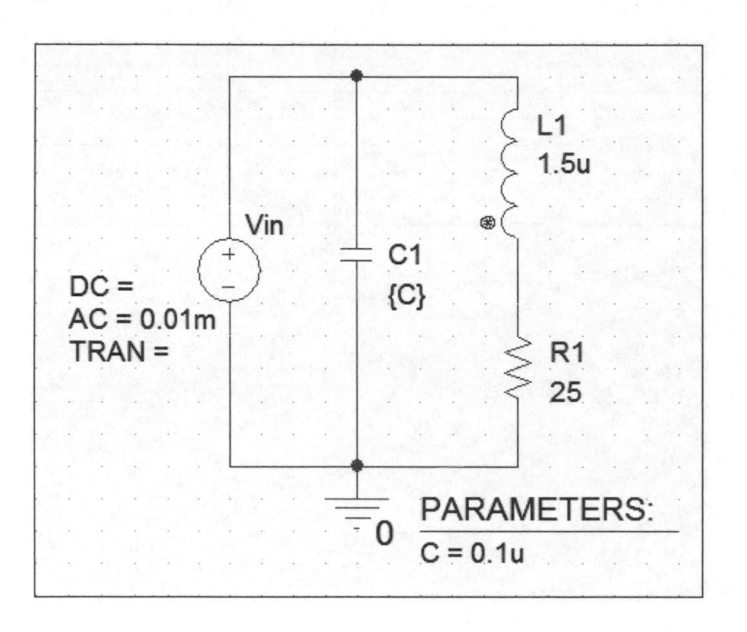

一、電路圖：

二、分析步驟：

1. 請畫好電路圖。

2. 依照參數掃描分析的步驟，要進行參數掃描分析，另外還要執行基本分析(交流掃描)。

   交流掃描的參數設定，如下所示：

   交流掃描類型=對數的十倍
   開始頻率=100k
   結束頻率=100MEG
   Points/Octave=20

   參數掃描分析的參數設定，如下：

   掃描變數=整體參數
   參數名稱=C
   掃描類型=線性
   開始值=0.1u
   結束值=100.1u
   Increment=2u

3. 畫 I(Vin)的波形，如下圖所示

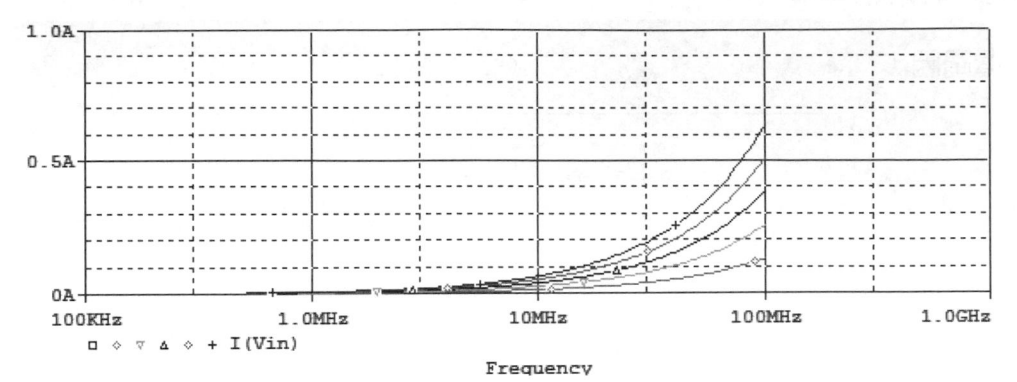

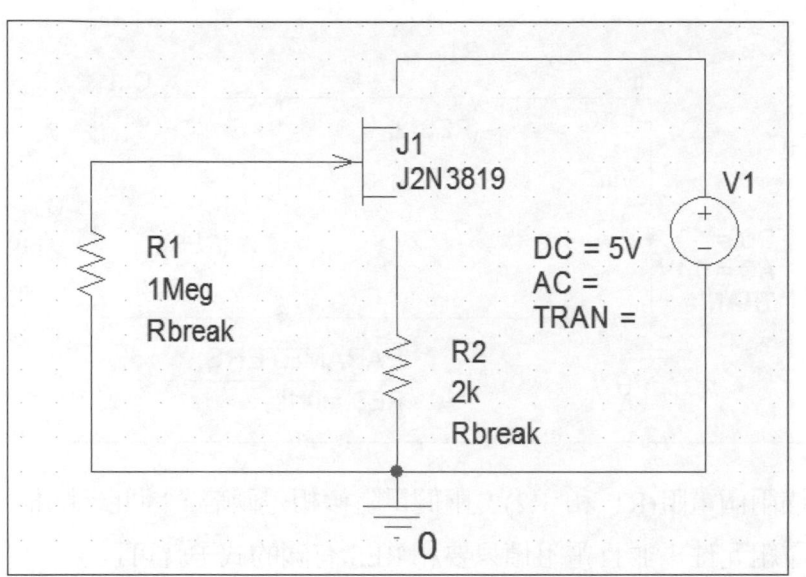

實驗 9-2

一、電路圖：

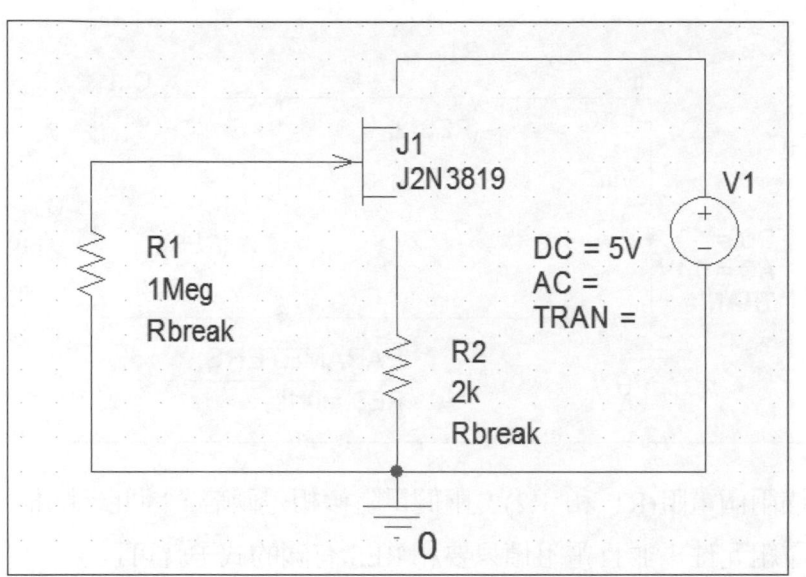

二、問題：

1. 電阻模型為：

```
.model  Rbreak  RES  (R=1  TC1=0.02  TC2=0.002)
```

執行直流掃描分析，直流掃描的參數設定，如下：

```
掃描變數=溫度
掃描類型=線性
開始值=-60
結束值=60
Increment=2
```

請畫出 ID(J1)的波形。

實驗 9-3

一、電路圖：

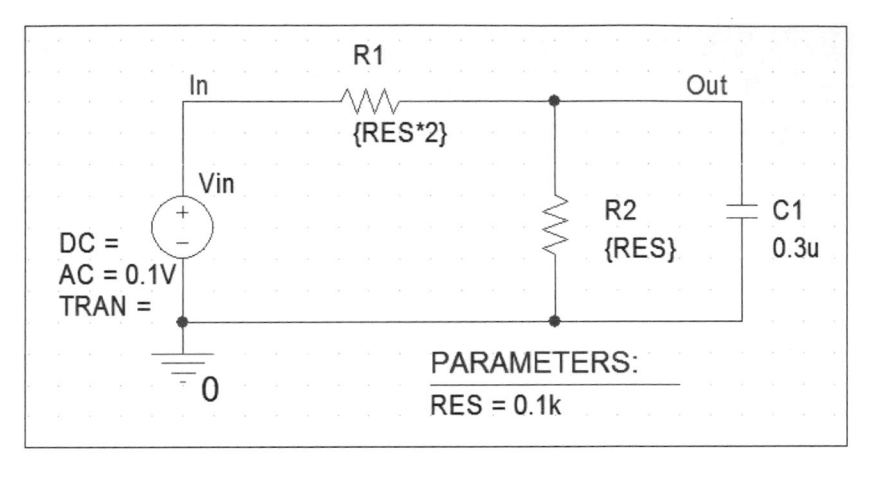

同時掃描兩個電阻(R1 和 R2)，兩個電阻值相差兩倍，因此參數掃描分析可以同時掃描數個電組元件，並且電阻值只要和 RES 有關的式子就可以。

二、問題：

1. 交流掃描參數設定，如下：

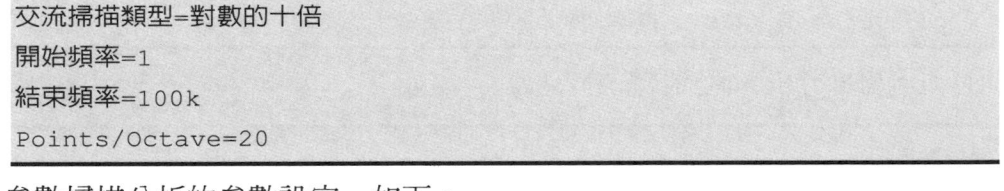

```
交流掃描類型=對數的十倍
開始頻率=1
結束頻率=100k
Points/Octave=20
```

2. 參數掃描分析的參數設定，如下：

```
掃描變數=整體參數
參數名稱=RES
掃描類型=線性
開始值=0.1k
結束值=12.1k
Increment=2k
```

請把模擬結果畫出來(V(Out)波形)。

PSpice

Chapter 10

蒙地卡羅分析和最壞情況分析

10-1 蒙地卡羅分析

目前為止，電路元件都視為理想元件(除了溫度分析之外)，但是實際電路元件值通常有誤差，所以此分析方法提供在元件值誤差範圍內，計算電路的工作情形，檢查是否符合電路規格。

蒙地卡羅分析是利用由使用者提供的元件誤差值範圍，以機率取樣方式，計算電路的工作情形，檢查電路是不是能正常工作。

蒙地卡羅分析和最壞情況分析都是屬於統計分析，兩種分析方法都是在多次執行直流、交流或暫態分析中，每次更改元件的 lot 或 dev 模型參數值，因此在執行這兩種分析方法之前，必須要設定模型參數。

請先建立下列電路圖，如圖 10-1 所示。

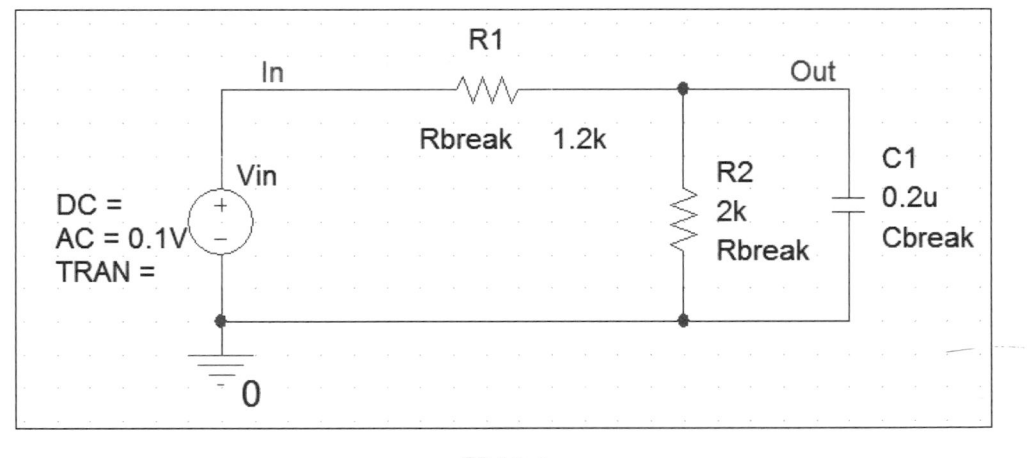

圖 10-1

請把圖 10-1 的電路圖存為 EX10-1，以下是編輯及連結元件模型參數的步驟：

1. 啟動模型編輯器，並且開啟 breakout 模型資料庫。

2. 依照前面第 8 章的編輯元件模型參數方法，更改模型參數內容為：

```
.model   Rbreak   RES   (R=1   LOT=1%   DEV=1%)
.model   Cbreak CAP  (C=l  LOT=1%  DEV=0.6%)
```

3. 更改模型參數之前，請先另存新檔，檔名為 EX10-1，存到 EX10-1-PSpice Files 目錄中，並且依據第 8 章的說明，連結模型資料庫。

模型參數 LOT 和 DEV 各代表什麼意義？如下所示：

(1) 模型參數 LOT：不同時間出廠的整批元件，各批元件和元件理想值之間的平均誤差，LOT 值是指兩次模擬之間，新元件值和元件理想值之間的誤差值。

(2) 模型參數 DEV：同批元件中各元件之間的元件誤差值。

以下是設定和執行蒙地卡羅分析的步驟：

1. 在 Capture 中，開啟 EX10-l 電路圖。
2. 按 PSpice→編輯模擬設定檔 命令，開啟 Simulation Settings 對話盒。
3. 在 Simulation Settings 對話盒中，按 分析 標籤。
4. 在 "分析類型" 中，選擇交流掃描/雜訊。
5. 在 "選項" 格子中，選擇一般設定。
6. 交流掃描參數設定，如下：

```
交流掃描類型=對數的十倍
開始頻率=1
結束頻率=100
Points/Octave=50
```

7. 在 "選項" 格子中，選擇蒙地卡羅/最壞情況。(如圖 10-2)
8. 設定蒙地卡羅分析的參數，如下：

```
啓動 "蒙地卡羅" 設定
輸出變數=V(out)
執行數=5
使用分佈=Uniform
隨機種子數=25(1 到 32767 都可以設定，最好設定成不同數字，才能達到隨機要求)。
儲存資料從=全部
```

按 更多設定 鍵，設定對照函數爲 "額定執行最大差異(YMAX)" 啓動設定 "每次執行記錄模型參數值在輸出檔案(L)"。

其餘參數採用預設值。

9. 按 確定 鍵，完成設定工作。
10. 按 PSpice→執行，開始模擬分析電路。

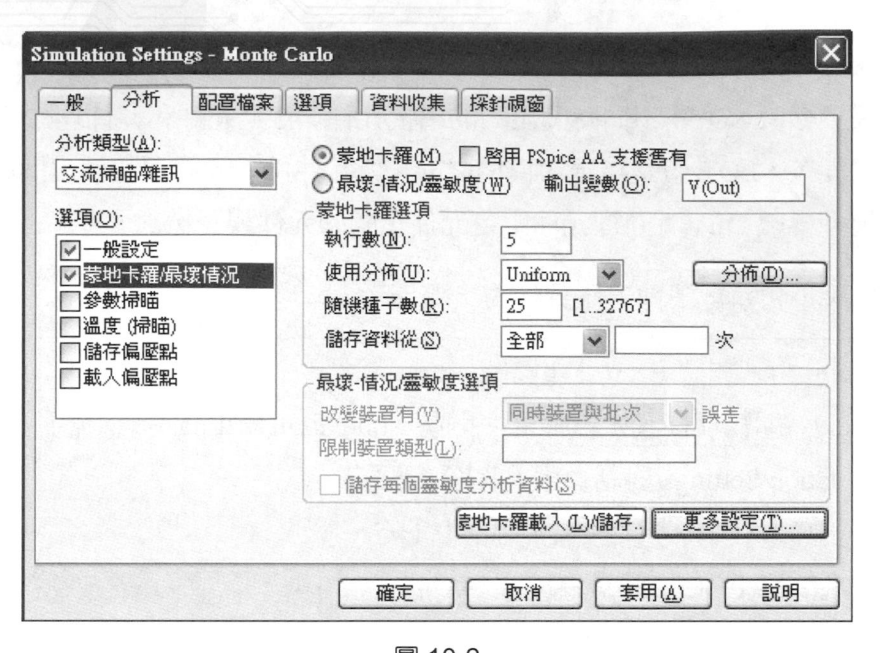

圖 10-2

此處只介紹蒙地卡羅分析的參數說明，如下所示：

1. 要執行蒙地卡羅分析，就要啟動"蒙地卡羅"設定。

2. 輸出變數：定義輸出變數。

3. 執行數：總共執行幾次分析方法，由 1 次到 400 次之間均可設定，每一次分析所要用的參數值都不同，設定執行多少次，就會有多少條波形。

4. 使用分佈：共有三種分析形式，一種是平均分佈(Uniform)，另一種是高斯分佈(Gaussian)，最後一種是 Gauss User。

5. 隨機種子數：設定隨機數字，可以從 1 到 32767 中取一個數字，當成隨機數字，最好每一次的數字都不一樣，如此才有隨機效果。

6. 儲存資料從：有 5 種選擇可以使用，定義儲存資料的限制，以下是這 5 種選擇的說明：

<無>	除了理想值以外，所有資料都不產生
全部	全部資料都產生
第一	只有產生前面 n 次的分析結果
每個	每 n 次模擬分析，才產生一次結果
執行次(列表)	只產生列出次數的結果

7. 更多設定鍵：按更多設定鍵，產生圖 10-3 對話盒。

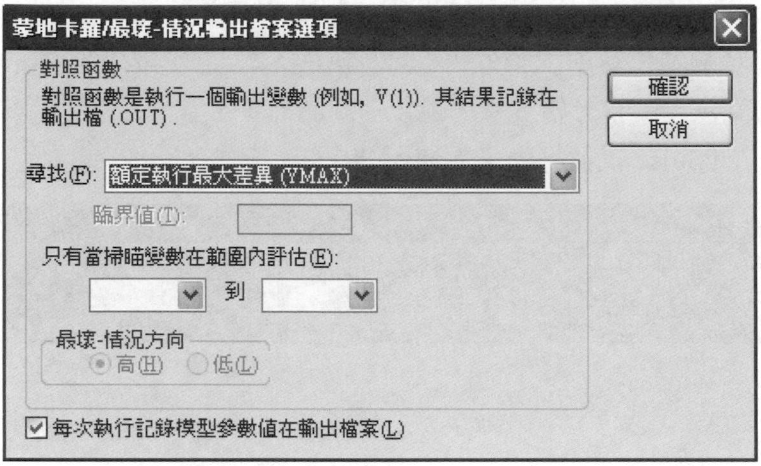

圖 10-3

圖 10-3 對話盒的參數說明，如下：

1. 使用對照函數，整理蒙地卡羅分析和最壞情況分析的結果，可以使得分析結果更簡單，這些結果都列在文字輸出檔(.OUT)中。

　以下是對照函數的說明：

對照函數	說明
額定執行最大差異 (YMAX)	找出每一個波形和正常波形之間最大的不同
最大值(MAX)	找出每一個波形的最大值
最小值(MIN)	找出每一個波形的最小值
第一上升臨界交叉 (RISE_EDGE)	找出第一個和臨界值相交的位置(在臨界值之上)
第一下降臨界交叉 (FALL_EDGE)	找出第一個和臨界值相交的位置(在臨界值之下)

2. 臨界值：定義臨界值，提供數據比較。

3. 只有當掃描變數在範圍內評估：設定一個開始值和一個結束值，表示只有當掃描變數在這個範圍內變化，才會進行計算。

4. 每次執行記錄模型參數值在輸出檔案：每一次分析執行，在輸出檔中列出模型參數值。

要進行蒙地卡羅分析，就要設定模型參數，對於可以更改模型參數的電阻元件和電容元件，都定義在元件庫 Breakout.olb 中，電阻元件是 Rbreak，模型名稱是 Rbreak。

EX10-1 電路圖進行蒙地卡羅分析，總共執行 5 次，所以按 PSpice→執行 命令後，產生圖 10-4 對話盒，由於分析 5 次，可以在對話盒中，看到 5 個執行結果的訊息行，按 確認 鍵，進入 PSpice 視窗，準備看波形結果。

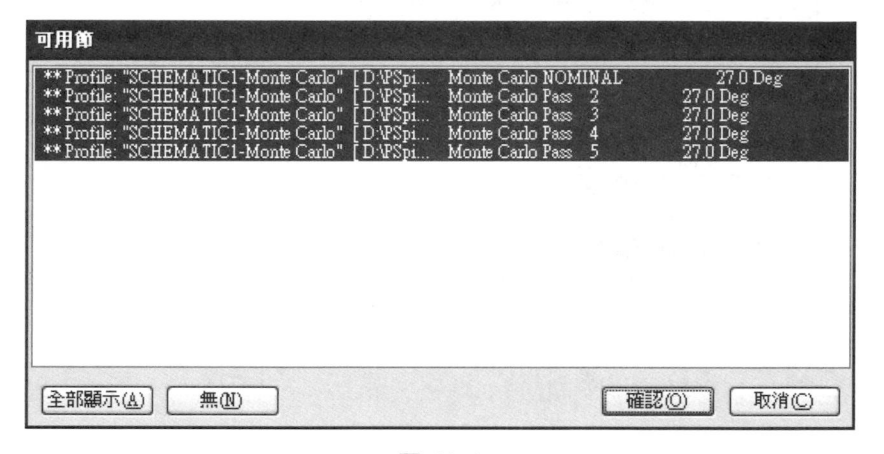

圖 10-4

如果要知道這 5 次分析時，R1、R2 和 C1 的元件值是多少?可以在文字輸出檔中看到，只要在 PSpice 視窗中，按 檢視→輸出檔案 命令，就可以看到元件值，由於是採用機率取樣方式，所以 R1、R2 和 C1 值會在規定範圍內隨機設定，因此每次分析的元件值都可能會不同。

以下是顯示波形的步驟：

1. 按 走線→加入曲線 命令。
2. 在 "曲線表示式" 格子中，鍵入 V(Out)，再按 確認 鍵，可以得到圖 10-5 的圖形。

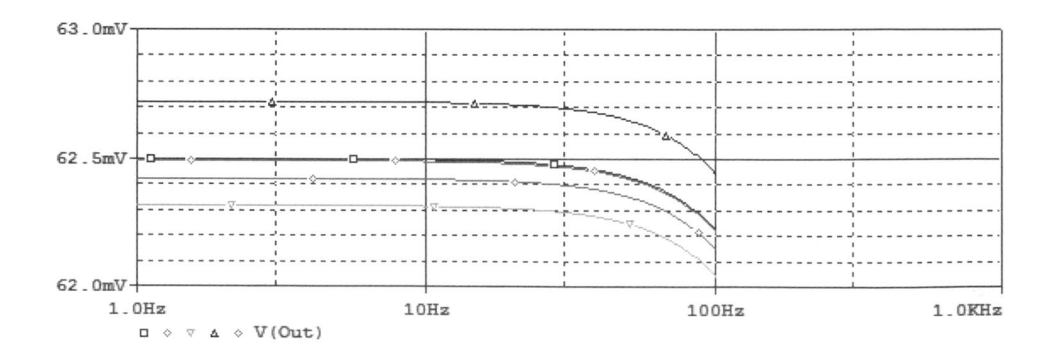

圖 10-5

　　另外有設定對照函數 YMAX，所以分析結果會列印在文字輸出檔 (.OUT)中，
YMAX 函數可以找出每一個波形和正常波形之間最大的不同，其內容如下所示：

```
****        SORTED DEVIATIONS OF V(OUT)        TEMPERATURE =    27.000 DEG C

                       MONTE CARLO SUMMARY

************************************************************************

Mean Deviation =   -11.5280E-06
Sigma          =   148.4400E-06

 RUN                    MAX DEVIATION FROM NOMINAL

Pass     4             221.6700E-06  (1.49 sigma)  higher  at F =     1
                        ( 100.35% of Nominal)

Pass     3             182.9300E-06  (1.23 sigma)  lower   at F =  101.13
                        (  99.706% of Nominal)

Pass     5              77.5640E-06  ( .52 sigma)  lower   at F =  101.13
                        (  99.875% of Nominal)

Pass     2               7.2829E-06  ( .05 sigma)  lower   at F =  101.13
                        (  99.988% of Nominal)
```

　　其中 5 次蒙地卡羅分析，第一次是正常分析，也就是不變動 R1、R2 和 C1 值，
第二次以後才會變動元件值，有關元件值變動情形，如下所示。

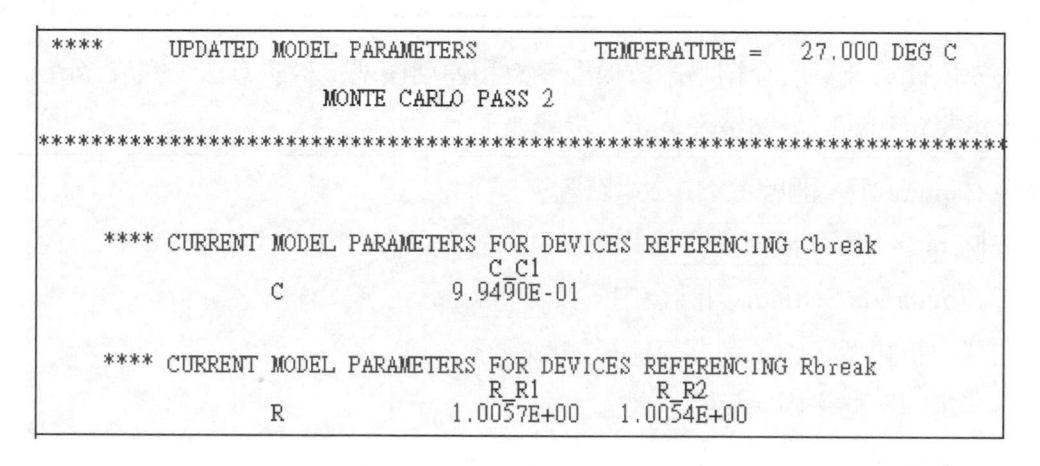

```
****        UPDATED MODEL PARAMETERS          TEMPERATURE =    27.000 DEG C

                     MONTE CARLO PASS 2

************************************************************************



    ****  CURRENT MODEL PARAMETERS FOR DEVICES REFERENCING Cbreak
                           C_C1
                 C         9.9490E-01


    ****  CURRENT MODEL PARAMETERS FOR DEVICES REFERENCING Rbreak
                           R_R1         R_R2
                 R         1.0057E+00   1.0054E+00
```

10-2 最壞情況分析

　　這個分析方法可以在使用者設定的元件誤差範圍內，計算輸出結果的最壞情況，
做為電路是否需要更改設計，如此才能使得電路可以正常地工作在較惡劣環境下。

請建立下列電路圖 EX10-2，如圖 10-6 所示。

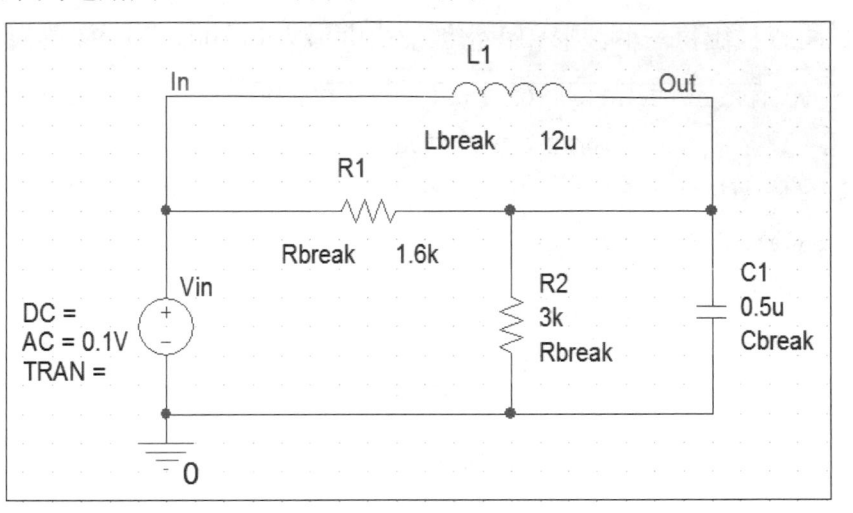

圖 10-6

以下是元件模型參數的內容：

```
.model   Rbreak   RES    (R = 1   LOT= 1%   DEV= 1%)
.model   Cbreak   CAP    (C = 1   LOT= 1%   DEV=0.5%)
.model   Lbreak   IND    (L = 1   LOT=0.5%  DEV=0.7%)
```

請先依據第 8 章所介紹的修改模型參數和連結模型資料庫方法，完成修改和連結動作，再設定和執行最壞情況分析，步驟如下：

1. 在 Capture 中，開啟 EX10-2 電路圖。
2. 按 PSpice→編輯模擬設定檔命令。
3. 在 Simulation Settings 對話盒中，按分析標籤。
4. 在"分析類型"中，選擇交流掃描/雜訊。
5. 在"選項"格子中，選擇一般設定。
6. 設定交流掃描分析的參數，如下：

```
交流掃描類型=對數的十倍
開始頻率=1
結束頻率=100k
Points/Octave=10
```

7. 在"選項"格子中，選擇蒙地卡羅/最壞情況(圖 10-7)。

8. 設定最壞情況分析的參數，如下：

啟動設定 "最壞情況/靈敏度"

輸出變數=V(Out)

改變裝置有=同時裝置與批次

啟動設定 "儲存每個靈敏度分析資料"

按 更多設定 鍵，設定對照函數為 "額定執行最大差異(YMAX)"

最壞情況方向選擇 "高"。

9. 按 確定 鍵，完成設定工作。

10. 按 PSpice → 執行 命令，開始模擬分析電路。

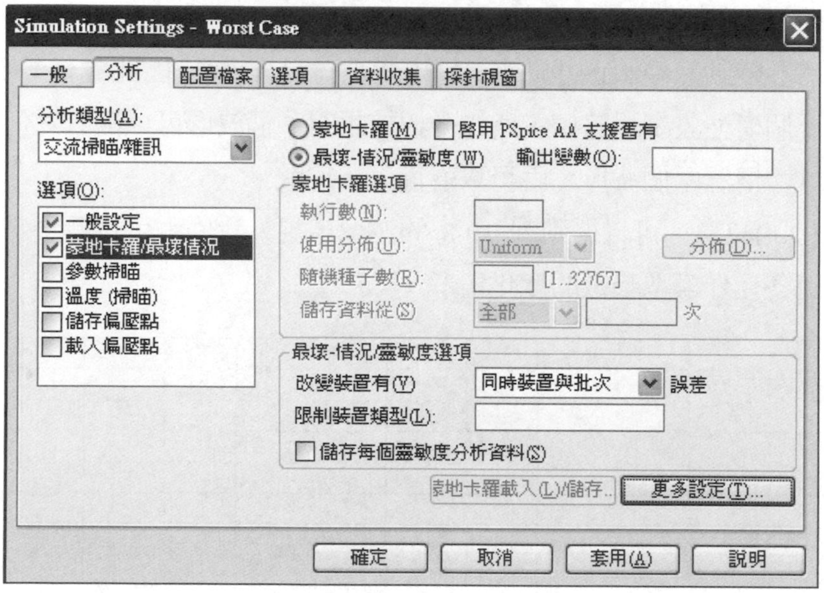

圖 10-7

圖 10-7 對話盒的說明如下：

(1) 要執行最壞情況分析，就要啟動設定 "最壞情況/靈敏度"。

(2) 輸出變數：定義輸出變數。

(3) 改變裝置有：改變元件的容許值，有 3 種選項可供選擇，如下所示：

同時裝置與批次	考慮 DEV 和 LOT 容許值
只有裝置	只考慮 DEV 容許值
只有批次	只考慮 LOT 容許值

(4) 限制裝置類型：限制元件值。

(5) 儲存每個靈敏度分析資料：儲存每一次執行的結果。

(6) 更多設定鍵：按 更多設定 鍵，產生圖 10-3 對話盒，參數說明如 10-1 節所示。

其中"最壞情況方向"是定義最壞情況分析的結果是朝向正向偏移或負向偏移，其設定說明如下：

"高"表示正向偏移，"低"表示負向偏移。

最壞情況分析是把有設定誤差值的模型參數(每次只變動一種模型)，進行靈敏度分析工作，以此來判斷輸出變數和這些模型參數的關係程度或變化情形(變大或變小)，決定在那種條件下，才會有最壞情況出現，再一起變動有誤差值設定的元件(往同一種變化情形變動元件值)，可以使得輸出變數有最大變動，因此會有最壞情況出現。

由於有三個模型設定誤差值，所以分析結果有 5 個波形可以觀看，但是我們只需要理想值和最壞情況兩個波形，就可以進行分析比較。

呼叫 V(Out)波形，可以得到圖 10-8 的波形，另外我們也可以看文字輸出檔的內容，可以知道各元件模型參數的變化情形。

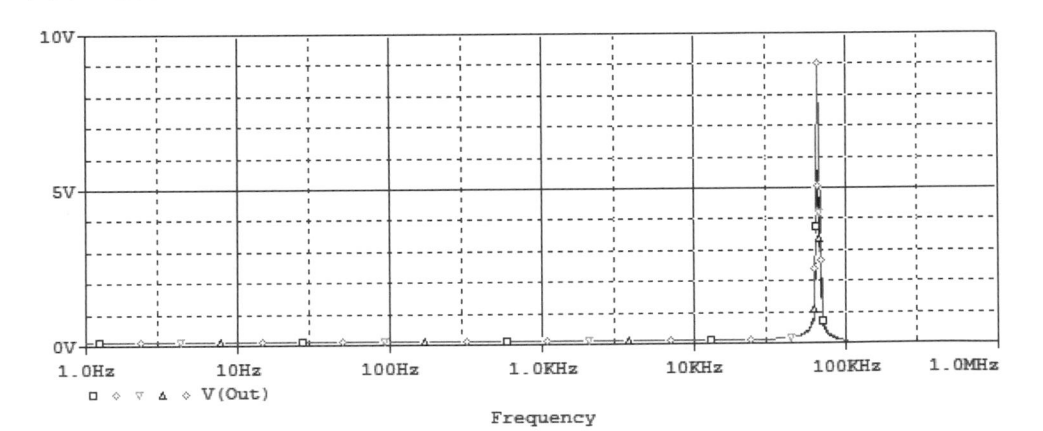

圖 10-8

最壞情況分析的結果在文字輸出檔中，請自行觀看。

綜合練習 10-1

一、電路圖：

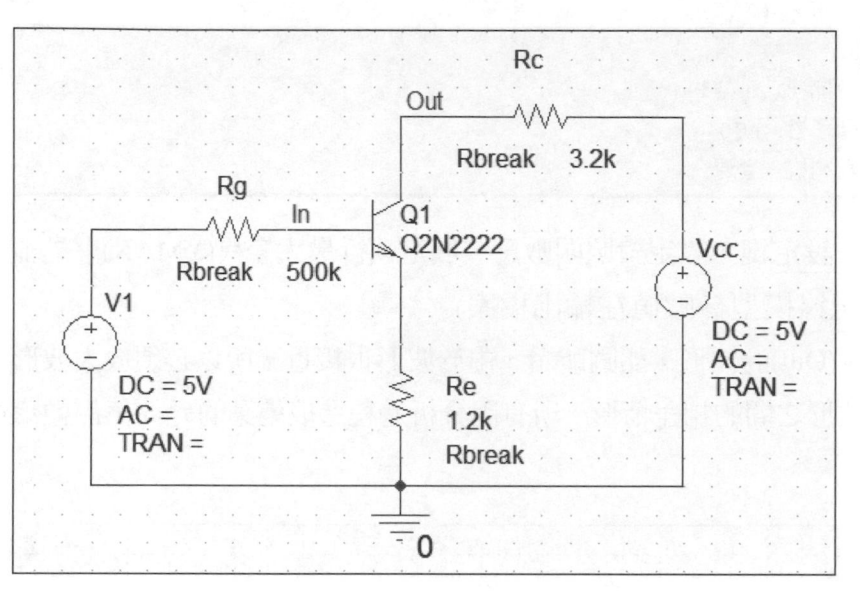

二、分析步驟：

1. 請畫好電路圖。

2. 依照蒙地卡羅分析的執行步驟，進行蒙地卡羅分析工作。以下是模型參數的內容：

```
.model    Rbreak    RES    (R = 1    LOT=1%    DEV=0.8%)
```

直流掃描分析的參數設定，如下：

```
掃描變數=電壓源
名稱=V1
掃描類型=線性
開始值=2
結束值=7
Increment=0.01
```

蒙地卡羅分析的參數設定，如下：

```
啓動"蒙地卡羅"設定
輸出變數=V(Out)
執行數=7
使用分佈=Gaussian
隨機種子數=100
儲存資料從=全部
```

按 更多設定 鍵，設定對照函數爲"額定執行最大差異(YMAX)"啓動設定(每次執行記錄模型參數值在輸出檔案)。

3. 產生 V(Out)的波形，如圖所示，由於波形很接近，所以必須放大波形，才能看清楚各波形之間的相差情形。所有因分析過程造成變動的元件值都顯示在文字輸出檔中。

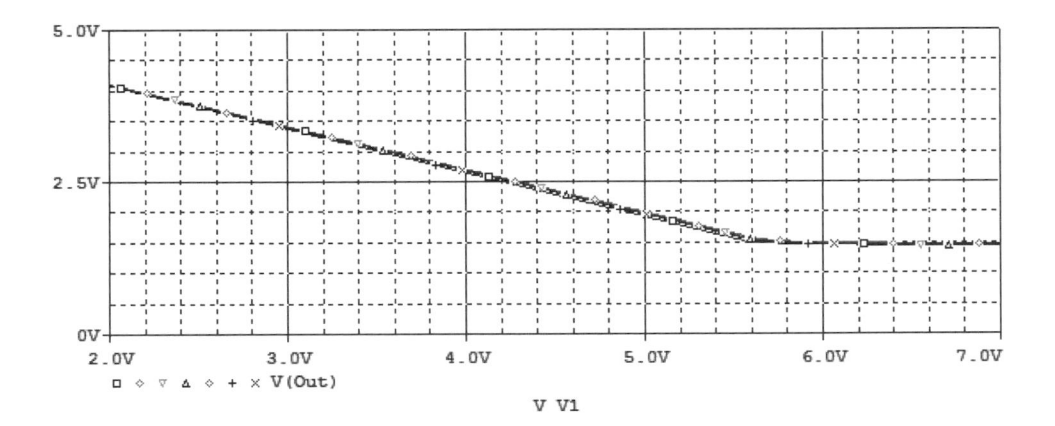

綜合練習 10-2 ---- 共射極放大器

一、電路圖：

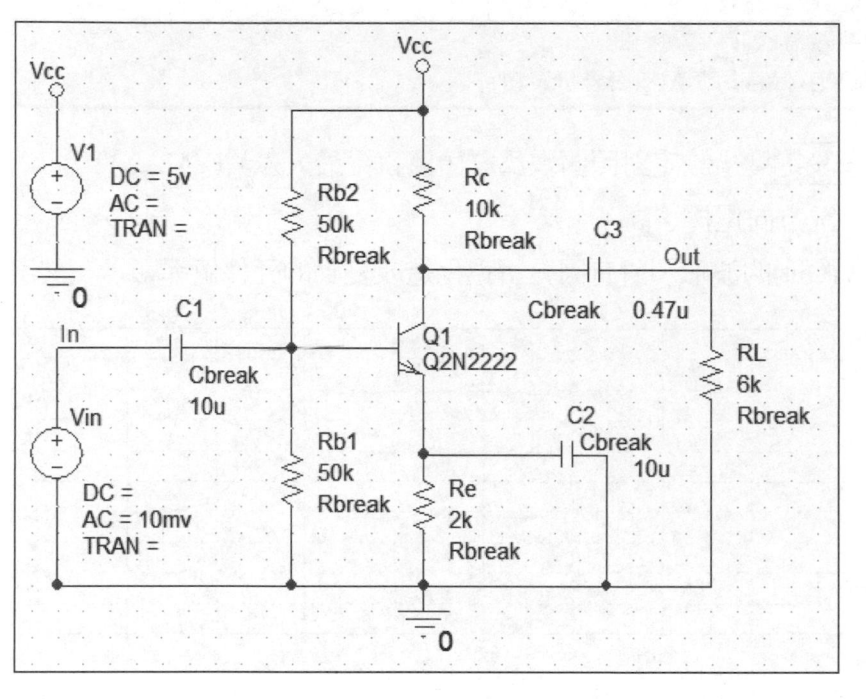

二、分析步驟：

1. 請畫好電路圖。

2. 依照最壞情況分析的執行步驟，進行最壞情況分析工作。以下是模型參數內容為：

```
.model  Rbreak  RES  (R = 1  DEV=1.5%  LOT=1%)
.model  Cbreak  CAP  (C = 1  DEV=1.2%  LOT=0.5%)
```

交流掃描分析的參數設定，如下：

```
交流掃描類型=對數的十倍
開始頻率=1
結束頻率=100MEG
Points/Octave=10
```

最壞情況分析的參數設定，如下：

> 啟動設定 "最壞情況/靈敏度"
> 輸出變數=V(Out)
> 改變裝置有=同時裝置與批次
> 啟動設定(儲存每個靈敏度分析資料)

按 更多設定 鍵，設定對照函數為 "額定執行最大差異(YMAX)"
最壞情況方向選擇 "高"。

3. 產生 V(Out)的波形，所有因分析過程造成變動的元件值都顯示在文字輸出檔中。

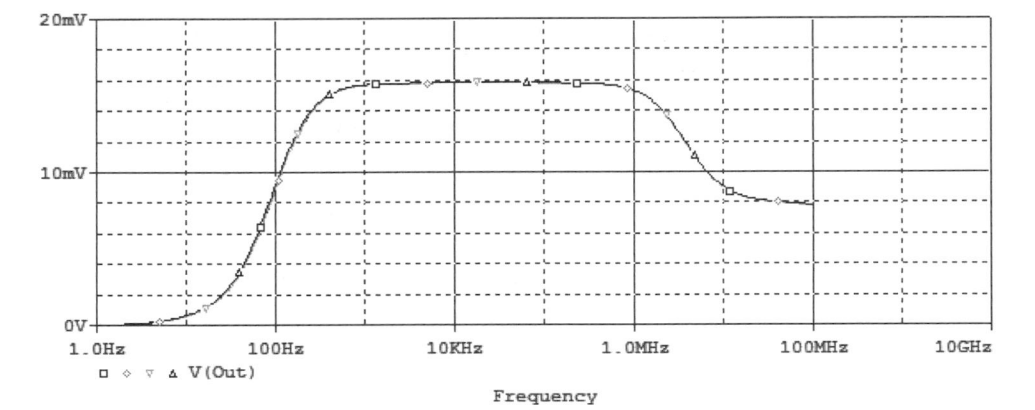

上圖是 V(Out)波形，波形之間相差不大，所以要放大波形，才能詳細地看出波形
之間的差異。

實驗 10-1

一、電路圖：

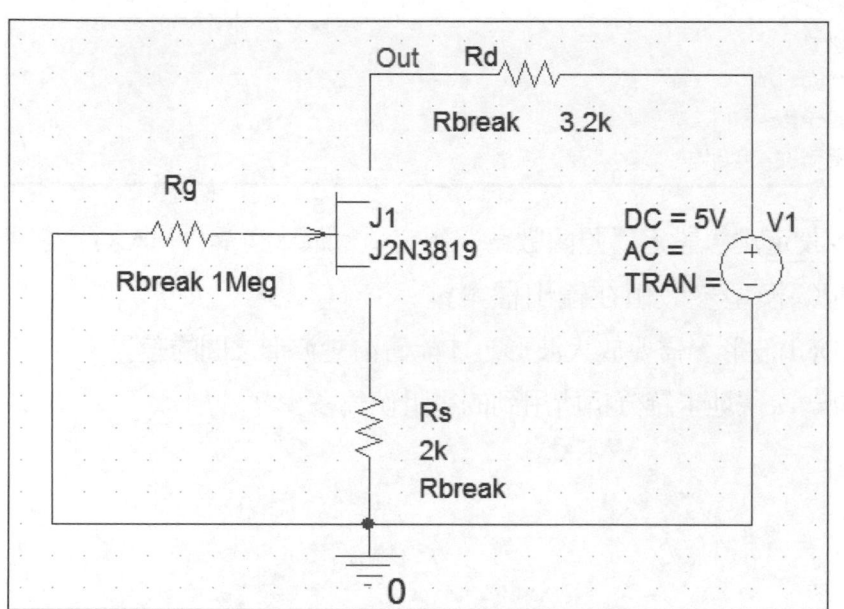

二、問題：

1. 以下是模型參數內容：

```
.model  Rbreak  RES  (R = 1  LOT=1.2%  DEV = 1%)
```

直流掃描分析的參數設定，如下：

```
掃描變數=電壓源
名稱=V1
掃描類型=線性
開始值=0
結束值=10
Increment=0.1
```

蒙地卡羅分析的參數設定，如下：

```
啟動 "蒙地卡羅" 設定
輸出變數=ID(J1)
執行數=6
使用分佈=Uniform
隨機種子數=30
儲存資料從=全部
```

按 更多設定 鍵，設定對照函數為 "額定執行最大差異(YMAX)" 啟動設定(每次執行記錄模型參數值在輸出檔案)。

畫出 ID(Jl)波形，需要放大波形，才能看清楚波形之間的差異。

2. 列出每一次蒙地卡羅分析所用到的電阻值為多少？

實驗 10-2

一、電路圖：

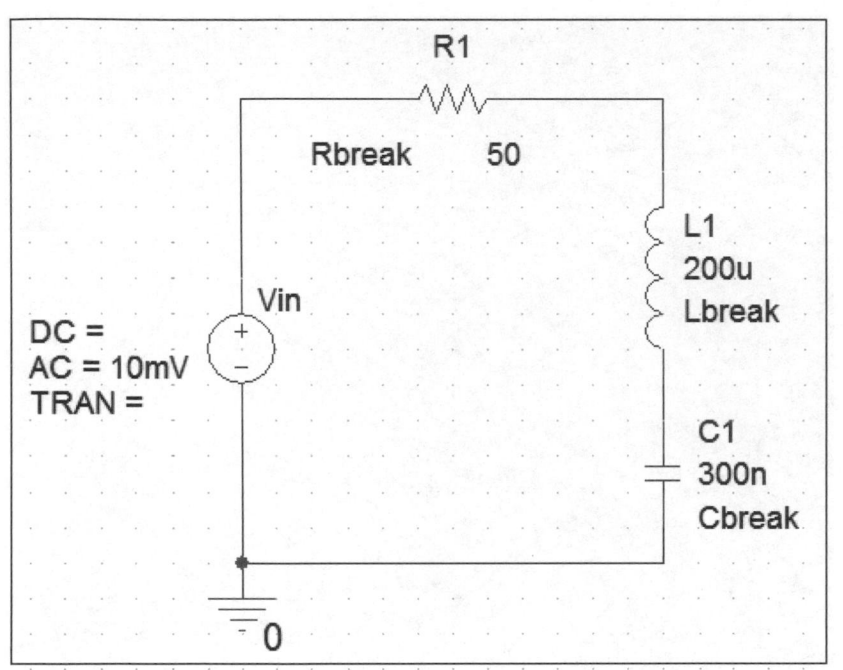

二、問題：

1. 電阻及電容的模型參數內容，請參考綜合練習 10-2，另外電感的模型參數如下：

```
.model  Lbreak  IND  (L = 1  DEV=1%  LOT =1.2%)
```

交流掃描分析的頻率範圍為 100Hz 到 10kHz，Points/Octave=50，最壞情況分析的
輸出變數= IP(R1)，其餘分析參數和綜合練習 10-2 相同。請畫出 IP(R1)波形。

PSpice

11

Chapter

數位電路和混合電路分析

11-1 組合邏輯電路分析

現今的應用電路，除了一些小型電路需要類比或混合電路，許多電路都是數位電路，所以如何模擬分析這些數位電路是相當重要的事，當然 PSpice 軟體只可以分析很小的數位電路，而不能分析大型的數位電路，所以本節只是提供數位電路分析方法，並不建議使用 PSpice 軟體執行數位電路分析。

雖然 PSpice 軟體中有訊號編輯器，可以產生所需要的訊號，但是在數位訊號中，訊號編輯器(試用版)只提供編輯週期性的數位訊號，並未提供非週期性的數位訊號或匯流排訊號，所以我們不使用訊號編輯器功能，而改用其他方式產生訊號。

組合邏輯電路是由各種邏輯閘(AND、OR、NOT、NAND…)所組合而成，組合電路是由一組有輸入及輸出的邏輯閘所組成的，但是和過去訊號無關，表示組合電路不會有正反器(Flip-Flop)或暫存器電路儲存資料。

請建立下列電路圖，如圖 11-1 所示：

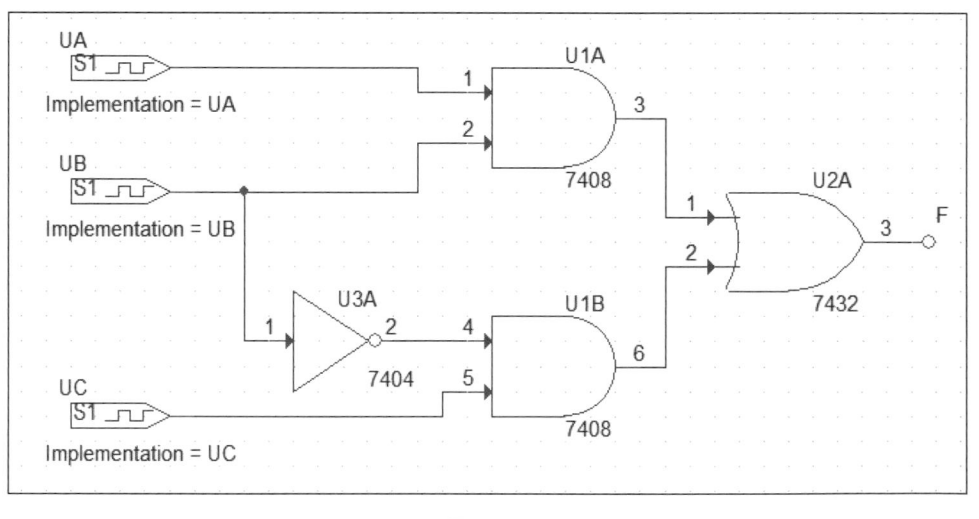

圖 11-1

圖 11-1 的函數式是 $F = AB + \bar{B}C$，電路圖存入 EX11-1 中，所要用到的電路元件，如下所列：

元件	元件庫	元件描述
7404	Eval.olb	NOT 閘
7408	Eval.olb	AND 閘
7432	Eval.olb	OR 閘
DIGSTIM1	sourcstm.olb	1 位元數位訊號源
VCC_CIRCLE	CAPSYM	電源符號

其中 7408 元件在同一顆 IC 中，共有 4 個元件存在，所以兩個 7408 元件的元件名稱分別為 U1A 和 U1B，表示使用同一顆 IC 中的元件。

由於非週期性訊號源無法使用激勵信號編輯器(Stimulus Editor)產生訊號，所以利用文書編輯器，編輯非週期性訊號源，再連結訊號源檔案，共有四個步驟要執行，如下所示：

1. 更改數位訊號源名稱。
2. 設定特性值 Implementation。
3. 編輯數位訊號源的內容。
4. 連結訊號源檔案。

以下針對各個步驟加以說明：

一、更改數位訊號源名稱：

按 放置 → 零件 命令，呼叫 DigStim1 元件，放置好元件後，在 DSTM1 上，連按 mouse 左鍵兩次，產生顯示屬性對話盒，在 "值" 格子中，輸入 UA，按 確認 鍵，關閉對話盒。

二、設定屬性值 Implementation：

在屬性值 Implementation 上，連按 mouse 左鍵兩次，在 "值" 格子中，輸入 UA，按 確認 鍵，關閉對話盒。

三、編輯數位訊號源的內容：

使用文書編輯器，例如：記事本，編輯下列訊號源內容，存檔時，必須把副檔名一起寫入，把檔案名稱存為 EX11-1.st1，其中數位訊號源檔案的副檔名是.st1，存到 EX11-1-PSpice Files 目錄中，檔案內容如圖 11-2 所示。

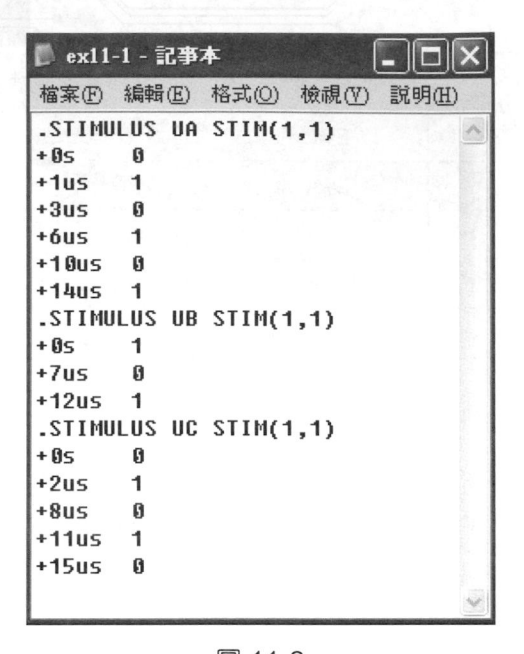

圖 11-2

有關檔案內容，如下：

1. .STIMULUS：是 PSpice 軟體的點命令，宣告數位電路的訊號源內容，因此使用此命令來宣告訊號源。

2. UA：是數位訊號元件的名稱。

3. STIM：表示是訊號源。

4. (1,1)：其中第一個"1"是指訊號源以 1 位元方式表示，第二個"1"表示訊號用二進位表示，也就是訊號只有 1 或 0。

5. +0s 0："+"表示此行和點命令.STIMULUS 是同一行，由於無法在同一行中寫入整個命令，所以用"+"表示和前一行是同一行，"0s"表示是時間"零秒"，"0"表示訊號大小(位準)。

利用一般文書編輯器，編輯上面訊號源的檔案內容，儲存檔案時，編輯器可能會視檔案為文字檔，所以存檔後，檔案名稱如果變成 EX11-1.txt，你可以利用 MS-DOS 模式，用 ren 命令，更改檔案名稱為 EX11-1.st1。

注意：
> 訊號源檔案的副檔名必須是.stl，存檔時除了檔名外，還要再加上副檔名，就不會出現文字檔的情況。

四、連結訊號源檔案：

在 Simulation Settings 對話盒中，按配置檔案標籤，並且在 "分類" 格子中，點選 Stimulus，表示要連結訊號源檔案，如圖 11-3 所示：

按瀏覽鍵，找出訊號源檔案的路徑和檔案名稱，再按加入設計鍵，連結訊號源檔案，當模擬分析時，可以定義訊號源的波形。

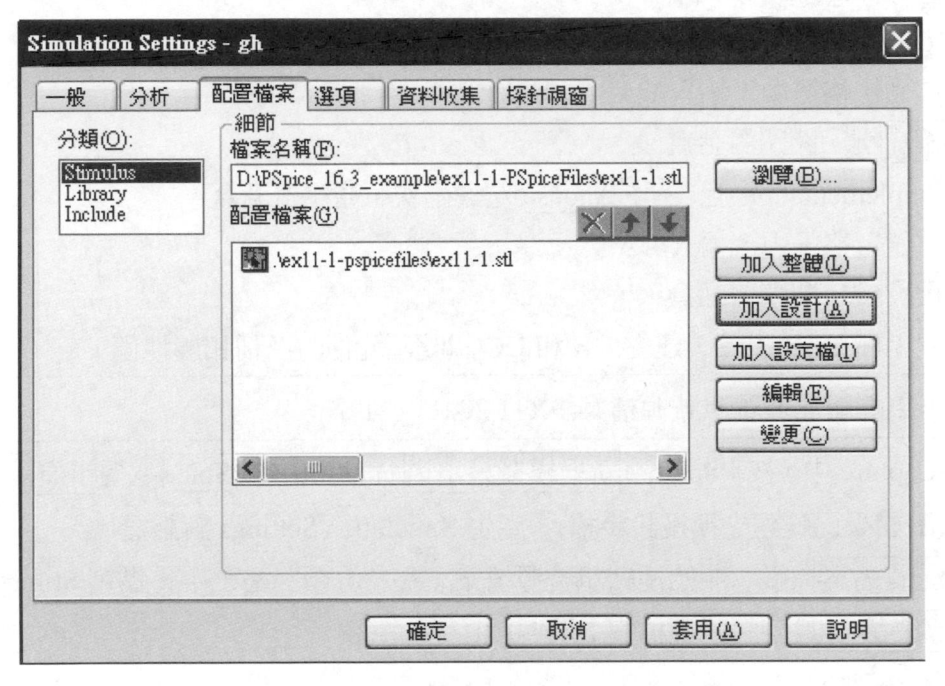

圖 11-3

"加入設計" 表示此訊號源檔案只連結到此電路圖，而 "加入整體" 表示檔案和所有電路圖都有連結到，一般而言只要按加入設計即可，因為訊號源檔案通常只適用於某電路圖。

按編輯鍵，可以進入訊號編輯器，修改訊號波形(要先選取檔案)，但是由於此檔案是非週期性訊號，所以無法看到波形。

EX11-1.st1 檔案的訊號源波形，如圖 11-4 所示。

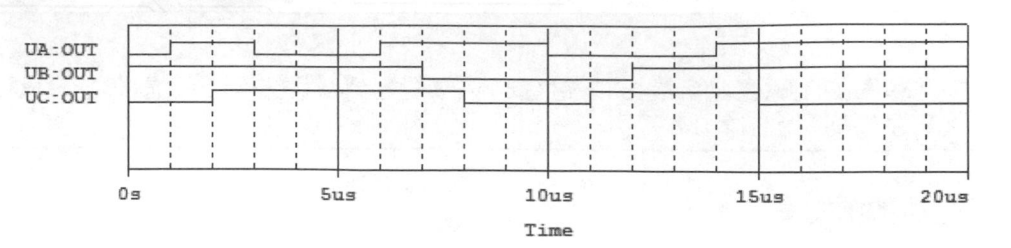

圖 11-4

以下是更改數位訊號源名稱和設定特性值的步驟：

1. 在 Capture 中，按 放置 → 零件 命令，呼叫 DigStim1 元件。
2. 放置好 DigStim1 元件。
3. 在 DSTM1 上，連按 mouse 左鍵兩次，進入顯示屬性對話盒。
4. 在 "值" 格子中，輸入 UA。
5. 按 確認 鍵，關閉對話盒。
6. 在 Implementation 上，連按 mouse 左鍵兩次，產生對話盒。
7. 在 "值" 格子中，輸入 UA。
8. 按 確認 鍵，關閉對話盒。
9. 重複上面 1～8 步驟，建立 UB 和 UC 訊號源元件的名稱和屬性值。

接下來編輯和連結訊號源檔案(EX11-1.st1)，如下：

1. 在 Capture 中，按 PSpice → 新增模擬設定檔 命令，或按 PSpice → 編輯模擬設定檔 命令(如果已經建立模擬設定檔)，產生 Simulation Settings 對話盒。
2. 按 配置檔案 標籤，開始連結訊號源檔案，在 "分類" 格子中，點選 Stimulus。
3. 按 瀏覽 鍵，找到訊號源檔案 EX11-1.st1。
4. 按 開啟 鍵後，在 "檔案名稱" 格子中，有 EX11-1.st1 路徑和檔案名稱。
5. 按 加入設計 鍵，連結 EX11-1.st1，會在 "配置檔案" 欄位中，出現 EX11-1.st1 檔案名稱。
6. 按 確定 鍵，完成連結動作。

以下是設定和執行組合邏輯電路分析的步驟：

1. 在 Capture 中，開啟 EX11-1 電路圖。
2. 按 PSpice → 編輯模擬設定檔 命令。
3. 在 Simulation Settings 對話盒中，按 分析 標籤。

4. 在"分析類型"中,選擇時域(暫態)。

5. 在"選項"格子中,選擇一般設定。

6. 設定暫態分析的參數,如下:

> 執行時間 =20u
> 開始後儲存資料=0

7. 按確定鍵,完成設定工作。

8. 按 PSpice→執行命令,開始模擬分析電路。

　　開始模擬分析電路,產生 PSpice 視窗,按走線→加入曲線命令,選擇 UA:OUT、UB:OUT、UC:OUT 和 F,按確認鍵後,產生上面 4 個波形,如圖 11-5 所示。

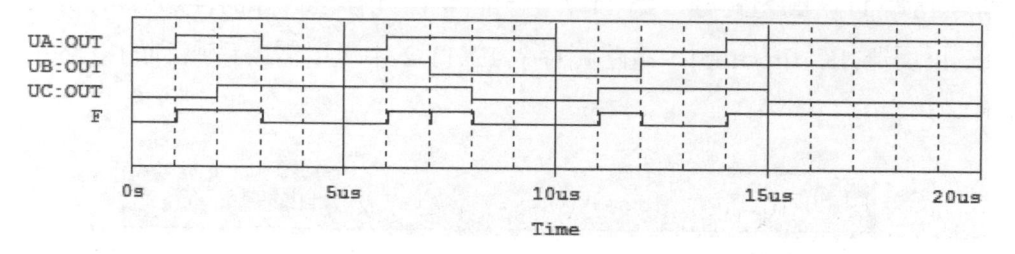

圖 11-5

　　在圖 11-5 中,UA:OUT、UB:OUT 和 UC:OUT 三個波形是輸入訊號,請讀者自行檢查一下,波形是否和 EX11-1.st1 訊號檔案的設定相符,另外 F 波形是輸出訊號,是電路的分析結果,其中 UA:OUT 中的 OUT 是 DigStim1 元件的輸出接腳(OUT)。

　　按走線→刪除全部曲線命令,刪除上面 4 個波形,再重新輸入 UB:OUT、U3A:A 和 U3A:Y 波形,如圖 11-6 所示。

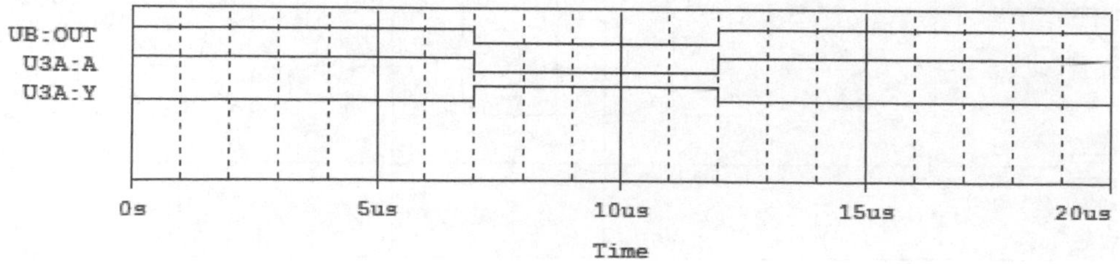

圖 11-6

其中 U3A：A 表示 U3A 元件的輸入接腳(A)之波形，如果元件有兩支接腳，則用 U3A：A 和 U3A：B 表示，以此類推，所以 U3A：A 波形和 UB：OUT 波形相同，因為是相同節點。

其中 U3A：Y 表示 U3A 元件的輸出接腳(Y)之波形，所以 U3A：Y 波形和 UB：OUT 波形相反。

11-2 循序邏輯電路分析

循序邏輯電路是應用正反器和邏輯閘組合而成的，如果只有邏輯閘單獨存在，此電路是屬於組合電路，若其中部份電路有正反器存在，則歸類為循序邏輯電路。

請建立圖 11-7 的電路圖。圖 11-7 是一個 4-位元移位暫存器(4-bit Shift Register)，使用 JK 正反器(JK flip-flop)，電路圖存入 EX11-2 中，所需要使用到的電路元件，如下所示：

元件	元件庫	元件描述
74107	Eval.olb	JK 正反器
7404	Eval.olb	NOT 閘
DIGSTIM1	Sourcstm.olb	1 位元數位訊號源
VCC_CIRCLE	CAPSYM	電源符號

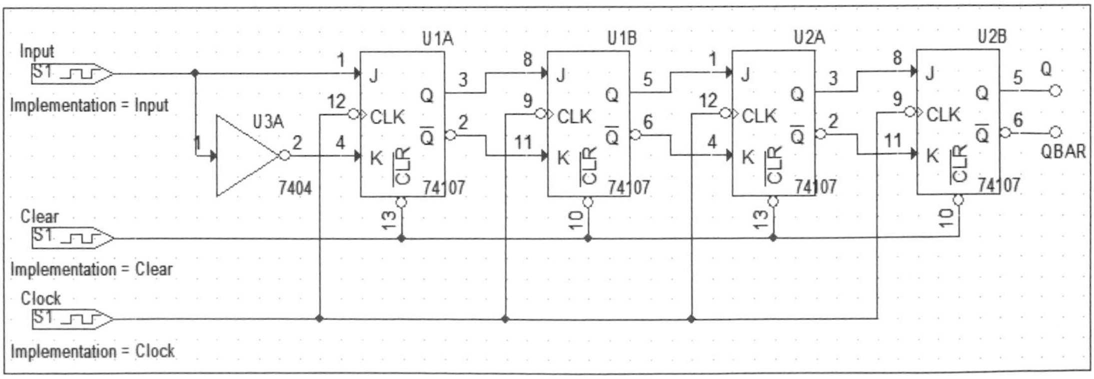

圖 11-7

　　由於電路圖中有許多線相交，有些是相連，有些是跨線，所以畫電路圖時要特別注意，說明如下：

　　如果兩條線交叉時，有接點表示連接，如果正好通過元件接腳時，就會連接，不一定有接點，事實上已經和元件接腳連接在一起，所以畫線時要小心，否則可能會發生錯誤，另外判斷接腳是否連接，只要注意灰色小方格是否還存在，如果有灰色小方格表示未連接。

　　圖 11-7 所用到訊號源共有三個：

1. Clock：時脈，是一個週期性的訊號源，可以使用激勵信號編輯器(Stimulus Editor)功能，編輯時脈(Clock)訊號。
2. Clear：消除訊號，是一個非週期性的訊號源，可以使用文書編輯器，編輯訊號的內容。
3. Input：輸入訊號，是一個非週期性的訊號源，也要使用文書編輯器，編輯訊號的內容。

　　首先，設定 Clock 訊號源的步驟：

1. 按 開始 → 所有程式 → Cadence → Release 16.3 → PSpice Accessories → Stimulus Editor 命令，啟動激勵信號編輯器。
2. 按 檔案 → 新增 命令，產生信號編輯畫面。
3. 按 激勵信號 → 新增 命令，產生圖 11-8 對話盒，點選數位的時脈，在 "名稱" 格子中，輸入 clock。
4. 按 確認 鍵，產生時脈屬性對話盒(圖 11-9)。
5. 在對話盒中，其參數設定如下：

```
頻率(赫茲)=1Meg
工作週期=0.5
初值=0
時間延遲(秒)=0
      (選擇頻率和工作週期)
```

6. 按 確認 鍵。(但是畫面可能看不到 clock 的波形，並不清楚原因，必須用文書編輯器看檔案內容，就可以發現確實有 clock 資料。)
7. 按 檔案 → 儲存 命令，檔名是 EX11-2，存到 EX11-2-PSpice Files 目錄中。

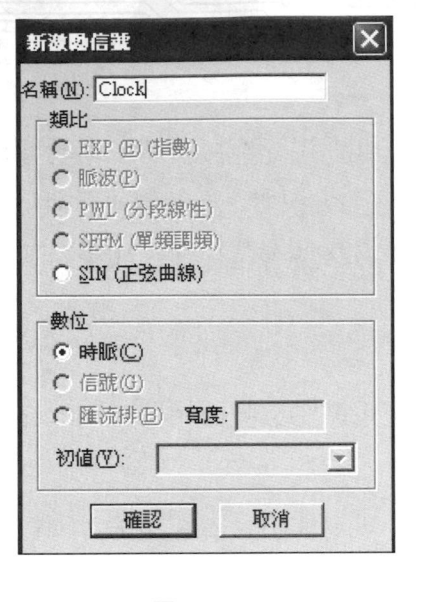

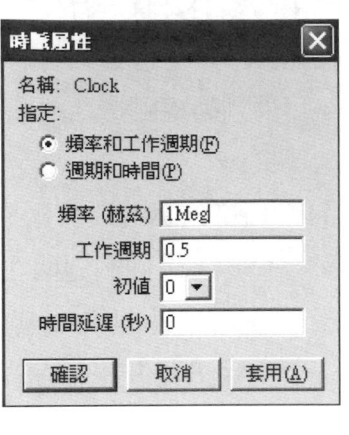

圖 11-8   圖 11-9

圖 11-9 對話盒的參數說明，如下：

1. 訊號源名稱：Clock。

2. 有兩種參數設定方法：

    (1) 頻率和工作週期：以頻率和高低電位比值的方式輸入參數。

    (2) 週期和時間：以週期和時間的方式輸入參數。

3. 以頻率方式輸入參數的設定，說明如下：

參數	說明
頻率(赫茲)	週期性訊號源的時脈頻率
工作週期	每一個訊號週期高低電位的比值(百分比)
初值	訊號源的初始狀態：0 或 1
時間延遲(秒)	時間延遲

以週期方式輸入參數的設定，說明如下；

參數	說明
週期(秒)	週期性訊號源的週期時間
準時(秒)	每一個訊號週期高低電位的保持時間
初值	訊號源的初始狀態；0 或 1
時間延遲(秒)	時間延遲

　　按確認鍵後，即可以在激勵信號編輯器(Stimulus Editor)中看到波形，如圖 11-10 所示，不知道是不是中文版的問題，在編輯器中看不到 clock 的波形，但是確實有產生訊號 clock 資料，只要用記事本開啟 EX11-2.st1 檔案，即可以看到檔案內容。

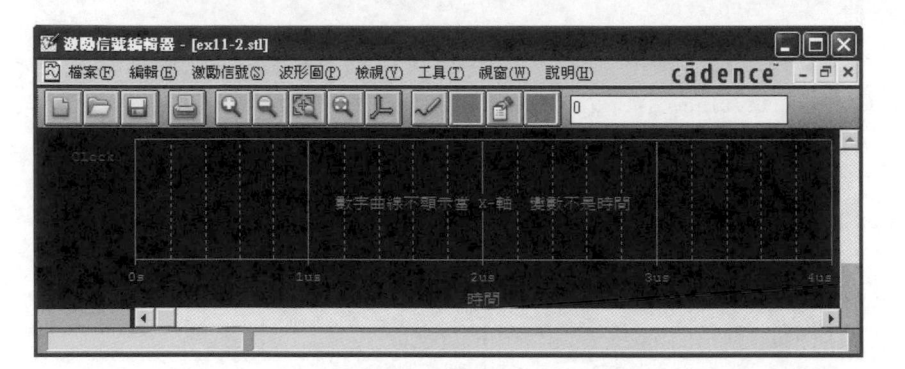

圖 11-10

　　此時，使用記事本開啟 EX11-2.st1 檔案，可以看到由系統自動產生的檔案內容，EX11-2.st1 檔案內容，如圖 11-11 所示。

```
* D:\PSpice_16.3_example\ex11-2-PSpiceFiles\ex11-2.stl
written on Thu Jan 20 00:33:00 2011
* by Stimulus Editor -- Demo Version 16.3.0
;!Stimulus Get
;! Clock Digital
;!Ok
;!Plot Axis_Settings
;!Xrange 0s 4us
;!AutoUniverse
;!XminRes 1ns
;!YminRes 1n
;!Ok
.STIMULUS Clock STIM (1, 1) ;! CLOCK 1Meg 0.5 0 0
+    +0s 0
+    +500ns 1
+    Repeat Forever
+       +500ns 0
+       +500ns 1
+    EndRepeat
```

圖 11-11

　　接下來要編輯 Clear 和 Input 非週期性訊號的檔案內容，把下面內容寫到 EX11-2.st1 檔案內容的後面，有關編輯非週期性訊號源的步驟，請參考前面章節的介紹。

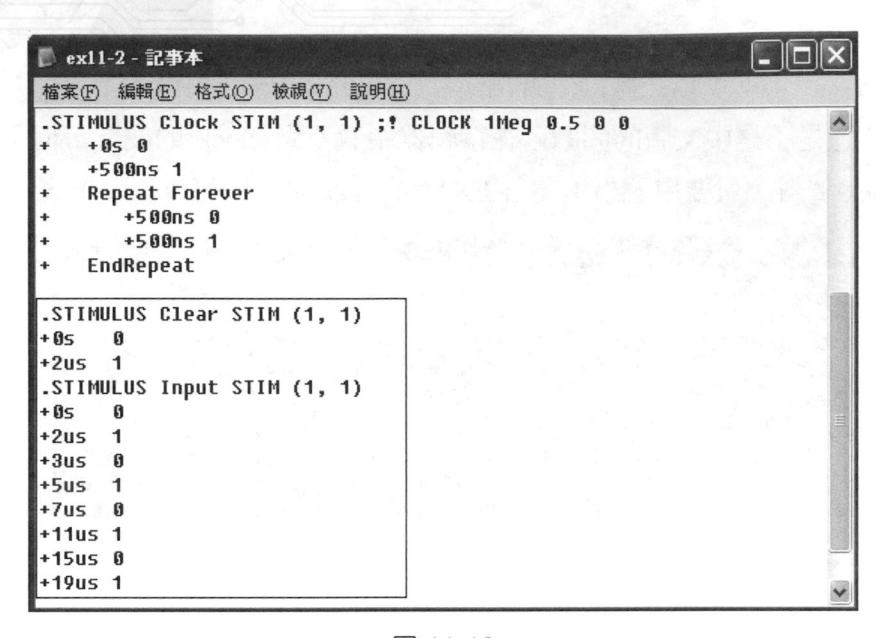

圖 11-12

由於各訊號源可以同時放在相同的檔案內，所以把上面 Clear 和 Input 的非週期性訊號設定資料，存入 EX11-2.STL 檔案的後面，只要使用文書編輯器，呼叫 EX11-2.stl 進行編輯。

注意：必須先建立週期性訊號源，再編輯非週期性訊號源，否則訊號檔案的內容會被蓋掉。

以下是設定和執行循序邏輯電路分析的步驟：

請先依照前一節的介紹，連結 EX11-2.stl 訊號檔。

1. 在 Capture 中，開啟 EX11-2 電路圖。
2. 按 PSpice→編輯模擬設定檔命令。
3. 在 Simulation Settings 對話盒中，按分析標籤。
4. 在"分析類型"中，選擇時域(暫態)。
5. 在"選項"格子中，選擇一般設定。
6. 設定暫態分析的參數，如下：

執行時間=20u
開始後儲存資料=0

7. 按確定鍵，完成設定工作。

8. 按 PSpice→執行命令，開始摸擬分析電路。

讀者可以從 Q 和 QBAR 中，看到輸出的結果，如圖 11-13 所示。

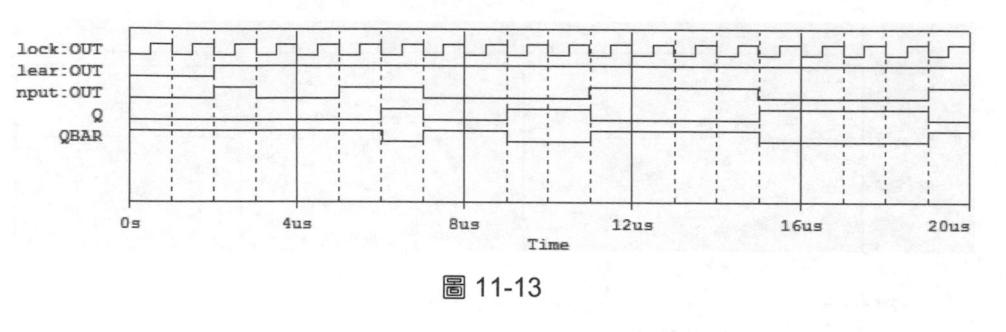

圖 11-13

其中 lear:OUT 表示是 Clear:OUT，因為變數名稱預設只顯示 8 個字，所以 C 字被蓋掉。

11-3 混合電路分析

在一個電路中，有數位元件和類比元件同時存在時，這個電路就是混合電路，分析方法也是採用暫態分析，所以輸入訊號可以使用第七章所介紹的訊號源元件和本章所介紹的數位訊號源，以下是混合電路分析的步驟：

1. 畫好圖 11-14 電路圖，在這個電路圖中，有數位元件(7402 元件)，也有類比元件(電阻和電容)，所以是一個混合電路。

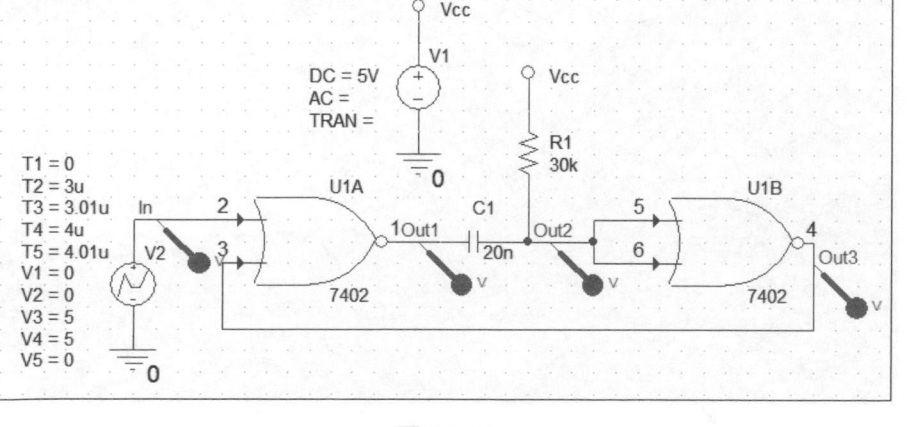

圖 11-14

2. 執行暫態分析，分析時間為 10us，並且放置 4 個電壓探針，求 V(In)、V(Out1)、V(Out2)和 V(Out3)的波形，如圖 11-15 所示。

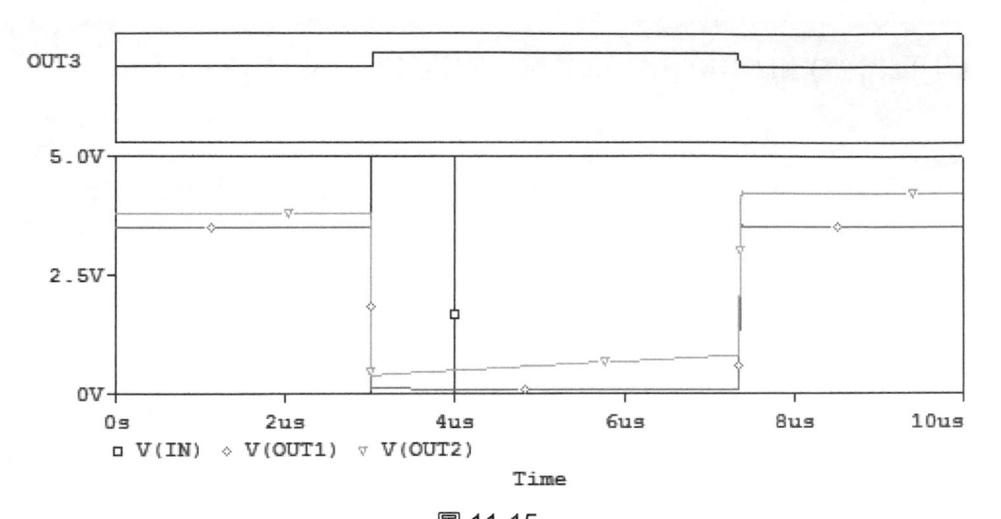

圖 11-15

在圖 11-15 中，由於這個電路圖是混合電路，所以在波形圖中有類比和數位波形，只要節點連接到類比元件，例如：節點 Out1 和 Out2，就會以類比波形顯示 V(Out1)和 V(Out2)，如果節點沒有連接到類比元件，只有數位元件連接，此時才會顯示數位波形，例如：Out3。

實驗 11-1

一、電路圖：

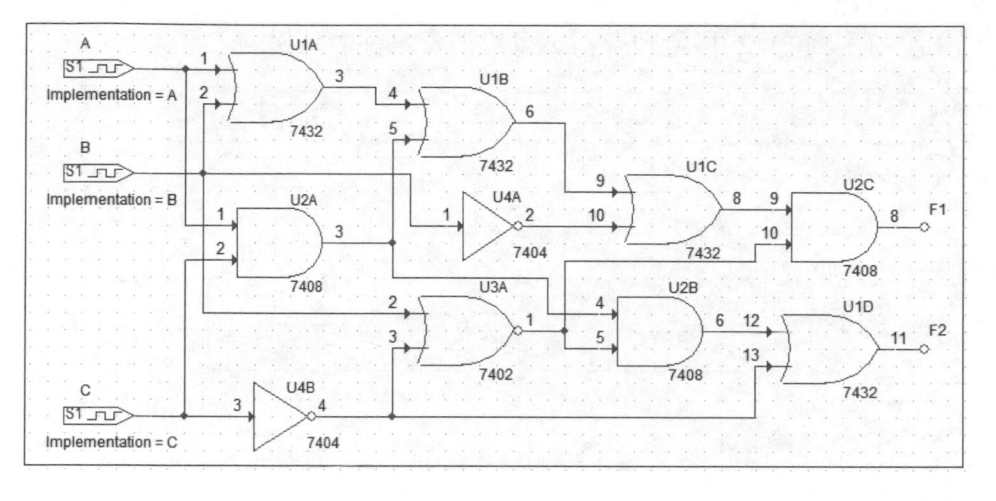

使用暫態分析方法，進行數位電路模擬分析，掃描時間到 18us。以下是輸入訊號源的訊號檔案內容：

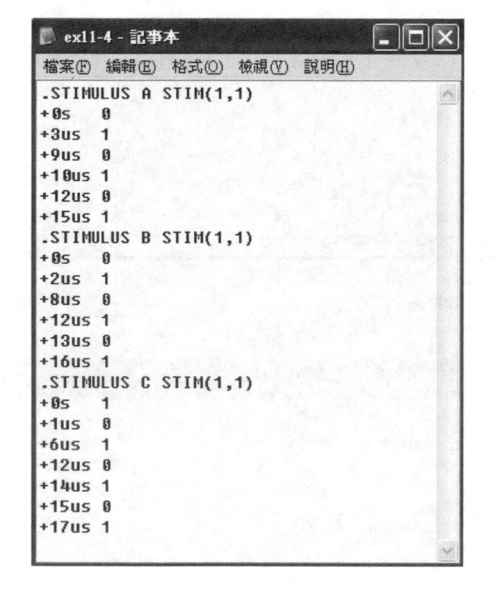

二、問題：

1. 看輸入訊號的波形，畫出 A:OUT、B:OUT 和 C:OUT 的波形，和前面的訊號檔案比較一下，是不是完全相同？

2. 看輸出訊號的波形，畫出 F1 和 F2 的波形。

實驗 11-2

一、電路圖：

下圖是一個 4 位元的移位暫存器，可以把資料往右傳送。

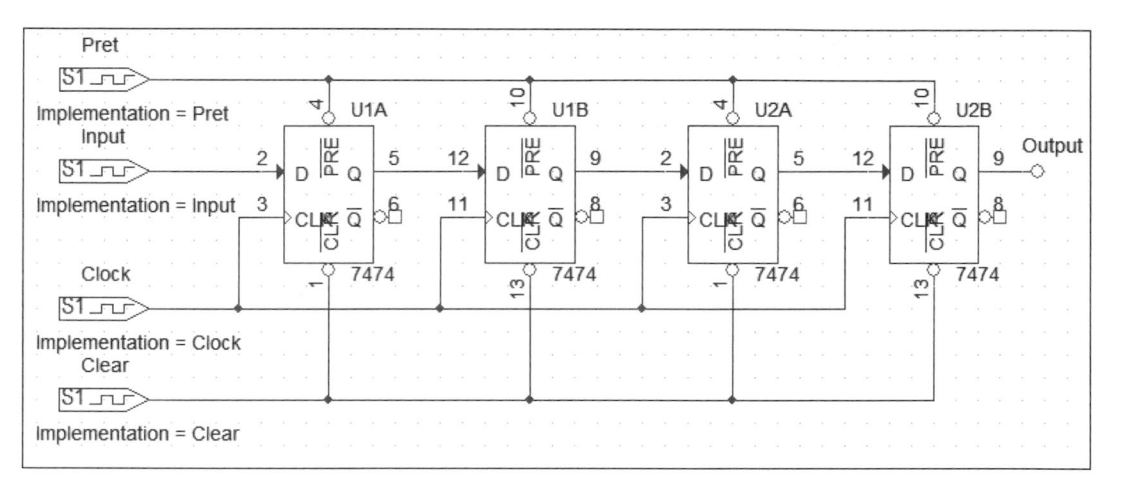

使用暫態分析方法，進行數位電路模擬分析工作，掃描時間到 20us。脈波(Clock)的參數，如下所示：

頻率(赫茲)=1Meg
工作週期=0.5
初值=0
時間延遲(秒)=0

非週期訊號源的訊號檔案內容，如下：

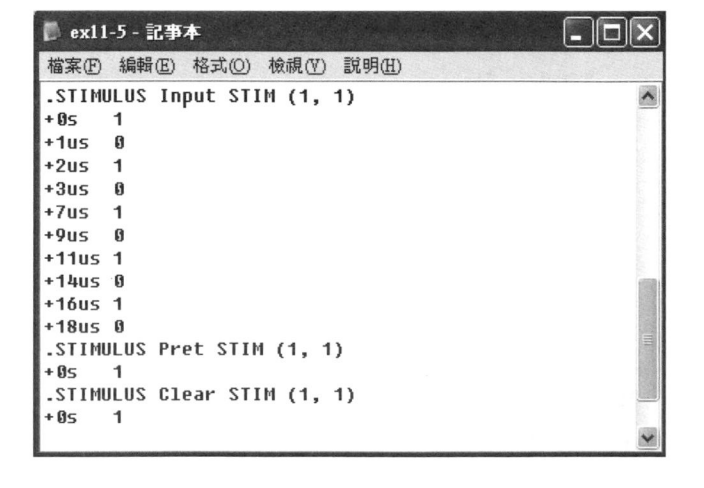

　　請把所有訊號源的參數存到同一檔案中(包括週期性和非週期性訊號源)，最後檢查一下，是否所有訊號源資料都完整輸入，沒有遺漏。

二、問題：

1.　畫出 Clock:OUT、Input:OUT 和 Output 的波形。和前面 Input 訊號檔案比較一下，Input 訊號是不是完全相同？

電路設計模擬—應用 PSpice 中文版

實驗 11-3

一、電路圖：

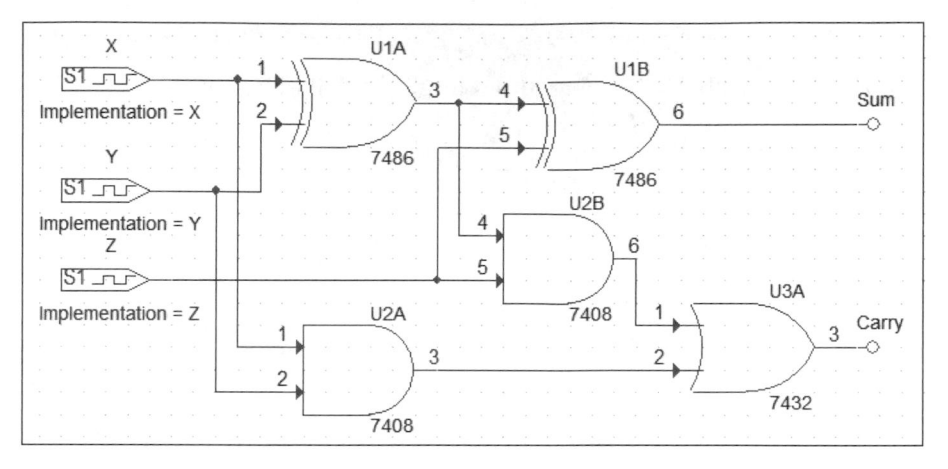

使用暫態分析方法，進行數位電路模擬分析工作，掃描時間到 18us。以下是輸入訊號源的訊號檔案內容：

二、問題：

1. 看輸入訊號的波形，畫出 X:OUT、Y:OUT 和 Z:OUT 的波形，和前面的訊號檔案比較一下，是不是完全相同？

2. 看輸出訊號的波形，畫出 Sum 和 Carry 的波形。

實驗 11-4

一、電路圖：

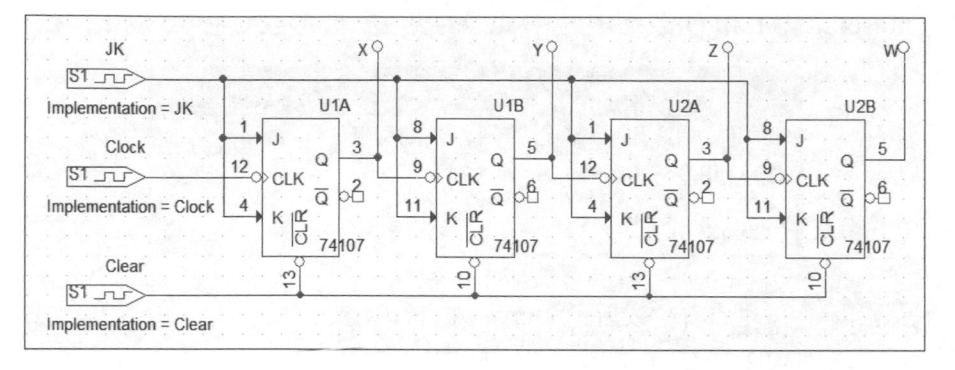

　　使用暫態分析方法，進行數位電路模擬分析工作，掃描時間到 20us。Clock 的參數，如下所示：

頻率(赫茲)=1Meg
工作週期=0.5
初值=0
時間延遲(秒)=0

　　輸入訊號源的訊號檔案內容，如下：

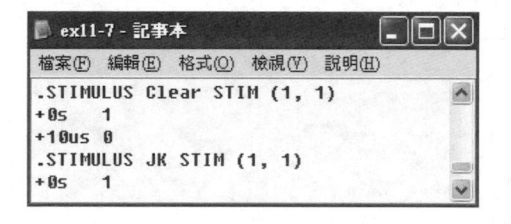

　　在 Simulation Settings 對話盒中，選擇選項標籤，在"分類"格子中，選擇閘層次模擬，把"初始化全部正反器到"改變成"0"。

二、問題：

1. 畫出 Clock:OUT、Clear:OUT、X、Y、Z 和 W 的波形。

2. 描述問題 1 中，Clear 訊號對輸出訊號(X、Y、Z、W)有何影響？

3. 把"初始化全部正反器到"改回"X"，再重新執行一次，畫出 Clock:OUT、Clear:OUT、X、Y、Z 和 W 的波形，和問題1比較一下，有何不同？並且加以說明。

實驗 11-5

使用暫態分析方法,進行電路分析工作,掃描時間到 6us,求 V(Out1)、V(Out2)、V(Out3)、Reset : OUT 和 Q 波形。其中 Reset 輸入訊波形設定參數,如下所示:

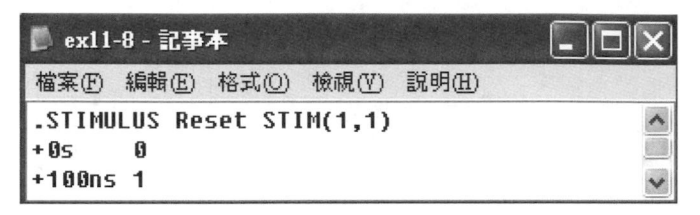

另外按[放置]→[接地]命令,選擇 Source 元件庫,點選$D_HI,可以找到 HI 元件,此元件表示連接到高電位。

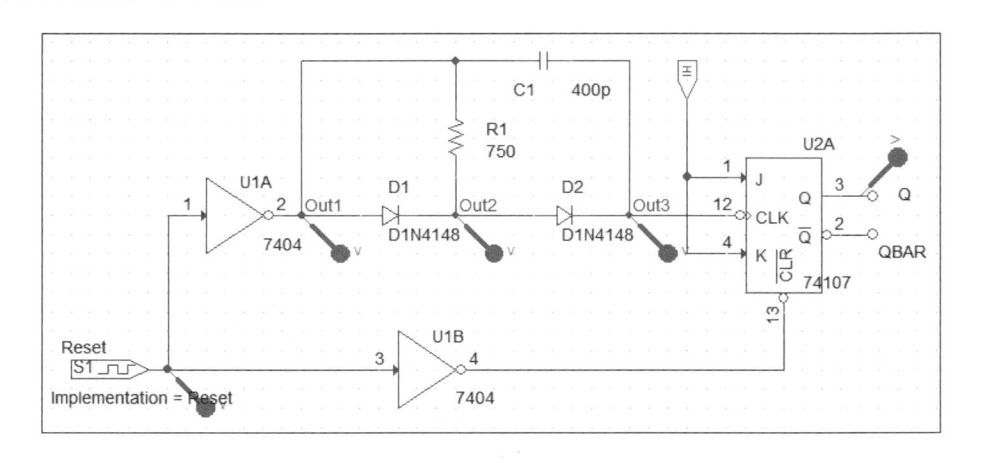

PSpice

Chapter 12

數位電路最壞情況分析

12-1 組合邏輯電路最壞情況分析

在上一章所介紹的電路分析,都是在理想狀況下,進行電路模擬工作,但是在實際情況下,並不是如此理想,而是在容許的誤差範圍,和類比電路的最壞情況分析一樣,進行最壞情況分析,可以使模擬結果的可信度增加。使用上一章的電路圖,進行本章的分析工作。

以下是數位電路最壞情況分析的步驟:

1. 在 Capture 中,開啟 EX11-1 電路檔案。
2. 按 PSpice→新增模擬設定檔命令。
3. 在名稱格子中,輸入 Digit-Worst Case。
4. 按建立鍵,產生新的模擬設定檔。
5. 在 Simulation Settings 對話盒中,按選項標籤。
6. 在"分類"選項中,選擇閘層次模擬,如圖 12-1 所示。

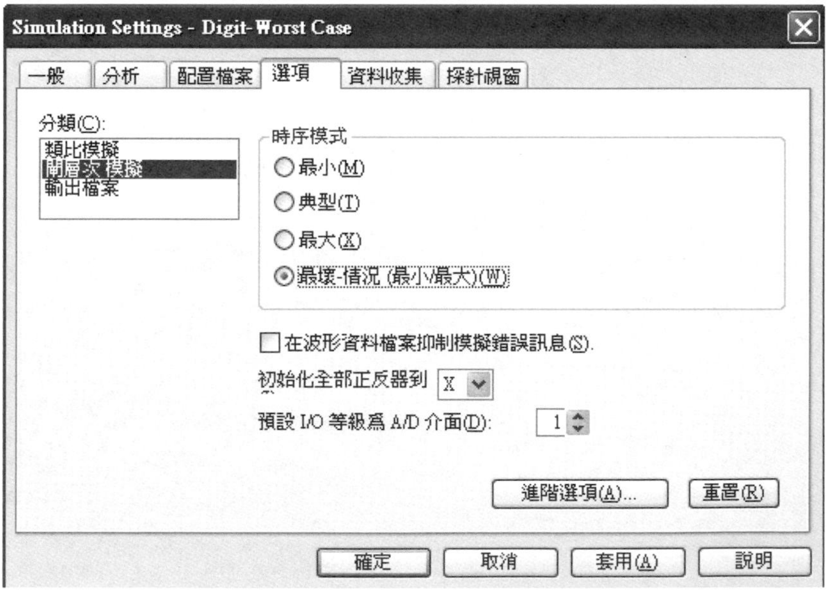

圖 12-1

上面對話盒的說明，如下所示：

(1)　時序模式：定義時間延遲的大小：

時序模式	說明
最小(M)	時間延遲的最小值
典型(T)	時間延遲的標準值
最大(X)	時間延遲的最大值
最壞-情況(最小/最大)(W)	最壞情況分析

(2)　在波形資料檔案抑制模擬錯誤訊息：啟動此設定後，在波形資料檔中，就沒有模擬錯誤訊息出現。

(3)　初始化全部正反器到：設定電路中所有正反器(Flip-flops)的初始狀態，正反器初始狀態設定在未知位準，會比較接近電路實際工作情形，但是有些正反器電路是不能設定在未知位準，以下是正反器初始位準的參數說明：

位準	說明
X	所有正反器的初始狀態都設定在未知位準，一直到有訊號輸入，才會變成 1 或 0。
0	所有正反器都設定為低電位，或清除正反器。
1	所有正反器都設定為高電位，或設定正反器。

(4)　預設 I/O 等級為 A/D 介面：對於類比電路和數位電路的介面，要設定介面 I/O 等級，共有 4 種等級。

由於元件或電路有定義時間延遲等級，共分為 3 級：最小值(Minimum)、標準值(Typical)和最大值(Maximum)的時間延遲，數位電路最壞情況分析是測試電路在極端的情形下，是否能保持正常工作，所以設定時序模式時，要選擇最壞情況(最小/最大)，如圖 12-1 所示。

7.　在時序模式選項中，選擇最壞-情況(最小/最大)。

8.　設定 "預設 I/O 等級為 A/D 介面" 為 1。

9.　在 Simulation Settings 對話盒上方，按 配置檔案 標籤，在 "分類" 格子中，點選 Stimulus。

10. 按 瀏覽 鍵，產生"開啟"視窗(如果已經連結 EX11-1.stl，就不用執行步驟 10-14)。

11. 找到訊號檔 EX11-1.stl 的路徑。

12. 在"檔名(N)"格子中，輸入 EX11-1。

13. 按開啓鍵。

14. 按加入設計鍵，可以在配置檔案格子中，看到 EX11-1.stl 檔案名稱。

15. 在 Simulation Settings 對話盒上方，按分析標籤。

16. 在"分析類型"中，選擇時域(暫態)。

17. 在"選項"格子中，選擇一般設定。

18. 設定暫態分析的參數，如下：

執行時間=20u
開始後儲存資料=0

19. 按確定鍵，完成設定工作。

20. 按 PSpice→執行命令，開始模擬分析電路。

　　EX11-1 電路執行模擬分析完畢後，由於電路進行最壞情況分析，有分析問題出現，所以有下列模擬訊息顯示，如圖 12-2 所示。

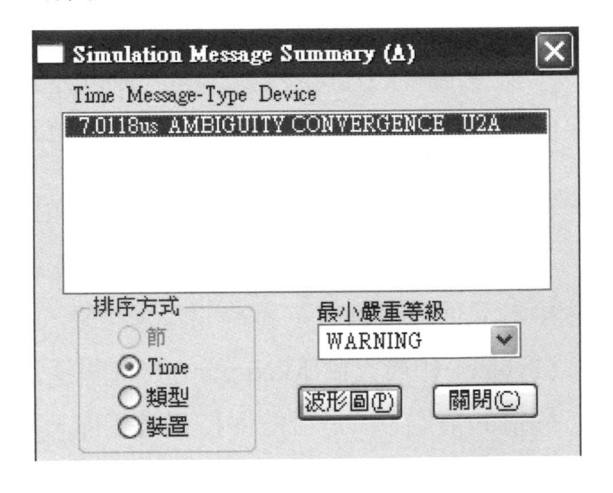

圖 12-2　　　　　　　　　　　　　　　　圖 12-3

　　模擬結果共有 1 個模擬訊息出現，圖 12-2 表示詢問使用者是否要看訊息摘要，按是(Y)鍵，產生 Simulation Message Summary(圖 12-3)對話盒。

　　要看那一個訊息(如果有 2 個以上訊息)，只要將那一行訊息反白，例如：要看 7.0118us 那一行的波形，只要用 mouse 左鍵，點選成反白，再按波形圖鍵，產生圖 12-4 的波形視窗，此時 7.0118us 那一行前面會有">"符號出現。

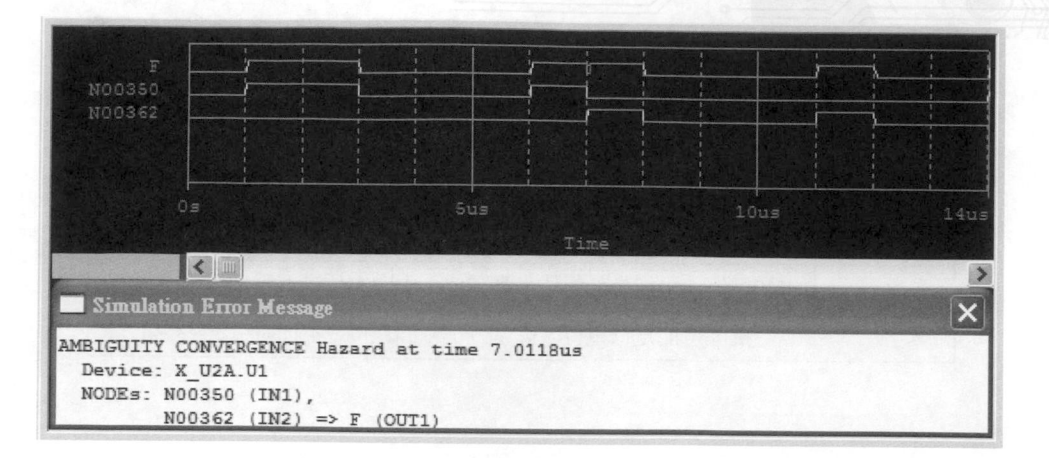

圖 12-4

按檢視→縮放顯示比例→區塊命令，游標變成十字形態，在波形視窗中，按住 mouse 左鍵，移動到適當位置，放開 mouse 左鍵，即可以放大此區域。

按走線→游標→顯示命令，產生測量游標，可以詳細量測波形的座標，如圖 12-5 所示：

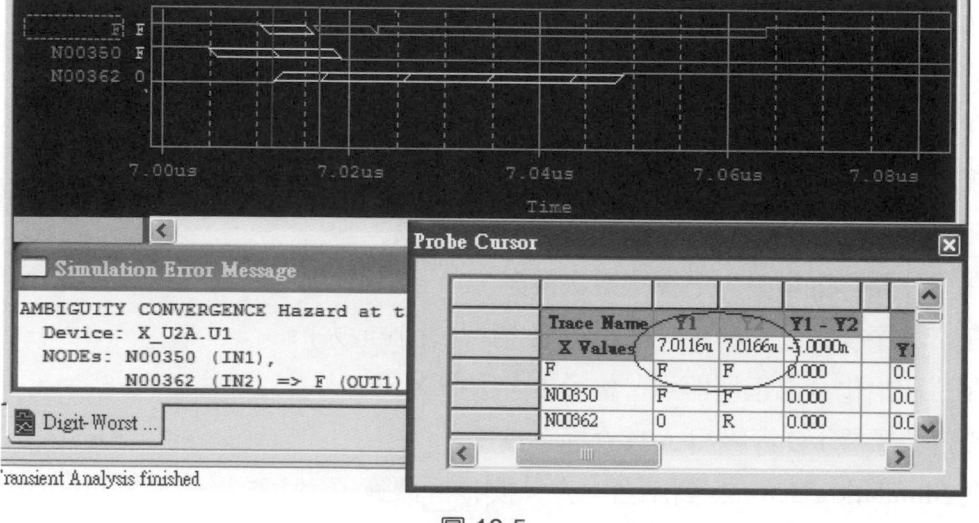

圖 12-5

在圖 12-5 的 Probe Cursor 小視窗中，A1 游標是在輸出波形 F，游標位置在 7.0116us 上，此時訊號是下降(F)狀態，A2 游標也在波形 F 上，游標位置在 7.0166us 上，此時訊號是下降(F)狀態。下表說明在 Probe Cursor 對話盒中的位準狀態：

位準狀態	代表意義
0	低電位。
1	高電位。
R	上升電位，由電位 0 變成電位 1。
F	下降電位，由電位 1 變成電位 0。
X	未知電位，可能是低電位、高電位、中間電位或不穩定情況。
Z	高阻抗，可能是低電位、高電位、中間電位或不穩定情況。

12-2 循序邏輯電路最壞情況分析

循序邏輯電路由於具有正反器，所以時序問題會比組合電路更嚴重，因為會把錯誤的位準儲存起來，而造成錯誤的輸出，因此事先分析電路，找出可能發生錯誤的時序，可以避免更嚴重問題的發生。

以下是最壞情況分析的步驟：

1. 在 Capture 中，開啓 EX11-2 電路圖。
2. 按 PSpice→新增模擬設定檔命令。
3. 在名稱格子中，輸入 Digit-Worst Case。
4 按建立鍵，產生新的模擬設定檔。
5. 在 Simulation Settings 對話盒中，按選項標籤。
6. 在"分類"選項中，選擇閘層次模擬。
7. 在"時序模式"選項中，選擇最壞-情況(最小/最大)。
8. 在"初始化全部正反器到"格子中，選擇 X。
9. 設定"預設 I/O 等級為 A/D 介面"為 1。
10. 在 Simulation Settings 對話盒上方，按分析標籤。
11. 在"分析類型"中，選擇時域(暫態)。
12. 在"選項"格子中，選擇一般設定。
13. 設定暫態分析的參數，如下：

```
執行時間=20u
開始後儲存資料=0
```

14. 按 確定 鍵，完成設定工作。

15. 按 PSpice → 執行 命令，開始模擬分析電路。

　　產生圖 12-6 的對話盒，通知使用者分析結果共有 43 個模擬訊息產生，是否要看訊息摘要，請按 是(Y) 鍵，會產生圖 12-7 的對話盒(模擬訊息摘要)。

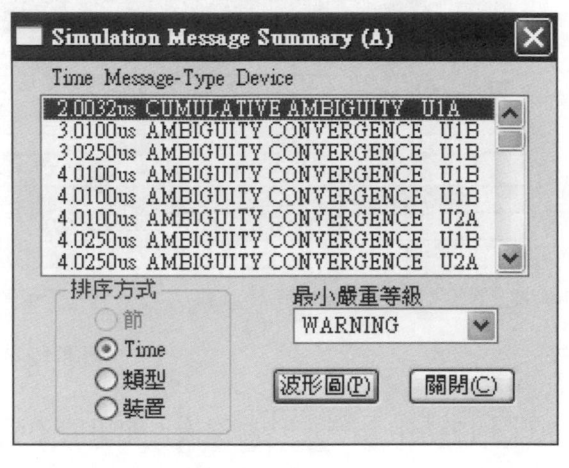

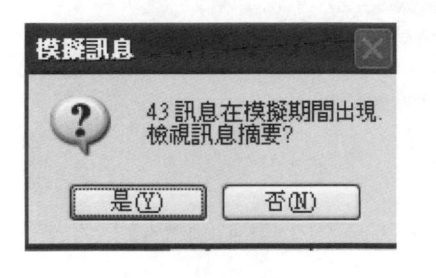

圖 12-6 　　　　　　　　　　　　　　　　圖 12-7

　　在圖 12-7 中，利用 mouse 左鍵，選擇所要看的模擬訊息，再按 波形圖 鍵，可以在 PSpice 視窗中，看到所要看的波形，詳細步驟在後面說明。

　　圖 12-7 中各選項說明，如下：

(1)　訊息內容，共有三種資料：

　　　　Time：發生的時間

　　　　Message-Type：訊息種類

　　　　Device：有問題的電路元件

(2)　排序方式：根據選項，將訊息排序。

　　　　節：電路部份

　　　　Time：時間

　　　　類型：訊息種類

　　　　裝置：電路元件

(3)　最小嚴重等級：共有四種選擇(FATAL、SERIOUS、WARNING 和 INFO)，由上到下嚴重程序愈小。

請呼叫 Q 和 QBAR 波形,並且放大 6us 附近的波形,如圖 12-8 所示:

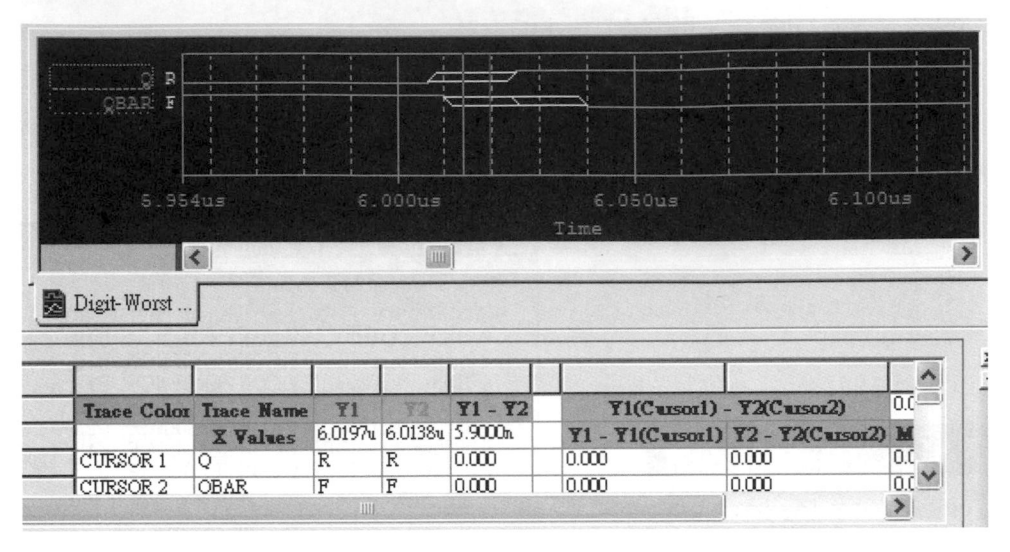

圖 12-8

在圖 12-7 中,按 波形圖 鍵後,如果看不到波形,表示發生問題的位置是在元件內部,此時就看不到波形。

綜合練習 12-1

一、電路圖：

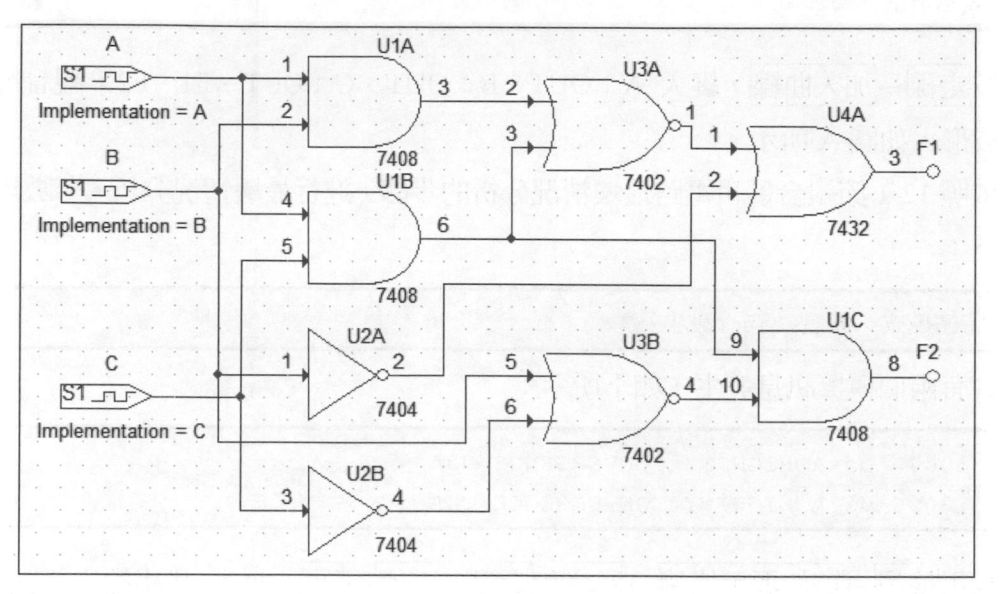

二、分析步驟：

1. 請把電路圖畫好。

2. 依照組合邏輯電路模擬分析的步驟，進行組合電路分析工作。以下是數位訊號源的訊號檔案內容：

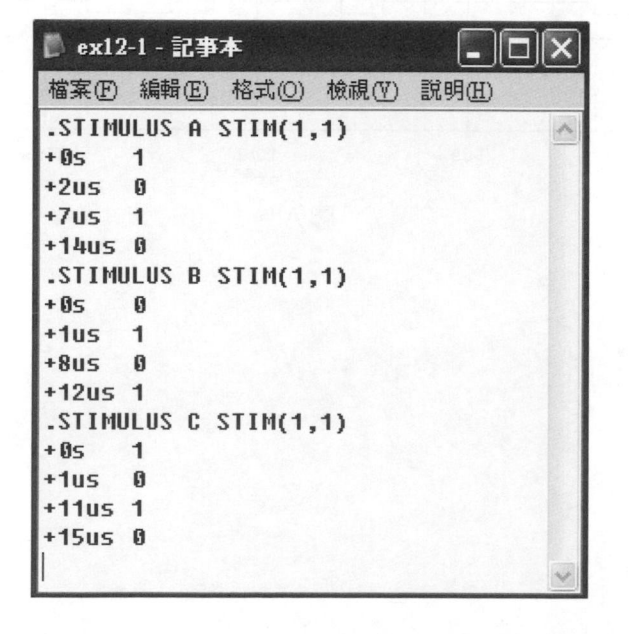

暫態分析的參數設定：

> 執行時間=20u
> 開始後儲存資料=0

3. 按 走線 → 加入曲線 ，鍵入 A：OUT、B：OUT、C：OUT、F1、F2，觀看電路的 波形，如圖 A 所示。

4. 依照 12-1 節組合邏輯電路最壞情況分析的步驟，進行最壞情況分析。參數設定如 下：

> 時序模式＝最壞–情況 (最小/最大)

5. 共有兩個模擬訊息發生，如下所示：

> 1.0070 us AMBIGUITY CONVERGENCE U3A
> 1.0096 us AMBIGUITY CONVERGENCE U4A

6. 利用 檢視 → 縮放顯示比例 → 區塊 和 走線 → 游標 → 顯示 功能，找出輸出訊號 F1 和 F2，所有位準在"X"、"F"和"R"的時間範圍。
   其波形如圖 B 及圖 C 所示。

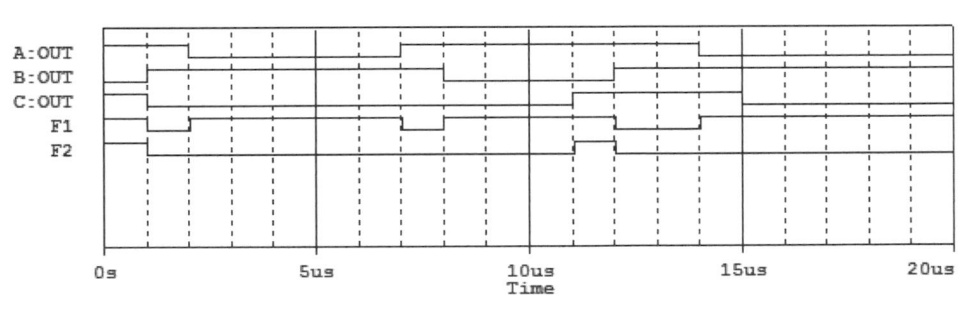

圖 A

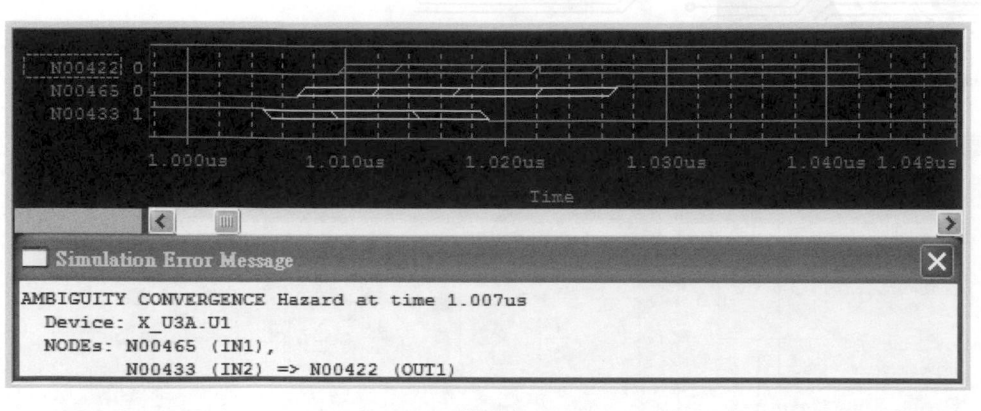

圖 B

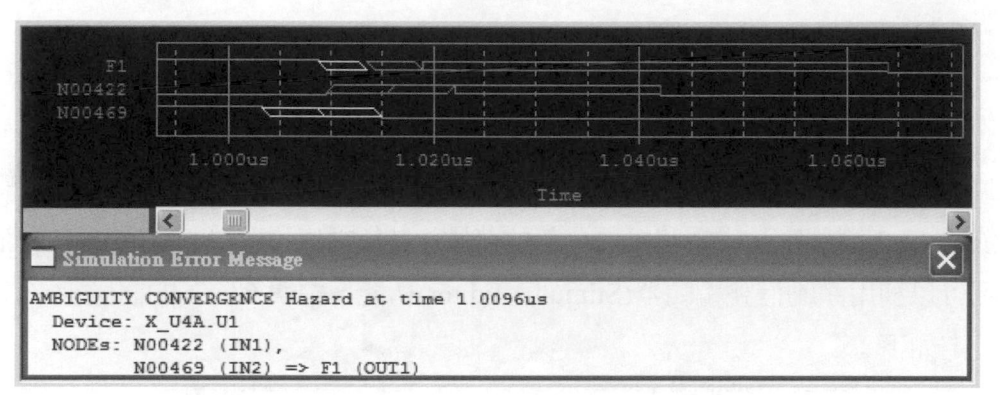

圖 C

綜合練習 12-2 移位暫存器

一、電路圖：

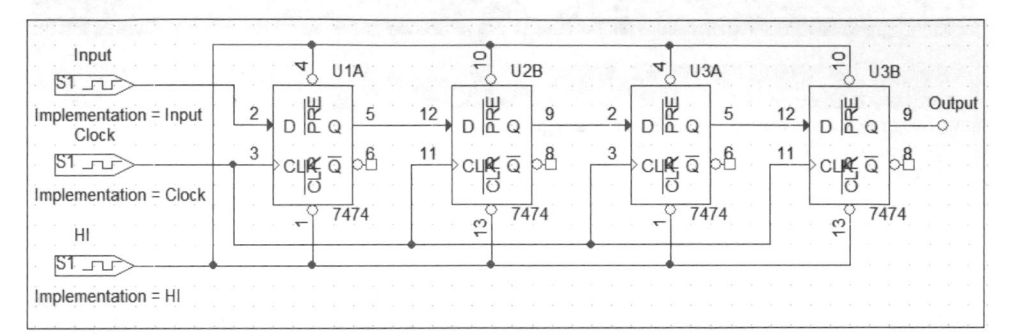

二、分析步驟：

1. 請把電路圖畫好。

2. 依照 11-2 節循序邏輯電路模擬分析的步驟，進行循序電路分析工作。週期性訊號源可以利用激勵信號編輯器(Stimulus Editor)功能，編輯 Clock 的訊號波形，參數設定如下：

> 頻率(赫茲)=1Meg
> 工作週期=0.5
> 初值=0
> 時間延遲(秒)=0

另外非週期性訊號源 Input 和 HI 的設定如下：

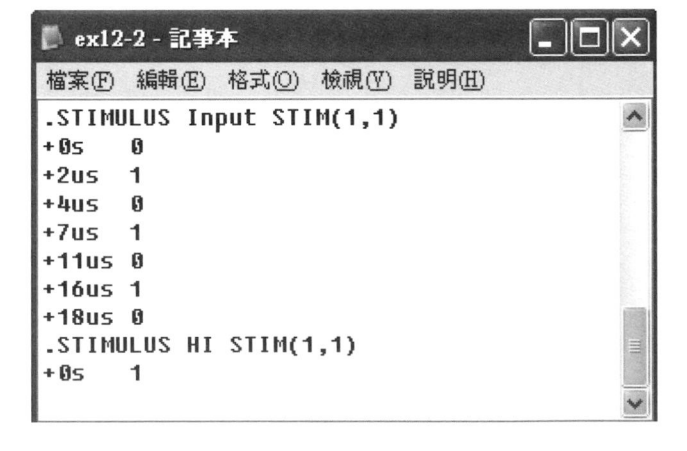

以下是暫態分析的參數設定，如下：

```
執行時間=20u
開始後儲存資料=0
```

3. 按 走線 → 加入曲線 ，輸入 Input：OUT、Clock：OUT 和 Output，可以觀看訊號的波形，如圖所示。

4. 依照循序邏輯電路最壞情況分析的步驟，進行最壞情況分析，參數設定如下：

```
時序模式＝最壞–情況 (最小／最大)
```

5. 使用 檢視 → 縮放顯示比例 → 區塊 和 走線 → 游標 → 顯示 功能，找出輸出訊號 Output 所有位準在 "F" 和 "R" 的時間範圍。

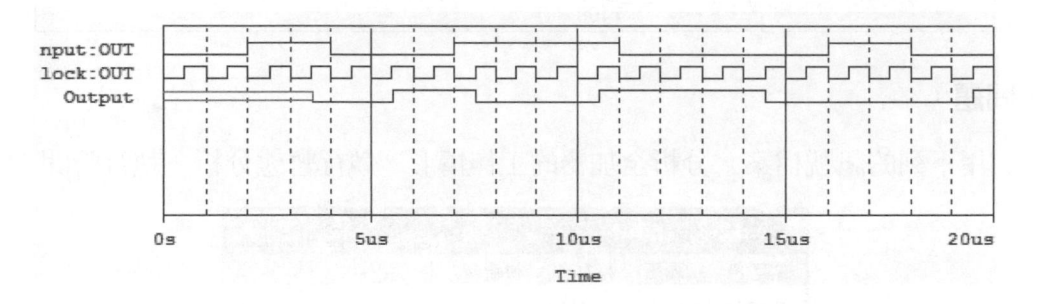

實驗 12-1　全加器

一、電路圖：

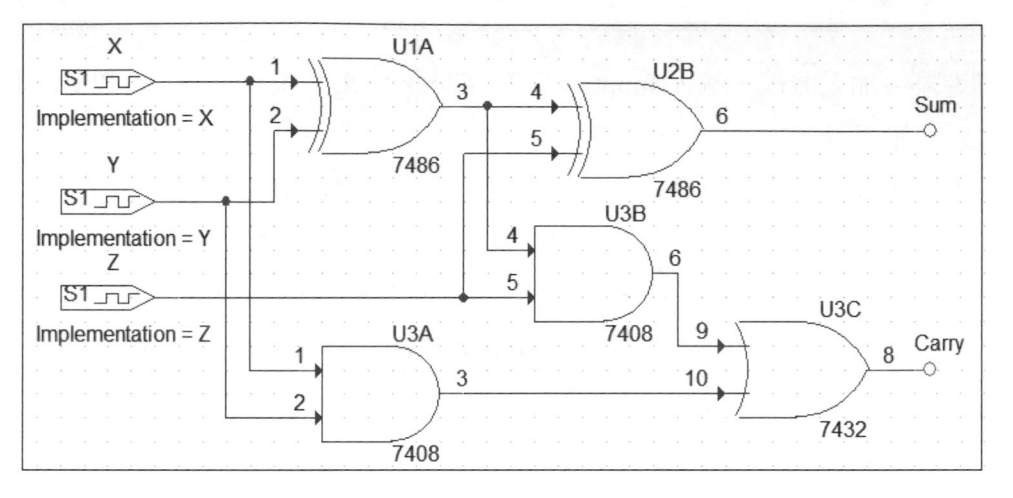

二、問題：

1. 利用下列的訊號檔案，分析全加器的工作情形，執行暫態分析，執行時間 16us。

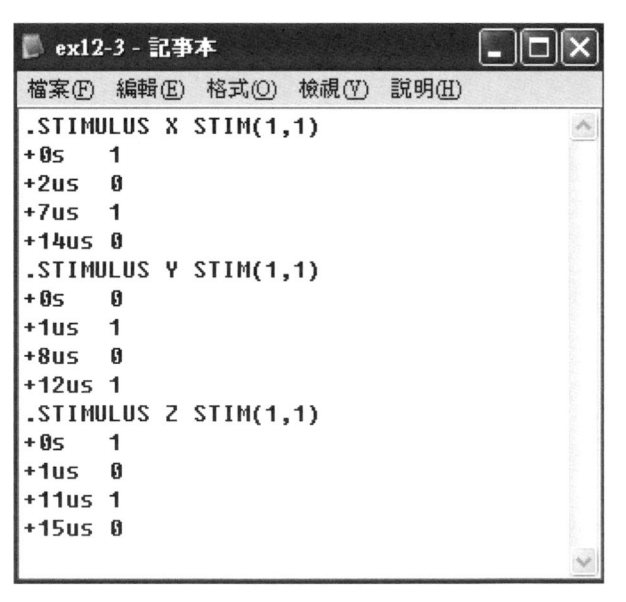

請畫出 X：OUT、Y：OUT、Z：OUT、Carry、Sum 的波形。

2. 請說明輸出波形是否正確？

3. 請說明最壞情況分析時，會產生多少個訊息？分別列出其發生問題的位置和發生的原因。

實驗 12-2　漣波計數器

一、電路圖：

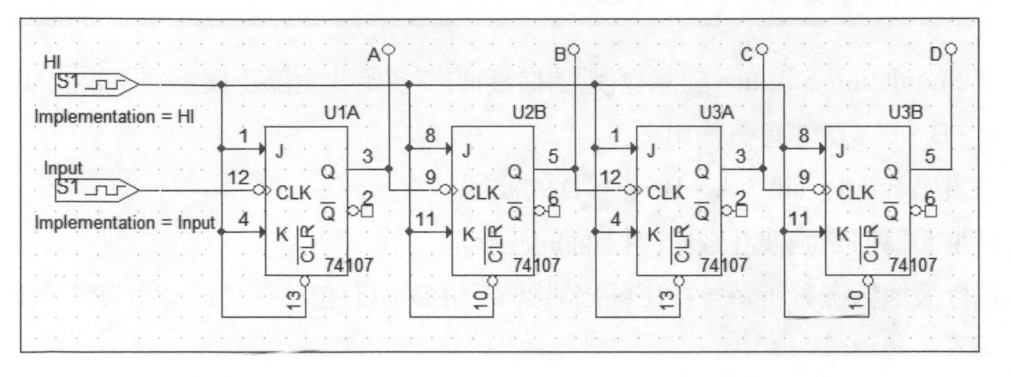

上圖是一個四位元的漣波計數器(4-bit binary ripple counter)，而且是上數計數器
(Up counter)。其中正反器的 J、K 兩個輸入端都連接到高電位。

其中輸入端 J 和 K 連接到高電位 "1"，可以使用訊號源 HI 設定，這兩個輸入端
都接到高電位，也可以使用$D_HI 元件，在 Source 元件庫中，按 放置→ 接地 命令，
可以找到此元件。

二、問題：

1. Input 訊號源是週期性訊號源，所以可以使用激勵信號編輯器(Stimulus Editor)功
   能，編輯輸入訊號源。

   週期性訊號源 Input 的參數設定，如下：

   非週期性訊號源 HI 的內容是：

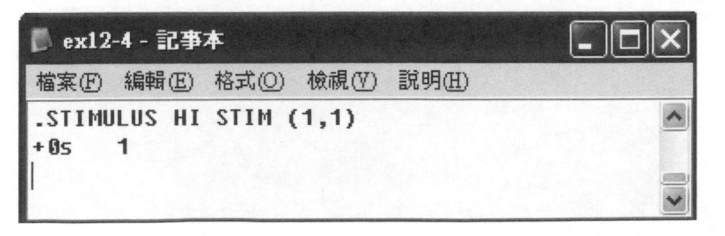

以下是暫態分析的參數設定，如下：

```
執行時間=20u
開始後儲存資料=0
```

把 Simulation Settings 對話盒(選項標籤)的"初始化全部正反器到"改成 0，如此 A、B、C、D 才會有輸出。

請畫出 Input：out、A、B、C、D 的波形。

2. 請說明為何是漣波計數器(由上面的波形)。

3. 執行最壞情況分析時，找出輸出訊號 C 和 D 所有位準在"F"和"R"的時間範圍。

PSpice

Chapter 13

階層式電路設計

13-1 由上而下電路設計法

由上而下電路設計法是對整個電路系統進行模組化設計，再針對每個子電路模組分別設計，並且分別進行除錯，再組合成原本的電路，所以可以設計一個較大的電路系統。

這是因為較大電路並不適合把所有電路元件都放在同一張電路圖中處理，這樣會增加設計和除錯過程的不便，所以採用階層式電路結構，可以利用小模組電路組合成大電路，分別進行設計和除錯，可以提高電路除錯能力和可讀性。

畫階層式電路圖時，會使用到的命令，如下所示：

主功能表	說明
按放置→電路方塊圖	放置一個階層方格
按放置→輸出入埠	放置一個階層輸出入埠
按放置→電路方塊圖進出點	放置一個階層接腳
按檢視→進入下層電路	移動到下層電路圖頁
按檢視→跳到上層電路	移動到上層電路圖頁

以下是畫上層電路圖的步驟(電路圖在圖 13-4)：

1. 按檔案→新增→專案命令，產生新增專案對話盒。
2. 選擇類比或類比/數位混合式。
3. 在名稱格子中，輸入 EX13-1。
4. 按確認鍵，產生建立 PSpice 專案對話盒，點選 "建立一個空的專案"。
5. 按確認鍵。
6. 在 Capture 視窗中，按放置→電路方塊圖命令，產生圖 13-1 對話盒。

放置電路方塊圖對話盒的說明，如下：

(1) 零件序號：定義電路階層方格的名稱，例如：EX13-1 電路中的 HB1 和 HB2 方格。

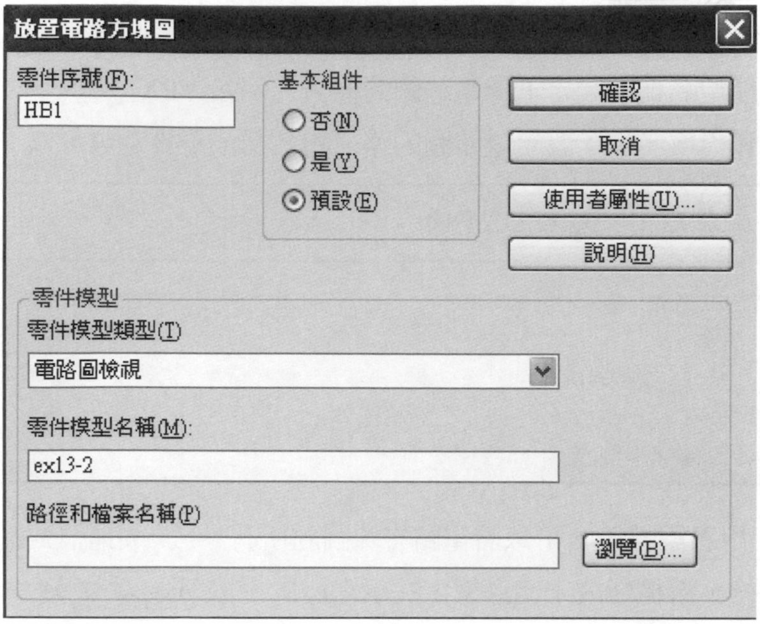

圖 13-1

(2)　基本組件：設定此電路方格的屬性，共有三種屬性，說明如下：

屬性	說明	註解
否	設定為非基本元件	可以設定此屬性
是	設定為基本元件	無法建立下層電路圖
預設	程式預設狀態	可以設定此屬性

(3)　零件模型類型：定義此方格所連結的電路種類，共有 8 種情形，說明如下：

連結的電路種類	說明
<none>	不連結任何電路
電路圖檢視	連結電路圖
VHDL	連結一個 VHDL 檔案
EDIF	連結一個 EDIF 檔案
專案	連結一個計畫檔案
PSpice 模型	連結一個 PSpice 模型檔案
PSpice 激勵信號	連結一個 PSpice 訊號檔案
Verilog	連結一個 Verilog 檔案

畫階層方格時，可以設定"電路圖檢視"。

(4) 零件模型名稱：設定下層電路圖的檔名，例如：EX13-2。

(5) 路徑和檔案名稱：設定電路圖的路徑和名稱，不設定也可以。

7. 在圖 13-1 對話盒中，輸入下列內容：

```
零件序號=HB1
基本組件=預設
零件模型類型=電路圖檢視
零件模型名稱=EX13-2
路徑和檔案名稱=不用設定
```

(如果按使用者屬性鍵，可以看電路方塊圖的所有參數，如圖 13-2)

8. 按確認鍵後，游標變成十字形態，在適當位置，按 mouse 左鍵一次，是方塊圖的一角，拉開後可以得到一個方格，再按 mouse 左鍵一次，即完成電路方塊圖(階層方格)，此時是粉紅色的方格，表示被選取。

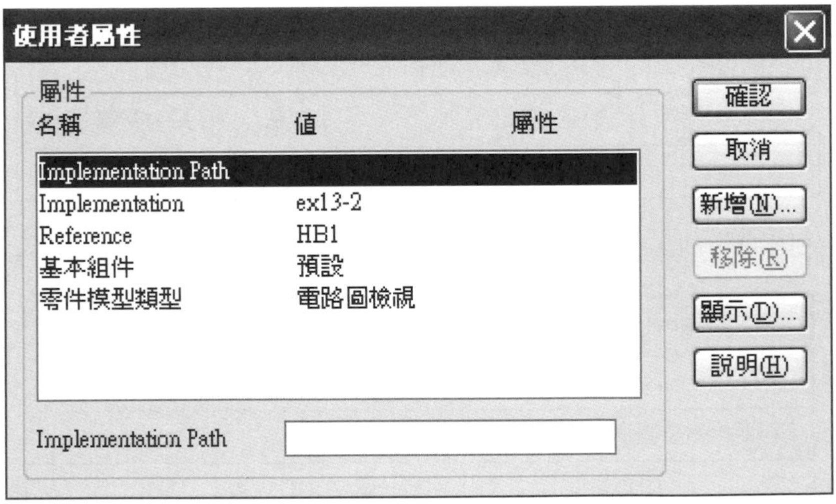

圖 13-2

9. 選取 HB1 方格，按放置→電路方塊圖進出點命令，產生圖 13-3 對話盒。(選取方格後，才能點選這個命令)

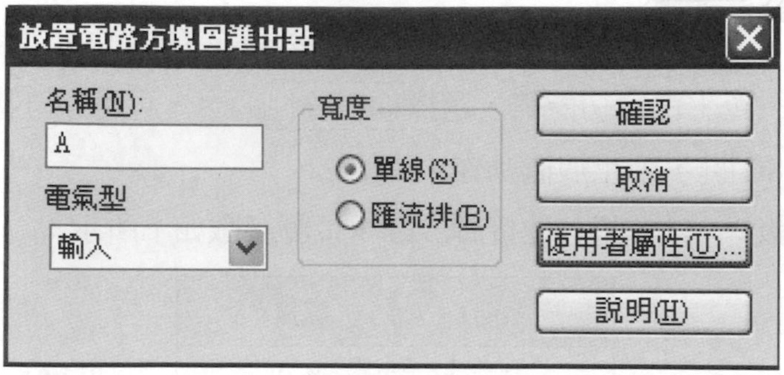

圖 13-3

放置電路方塊圖進出點對話盒的說明，如下：

(1) 名稱：設定接腳(Pin)名稱。

(2) 電氣型：接腳的種類，共有 8 種接腳(Pin)可以選擇，如下所示：

接腳	說明
三態	三態接腳
雙向	雙向接腳
輸入	輸入接腳
開集極	開集極接腳
開射極	開射極接腳
輸出	輸出接腳
被動	被動式接腳
Power	電源接腳

(3) 寬度：設定輸出入接腳的寬度，共有兩種選擇，說明如下：

① 單線：單線接腳。

② 匯流排：匯流排接腳。

10. 在圖 13-3 對話盒中，輸入下列內容：

名稱=A
電氣型=輸入
寬度=單線

(按使用者屬性鍵，可以看到電路方塊圖進出點的所有參數。)

11. 按 確認 鍵後，游標有輸入接腳(黑色外框)，按 mouse 左鍵，可以把接腳放好。(按 mouse 右鍵，產生快捷功能表，選擇 編輯屬性 命令，也可以直接產生圖 13-3 對話盒)，按 ESC 鍵，中止放置動作。

12. 重覆上面步驟 9～11，將其他接腳放好，接腳參數如下所示：

名稱	電氣型
B	輸入
S	輸出
C	輸出

如果接腳名稱後有數字，可以連續放置接腳，系統會自動遞增，例如：In1、In2…，按 mouse 右鍵，選擇 結束模式 命令，結束放置接腳。(建議按 ESC 鍵，較方便)

13. 由於是相同的電路(HB1 和 HB2 方格)，可以複製已經放好接腳的方格 HB1，只要按 編輯 → 複製 命令(要先選取 HB1 方格)，再按 編輯 → 貼上 命令，放好 HB2 方格。

14. 放置其他元件：7432、DigStim1 和 PORTLEFT-R，並且放好這些元件。(其中 PORTLEFT-R 元件是按 放置 → 輸出入埠 命令，放置這個元件。)

15. 按 放置 → 導線 命令，完成畫線。

16. 更改 PORTLEFT-R 的名稱為 Sum 和 Carry。

17. 設定訊號源名稱 UX、UY 和 UZ。

此時完成上層電路圖，如圖 13-4 所示。

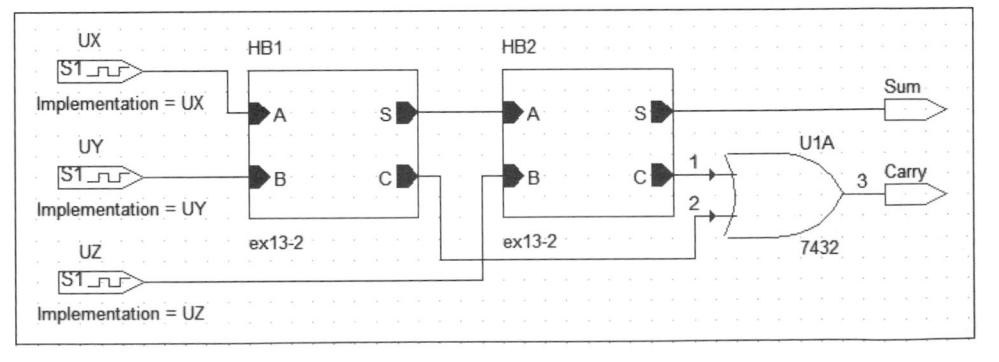

圖 13-4

以下是畫下層電路圖的步驟：

1. 在上層電路圖中，點選 HB1 方格，使其變成粉紅色。
2. 按 mouse 右鍵，產生快捷功能表，選擇 進入下層電路 或按 檢視 → 進入下層電路 命令，產生圖 13-5 對話盒。

下層電路圖產生另一張電路圖，在圖 13-5 中，下層電路圖儲存在 EX13-2 電路圖的 PAGE1 電路圖頁中。

3. 按 確認 鍵後，會到下層電路圖頁，如圖 13-6 所示。
4. 將下層電路圖畫好，如圖 13-7 所示。
5. 按 檔案 → 儲存 命令，儲存電路圖。
6. 按 檢視 → 跳到上層電路 命令，回到上層電路圖。

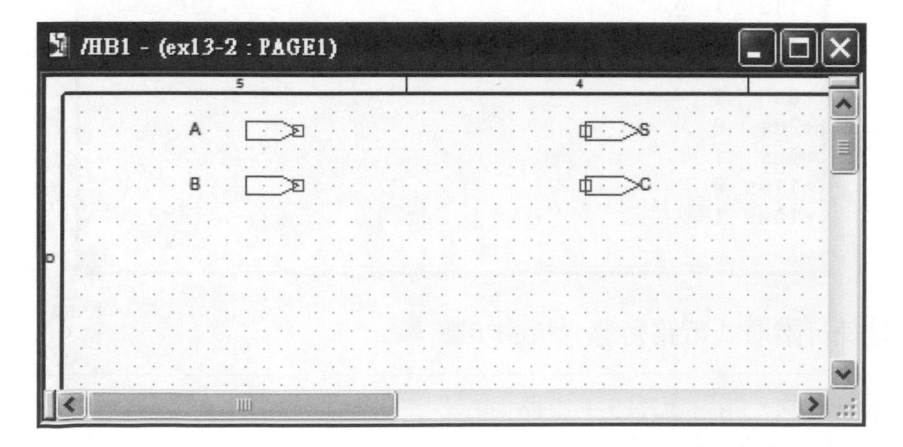

圖 13-6

下層電路圖，如下所示(存到 EX13-2)

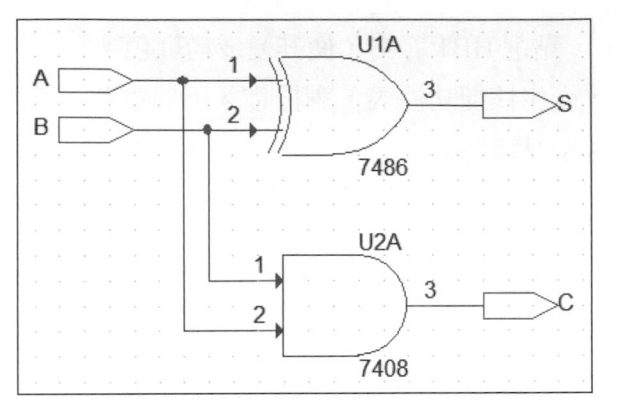

圖 13-7

EX13-1 電路圖的輸入訊號檔案(EX13-1.st1)內容，請使用記事本，儲存訊號源檔案，檔名是 EX13-1.stl。

```
ex13-1 - 記事本
檔案(F)  編輯(E)  格式(O)  檢視(V)  說明(H)
.STIMULUS UX STIM(1,1)
+0s    1
+5us   0
+8us   1
+14us  0
+18us  1
.STIMULUS UY STIM(1,1)
+0s    0
+2us   1
+3us   0
+11us  1
+14us  0
.STIMULUS UZ STIM(1,1)
+0s    1
+2us   0
+9us   1
+11us  0
+16us  1
```

以下是執行階層式電路暫態分析的步驟：

1. 在 Capture 中，開啟 EX13-1 電路圖。
2. 按 PSpice →新增模擬設定檔命令。

3. 在名稱格子中，輸入 Hierarchy。

4. 按建立鍵，產生新的模擬設定檔。

5. 在 Simulation Settings 對話盒中，按配置檔案標籤，在"分類"格子中，點選 Stimulus。

6. 按瀏覽鍵，產生"開啟"對話盒。

7. 找到訊號檔案 EX13-1.stl 的路徑。

8. 在"檔名(N)"中，輸入 EX13-1。

9. 按開啟鍵。

10. 按加入設計鍵，可以在"配置檔案"格子下，看到 EX13-1.stl 檔案名稱。

11. 在 Simulation Settings 對話盒上方，按分析標籤。

12. 在"分析類型"中，選擇時域(暫態)。

13. 在"選項"格子中，選擇一般設定。

14. 設定暫態分析參數，如下：

```
執行時間=20u
開始後儲存資料=0
```

15. 按確定鍵，完成設定工作。

16. 按 PSpice→執行命令，開啟模擬分析電路。

在 PSpice 視窗中，按走線→加入曲線命令，點選 UX：OUT、UY：OUT、UZ：OUT、Sum 和 Carry 輸出變數，其中 UX：OUT、UY：OUT 和 UZ：OUT 是輸入訊號，Sum 和 Carry 是輸出訊號，這 5 個波形如下所示：

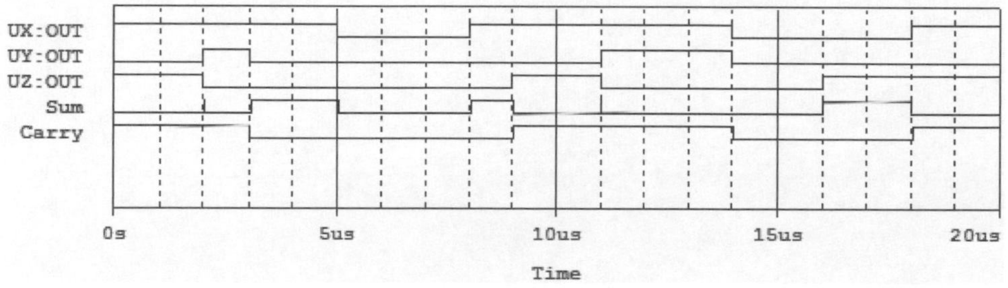

圖 13-8

在 Capture 視窗中，按 $\boxed{\text{PSpice}}$→$\boxed{\text{建立網路表}}$命令，產生電路的串接檔案，再按 $\boxed{\text{PSpice}}$→$\boxed{\text{檢視網路表}}$命令，可以看到階層式電路 EX13-1 串接檔案內容，如下所示：

```
* source EX13-1
.EXTERNAL OUTPUT Sum
.EXTERNAL OUTPUT Carry
X_HB1_U1A          N00297 N00309 N00350 $G_DPWR $G_DGND 7486 PARAMS:
+ IO_LEVEL=0 MNTYMXDLY=0
X_HB1_U2A          N00309 N00297 N00325 $G_DPWR $G_DGND 7408 PARAMS:
+ IO_LEVEL=0 MNTYMXDLY=0
X_HB2_U1A          N00350 N00313 SUM $G_DPWR $G_DGND 7486 PARAMS:
+ IO_LEVEL=0 MNTYMXDLY=0
X_HB2_U2A          N00313 N00350 N00358 $G_DPWR $G_DGND 7408 PARAMS:
+ IO_LEVEL=0 MNTYMXDLY=0
X_U1A          N00358 N00325 CARRY $G_DPWR $G_DGND 7432 PARAMS:
+ IO_LEVEL=0 MNTYMXDLY=0
U_UX          STIM(1,0) $G_DPWR $G_DGND N00297 IO_STM STIMULUS=UX
U_UY          STIM(1,0) $G_DPWR $G_DGND N00309 IO_STM STIMULUS=UY
U_UZ          STIM(1,0) $G_DPWR $G_DGND N00313 IO_STM STIMULUS=UZ
```

有關串接檔案說明如下：

1. .EXTERNAL：表示輸出入埠的點命令，後面的 OUTPUT 表示是輸出埠。

2. X_HB1_U1A：開頭字母 X 表示是子電路，X_HB1_U1A 表示 U1A 是 HB1 方格內的元件，是 7486 元件(XOR 閘)。

3. U_UX：開頭字母 U 表示是數位元件，是 UX 的輸入訊號源。

實驗 13-1

一、電路圖：

下圖是一個 3×8 解碼器(上層電路)。

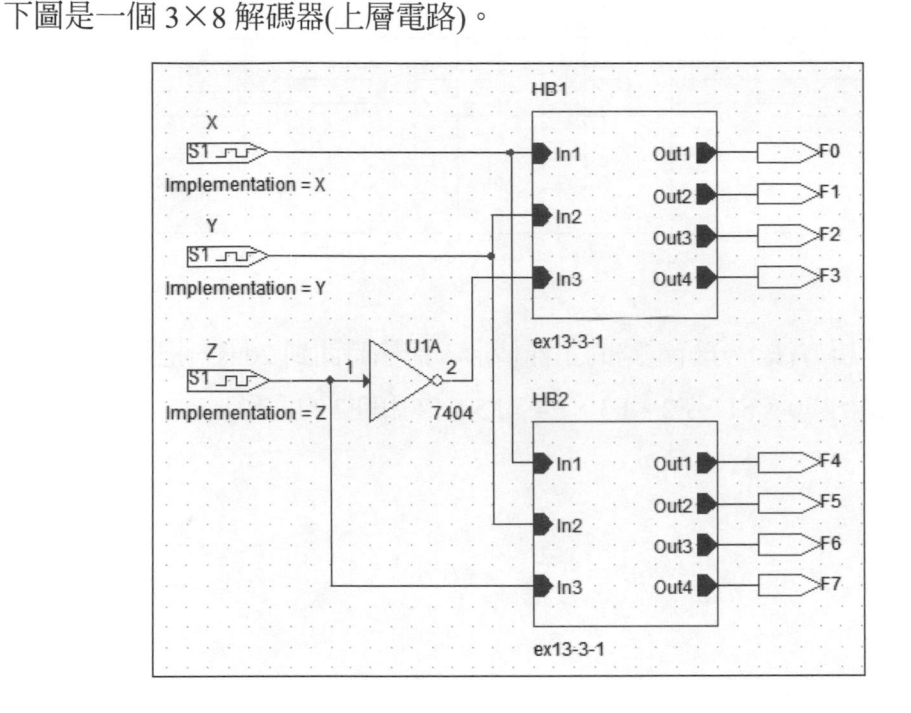

下圖是一個 2×4 解碼器(下層子電路)。

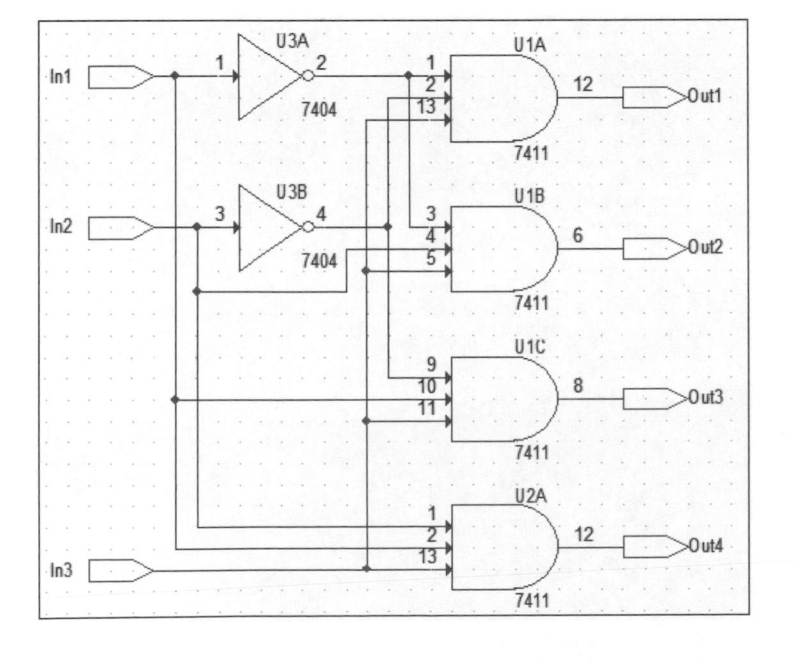

二、問題：

1. 畫出上層電路圖和下層電路圖，並且列印出整個電路圖的串接檔。

2. 設計一個訊號檔案，輸入到上層電路圖中，訊號波形如下圖所示：

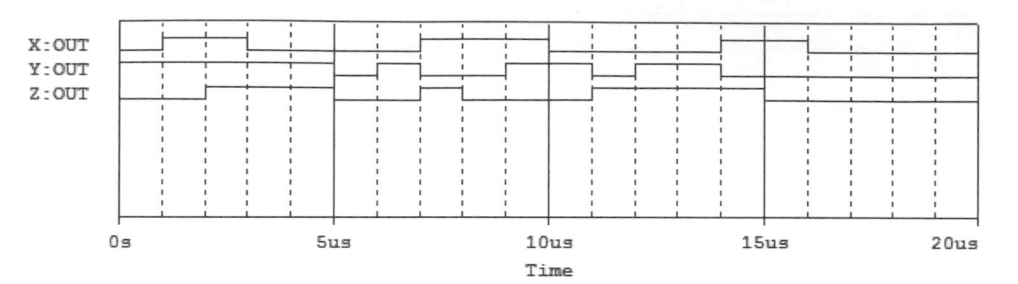

使用暫態分析方法，分析電路的工作情形，掃描時間到 20us。把訊號檔案的內容寫出來，並且畫出 F0、F1、F2、F3、F4、F5、F6 和 F7 的波形。

實驗 13-2

一、電路圖：

下圖是一個最上層電路圖。

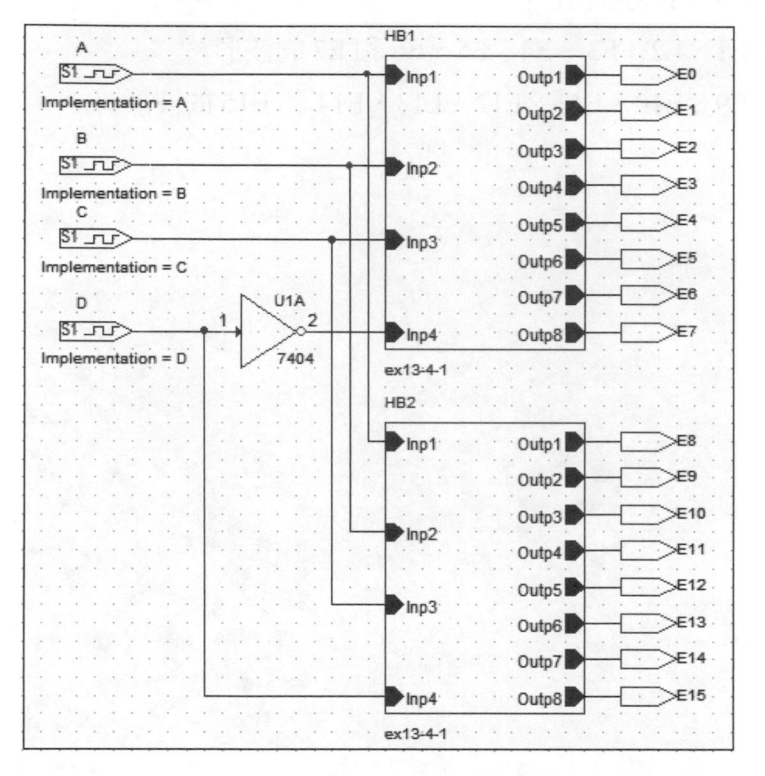

第 2 層電路如下圖所示，最下層電路是前面實驗的 2×4 解碼器。

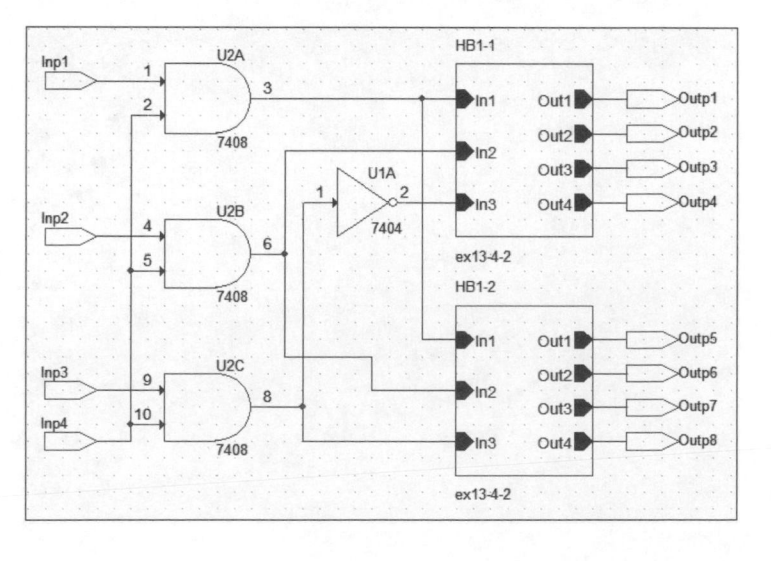

二、問題：

1. 畫出 3 層的電路圖，並且列印出串列檔。

2. 自行設計一個訊號檔案，輸入到上層電路中，使用暫態分析，掃描時間到 20us，把訊號檔案的內容列印出來。

3. 畫出 E0、E1、E2、E3、E4、E5、E6 和 E7 的波形。

4. 畫出 E8、E9、E10、E11、E12、E13、E14 和 E15 的波形。

實驗 13-3　並聯加法器

一、電路圖：

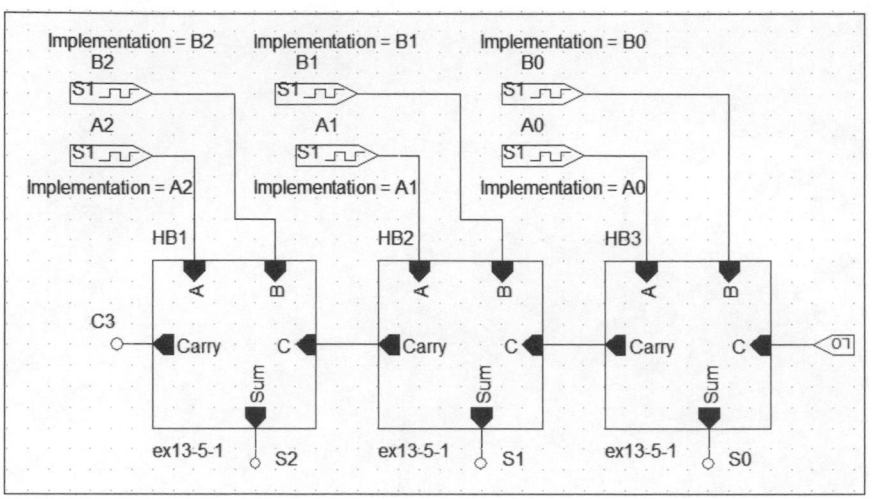

二、問題：

1. 利用由上而下電路設計法，畫好上面電路圖，存到電路檔案中。其中並聯加法器中的主要單元(全加器)請自行決定。

2. 自行建立數位訊號源的訊號檔案，證明電路圖是正確的，把輸出結果畫出。

3. 產生電路的串接檔，請列出串接檔內容。

PSpice

Chapter **14**

修改零件和建立元件庫

14-1 使用零件編輯器

有時元件庫中的元件並不符合我們的需要，所以可以利用零件編輯器，編輯我們所需要的元件符號。

共有二種方式，可以編輯元件，如下所示：

1. 修改原來元件。
2. 編輯新的元件。

編輯完成的元件，可以存入原元件庫或新的元件庫，如果存到原元件庫時要特別小心，不要把相同元件名稱的元件蓋掉，否則呼叫這個元件的電路圖會發生錯誤。

以下兩節的內容，分別說明這兩種編輯元件的方法。

14-2 修改原來元件

我們要把 Rbreak 元件修改成爲圖 14-1 所示：

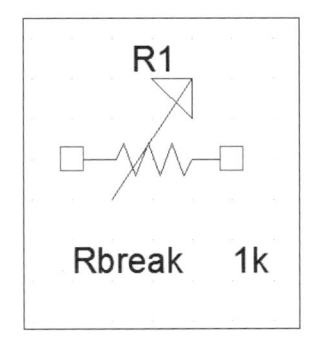

圖 14-1

要修改原來元件，共有下列兩種方式，如下所示：

1. 直接修改原來元件。
2. 複製元件，再修改複製元件。

當然建議讀者儘量不要直接修改原來元件，尤其是系統內建的元件庫，因爲可能會改變其他電路圖的元件。

直接修改原來元件時，先選取要編輯的元件(必須先放置元件到電路圖頁中)，再按 mouse 右鍵，產生快捷功能表，如圖 14-2 所示。

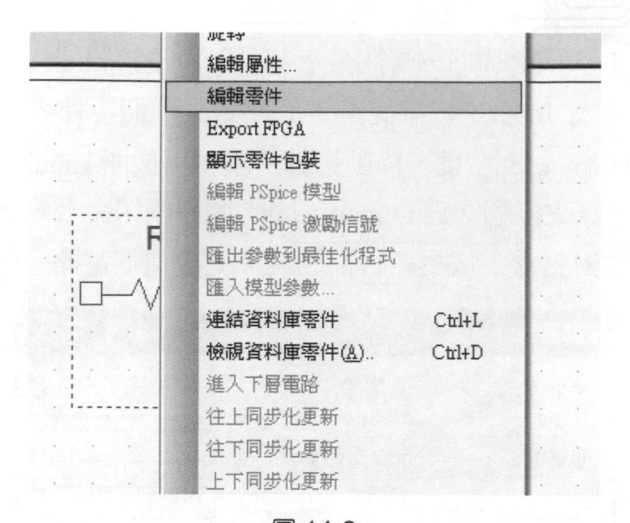

圖 14-2

選擇快捷功能表的 編輯零件 功能，可以進入零件編輯器，編輯 Rbreak 元件，如圖 14-3 所示。

另外先選取要編輯的元件，再按 編輯 → 零件 命令，也可以進入零件編輯器。

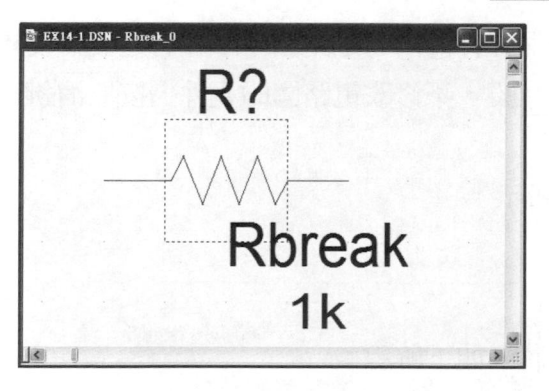

圖 14-3

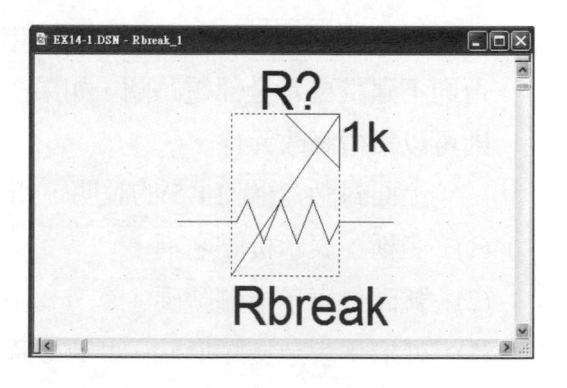

圖 14-4

接下來、修改 Rbreak 元件的形狀，如圖 14-4 所示。

修改元件 Rbreak 形狀的步驟，如下所示：

1. 按 放置 → 線 命令，畫線，如果線太長時，超過虛線外框，虛線外框會自動變大。
2. 移動特性值 1K 和 Rbreak 的位置，到適當位置。
3. 修改接腳名稱，使接腳名稱變成：

　　　接腳 1 變成 Input。

　　　接腳 2 變成 Output。

點選接腳 1，再按編輯→屬性命令，可以產生接腳屬性(圖 14-5)對話盒，在名稱格子中，輸入 Input，按確認鍵，完成修改一個接腳名稱，如果接腳位置被移動，只要按住 mouse 左鍵，移動接腳位置，再放開 mouse 左鍵，即可以移動位置，同樣地、修改接腳 2 為 Output。按檔案→關閉命令，關閉零件編輯器，產生儲存零件本尊對話盒，按更新目前的鍵，更改這個電路圖的元件圖形。

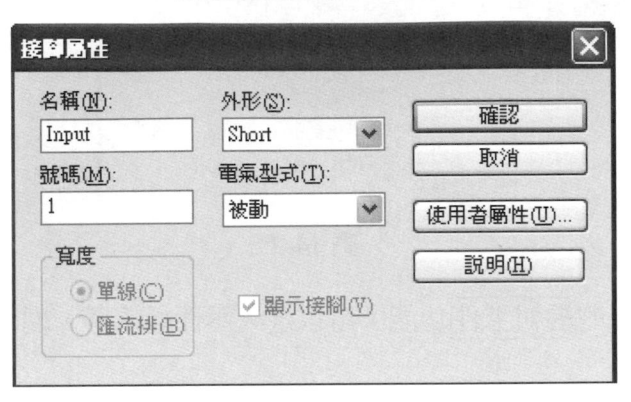

圖 14-5

如果按全部更新鍵，會更新使用這個元件的所有電路圖，除非有這個需要，否則不建議更新全部電路圖，如果按放棄鍵，不修改電路圖的元件，按取消鍵，則可以繼續修改元件。

上面對話盒(圖 14-5)的說明，如下所示：

(1) 名稱：表示接腳名稱。

(2) 號碼：表示接腳號碼。

(3) 外形：表示接腳形狀，共有 6 種形狀，如下所示：

形狀名稱	說明
Clock	時脈接腳
Dot	反相接腳
Dot-Clock	反相時脈接腳
Line	一般接腳
Short	短接腳
Short Clock	短時脈接腳
Short Dot	短反相接腳
Short Dot Clock	短反相時脈接腳
Zero Length	零長度接腳

(4)　電氣型式：表示接腳種類，共有 8 種接腳，說明請參考第 13 章。

(5)　寬度：接腳的寬度，只有單線接腳(Scalar)和匯流排(Bus)兩種可供選擇。

(6)　顯示接腳：定義接腳是否可見。

在電路編輯視窗(Capture)中，在元件上，連按 mouse 左鍵兩次，進入屬性編輯器，再按 Pins 標籤，屬性編輯器變成元件接腳的所有參數，如圖 14-6 所示。

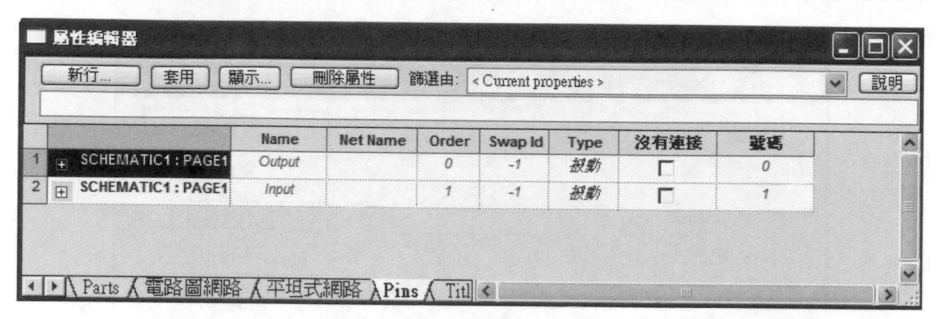

圖 14-6

14-3　建立一個新的元件庫

以下說明如何建立一個新的元件庫，步驟如下：

1.　關閉所有專案，按 檔案 → 新增 → 零件庫 命令，開啟檔案管理視窗，如圖 14-7。

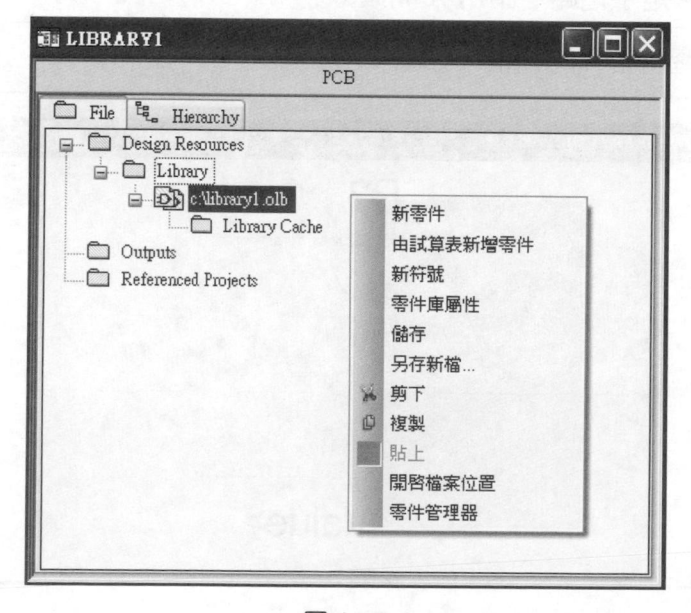

圖 14-7

2. 點選元件庫 Library1.olb，再按 mouse 右鍵，產生快捷功能表。

3. 選擇 新零件 功能，產生圖 14-8 對話盒。

    參數設定如下：

    名稱= R-test
    零件序號字首= R

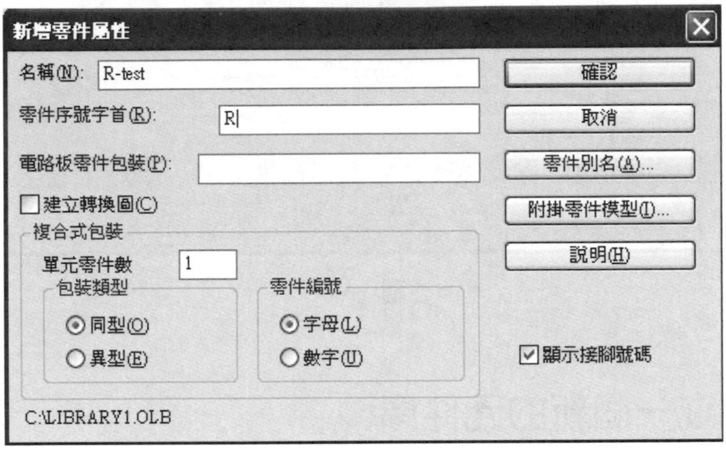

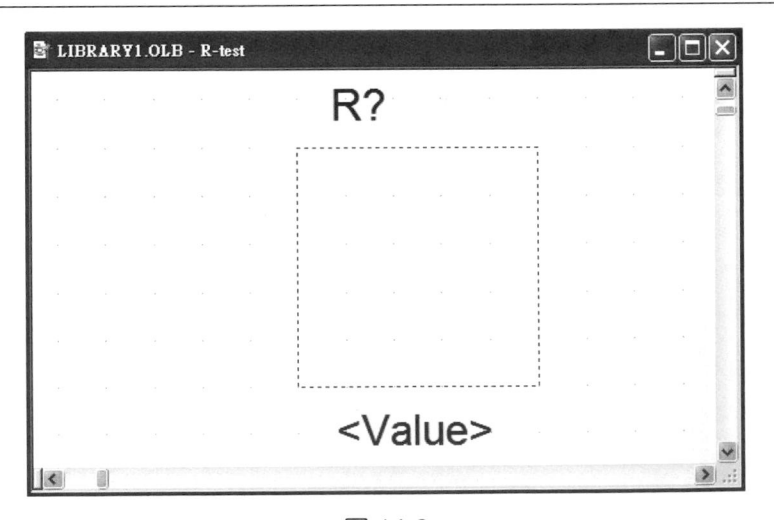

圖 14-8

其中零件序號字首就是開頭字母，請看表 2-2 的說明，如果是數位元件，則用 U 字開頭，如果是子電路，請用 X 開頭。

4. 按 確認 鍵，產生零件編輯器，如圖 14-9。

圖 14-9

5. 按 放置 → 矩形 命令，畫一個長方形。

6. 按 放置 → 文字 命令，輸入 R 字，並且放大 R 字。(按 變更 鍵，可以更改字的大小)

7. 按 放置 → 接腳 命令，產生圖 14-10 對話盒，按 確認 鍵後，按 mouse 左鍵，可以放接腳，由於接腳名稱和號碼都是數字，可以連續放置，接腳名稱和號碼會自動遞增。如果全部都是文字，則按 Esc 鍵，再重複執行命令。

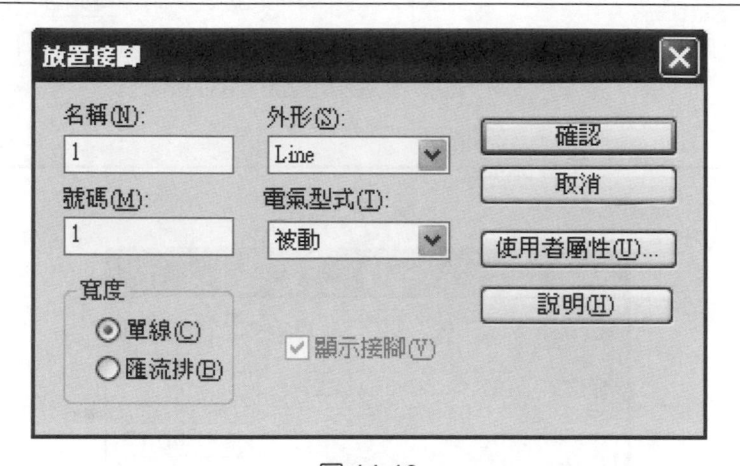

圖 14-10

接腳設定值，如下所示：

參數	接腳 1	接腳 2
名稱	1	2
號碼	1	2
外形	Line	Line
電氣型式	被動	被動
寬度	單線	單線
顯示接腳	✓	✓

8. 按 選項 → 零件屬性 命令，產生圖 14-11 對話盒。

9. 點選 Value 那一行，輸入 1K，按 Enter 鍵，修改資料。

10. 按 新增 鍵，產生圖 14-12 對話盒。

11. 在 "名稱" 格子中，輸入 PSpiceTemplate。在 "值" 格子中，輸入 R^@REFDES %1 %2 @VALUE，按 確認 鍵，再按一次 確認 鍵。

12. 此時完成一個元件 R-test，按 檔案 → 儲存 命令，儲存元件資料。

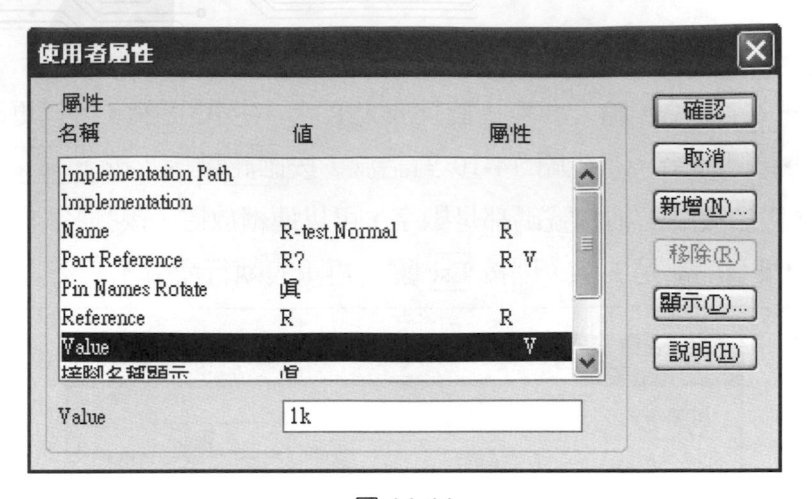

圖 14-11

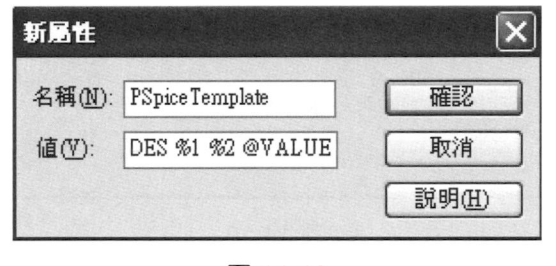

圖 14-12

此時已完成元件編輯工作，元件 R-test 的圖形，如圖 14-13 所示：

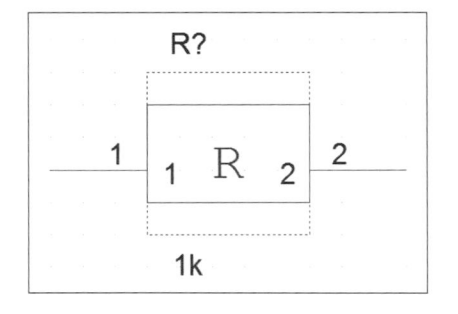

圖 14-13

最後關閉元件庫(按檔案→關閉命令，再按檔案→關閉專案命令)。

以下是模擬 EX14-2 電路圖(圖 14-15)的步驟：

1. 按檔案→新增→專案命令，產生新增專案對話盒。
2. 在名稱格子中，輸入 EX14-2。
3. 點選類比或類比/數位混合式。

4. 按確認鍵，點選"建立一個空的專案"，再按OK鍵。

   接下來，要使用新建立元件庫中的 R-test 元件，建立一個電路圖。

5. 按放置→零件命令，產生 Place Part 對話盒，再按零件庫欄位中的 Add Library 圖示，連結 Library1.olb 元件庫，如圖 14-14。

6. 根據圖 14-15 電路圖，畫好電路圖。

7. 按PSpice→新增模擬設定檔命令。

8. 在名稱格子中，輸入 Library。

9. 按建立鍵，產生新的模擬設定檔。

10. 在 Simulation Settings 對話盒上方，按分析標籤。

11. 在"分析類型"中，選擇偏壓點。

12. 在"選項"格子中，選擇一般設定。

13. 啟動偏壓點分析設定。

14. 按確定鍵，完成設定工作。

15. 按PSpice→執行命令，開始模擬分析電路。

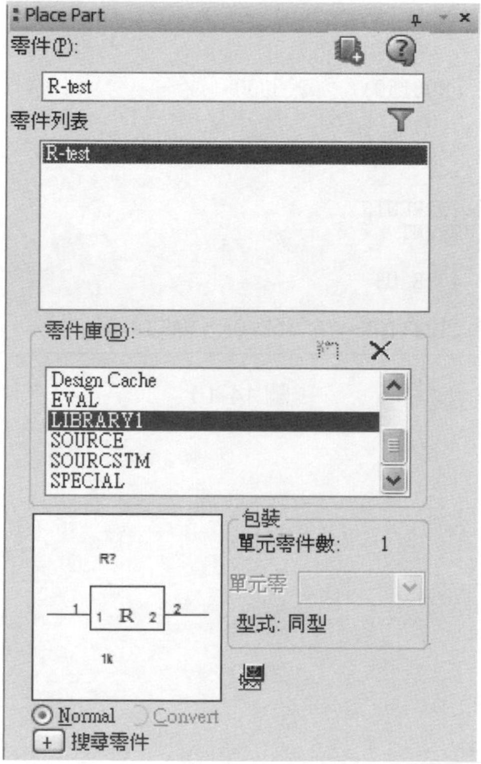

圖 14-14

連結新的元件庫時，元件庫的路徑要正確，才能找得到元件庫。

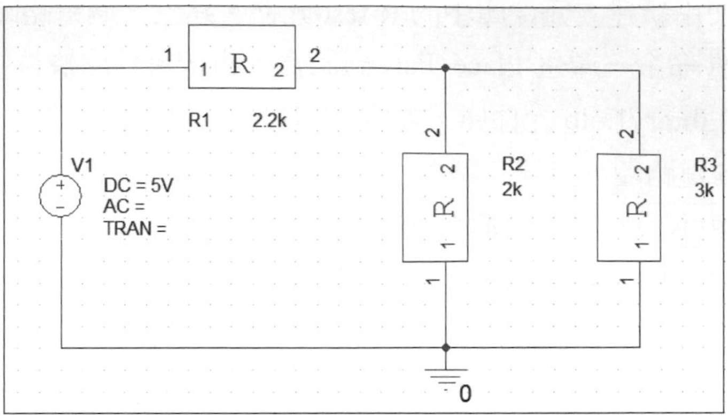

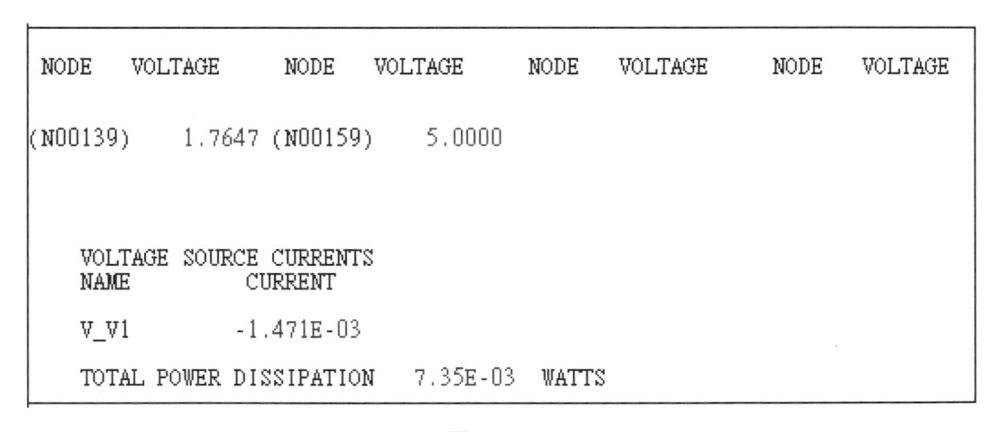

圖 14-15

在 PSpice 視窗中，按 PSpice→建立網路表命令，產生串接檔，按 PSpice→檢視網路表命令，可以看串接檔內容。

開啟圖 14-15 電路圖，進行偏壓點分析，偏壓點分析的結果，如圖 14-16 所示。

```
NODE    VOLTAGE     NODE    VOLTAGE     NODE    VOLTAGE     NODE    VOLTAGE

(N00139)   1.7647 (N00159)    5.0000



   VOLTAGE SOURCE CURRENTS
   NAME         CURRENT

   V_V1        -1.471E-03

   TOTAL POWER DISSIPATION   7.35E-03   WATTS
```

圖 14-16

綜合練習 14-1 ‥‥‥ 建立一個三元件(RLC)的元件庫

一、元件符號：

三個元件的元件符號為：

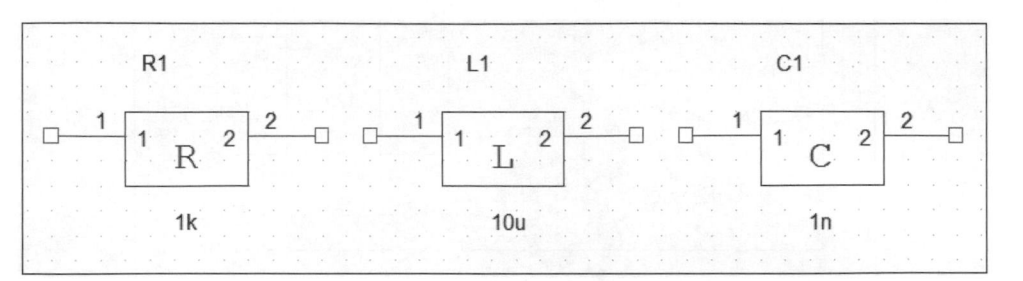

二、分析步驟：

1. 依照 14-3 節建立一個新元件庫的執行步驟，進行元件編輯工作。

   三個元件的屬性，如下所示：

```
PSpiceTemplate=R^@REFDES %1 %2 @VALUE
VALUE=1K
零件序號字首=R
名稱=R
```

```
PSpiceTemplate=L^@REFDES %1 %2 @VALUE
VALUE=10u
零件序號字首=L
名稱=L
```

```
PSpiceTemplate=C^@REFDES %1 %2 @VALUE
VALUE=1n
零件序號字首=C
名稱=C
```

2. 應用上面三個電路元件，完成下列電路圖：

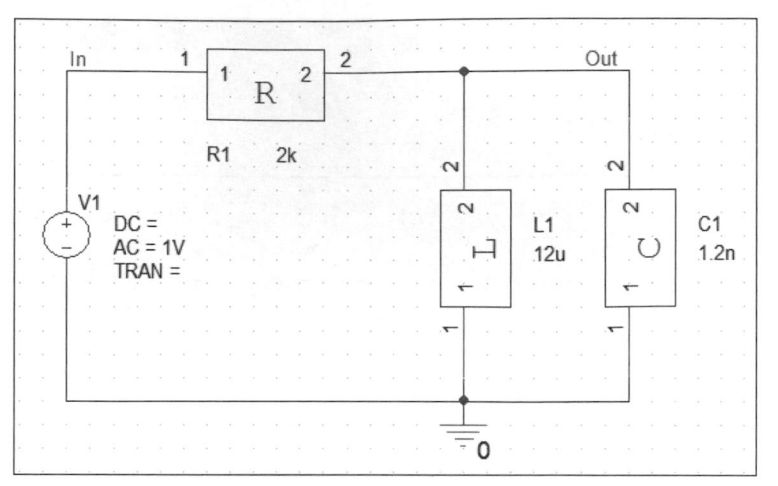

3. 把上面電路圖轉換為串接檔，其串接檔如下所示：

```
* source EX14-3
R_R1          IN OUT 2k
L_L1          0 OUT 12u
C_C1          0 OUT 1.2n
V_V1          IN 0  AC 1V
```

實驗 14-1 ···· **建立一個電壓控制電源(E、G)的元件庫**

一、元件符號

1. 電壓控制電壓源元件(EI)：

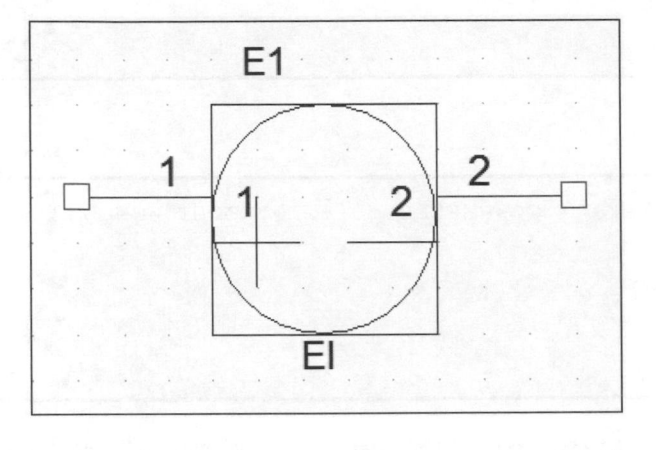

2. 電壓控制電流源元件(GI)：

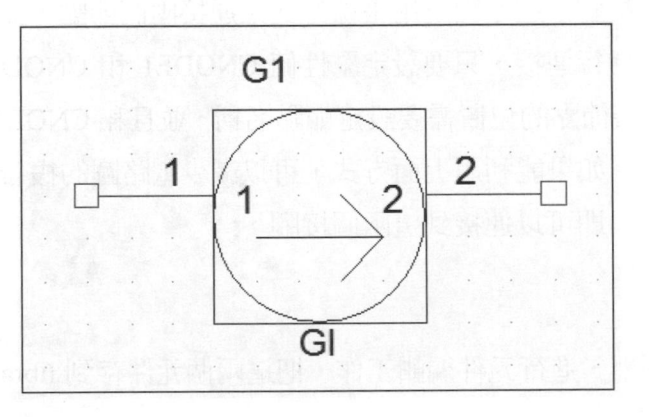

二、元件屬性：

　　GAIN、CNODE1 和 CNODE2 三個屬性的設定方式和 PSpiceTemplate 方法是一樣，要以新增屬性方式設定，除了 CNODE1 和 CNODE2 不用輸入"值"，只要設定"名稱"。

1. EI 的元件屬性：

```
PSpiceTemplate = E^@REFDES %1 %2 @CNODE1 @CNODE2 @GAIN GAIN=1
零件序號字首=E
名稱=EI
CONDE1=
CONDE2=
```

2. GI 的元件屬性：

```
PSpiceTemplate = G^@REFDES %1 %2 @CNODE1 @CNODE2 @GAIN GAIN=1
零件序號字首= G
名稱=GI
CONDE1=
CONDE2=
```

其中 CNODE1 和 CNODE2 是控制電壓的兩個節點，由於上面兩個元件的元件符號沒有這兩個接腳，這是因為用畫線方式來連接兩個節點，並不方便。利用設定上面兩個節點進行連接，只要設定屬性值 CNODE1 和 CNODE2，即會自動連接起來，但是連接節點的位置需要設定節點名稱，並且和 CNODE1、CNODE2 所設定的名稱相同。如果能利用上面方式，可以減少電路圖的複雜程度，只要在屬性編輯器中設定，即可以連接到這兩個接腳。

三、問題：

1. 使用零件編輯器，進行元件編輯工作，把這兩個元件存到 library3.olb 中，並且連結新的元件庫。
2. 設計一個能夠應用到上面兩個元件的電路圖。
3. 把電路圖轉換為串接檔，並且列印出串接檔的內容。

PSpice

附錄

附錄 A　基本電路元件集

在 PSpice 軟體中，基本元件種類並不多，如果是理想元件，所有基本元件全部列在下面表格，從下表中，可以發現可以使用的元件數量實在是很少。

基本電路元件集

開頭字母	電路元件	宣告格式
B	GaAsFET	Bname ND NG NS BM (area value)
C	電容	Cname N+ N- value [IC=V0]
D	二極體	Dname N+ N- DM (area value)
E	電壓控制電壓源	Ename N+ N- NC+ NC- <電壓增益值>
F	電流控制電流源	Fname N+ N- VN <電流增益值>
G	電壓控制電流源	Gname N+ N- NC+ NC- <導納值>
H	電流控制電壓源	Hname N+ N- VN <電阻值>
I	獨立電流源	Iname N+ N- [(DC) value]+[AC mag [phase]] [PULSE (i1 i2 td tr tf pw per)]/[PWL(t1 i1 t2 i2...tn in)]/......]
J	接面場效電晶體 (JFET)	Jname ND NG NS JM [area]
K	變壓器	Kname Lname1 Lname2 value
L	電感	Lname N+ N- value [IC=i0]
M	金氧半場效電晶體 (MOS)	Mname ND NG NS NB MM
Q	雙極電晶體 (BJT)	Qname NC NB NE NS QM (area)
R	電阻	Rname N1 N2 value [TC=tc1 (,tc2)]
S	電壓控制開關	Sname N+ N- NC+ NC- SM
T	傳輸線	Tname NA+ NA- NB+ NB- ZO=value TD=value　F=value　NL=value
V	獨立電壓源	Vname N+ N- [(DC) value]+[AC mag [phase]] [PULSE (V1 V2 td tr tf pw per)]/[PWL (t1 v1 t2 v2...tn vn)]/...]
W	電流控制開關	Wname N+ N- VN WM
X	子電路	Xname (子電路節點) SUB name

　　但是為何軟體提供那麼多元件庫，而每一個元件庫有那麼多的元件，事實上，除了理想的基本元件外，主要有兩類元件才造成有這麼多元件，一種是設定模型資料的元件，這些元件的模型參數通常由設定和生產公司提供，只要模型參數有所不同，就會當成一個獨立元件，因此有大量這種元件，另外一種元件是子電路元件，由其他元件組成，這類元件也有非常多的元件可以使用。

附錄 B　PSpice 點命令集

在 PSpice 視窗中，按 檢視 → 輸出檔案 命令，可以看到 PSpice 軟體的輸入檔(在輸出檔案的前半部)，如圖 B-1 所示，從輸入檔中，可以看到許多命令，例如：lib、AC、PROBE、INC 和 END，它們之間有一個共同的特點，就是命令前面有一個點，所以 PSpice 軟體的命令叫做點命令。雖然現在並不需要寫這些點命令，只要在模擬設定檔的 Simulation Settings 對話盒中輸入分析參數，但是多了解這些點命令，可以增加我們對 PSpice 軟體的了解，較常使用的 PSpice 點命令集，如下表所示：

較常使用的 PSpice 點命令(Dot Command)集

點命令	命令說明	命令宣告
.AC	頻率響應分析	.AC [DEC/OCT/LIN]NP fstart fstop
.DC	直流掃描	.DC source start stop INCR
.END	檔案結束	.END
.ENDS	次電路結束	.ENDs SUBname
.FOUR	傅利葉分析	.FOUR freq var1[var2/ … /varn]
.IC	設定起始電壓或電流	.IC V(1) = V1 V(2) = V2 … V(N) = VN
.INC	內容檔案	.INC FILE
.LIB	資料庫宣告	.LIB FILE
.MODEL	模型宣告	.MODEL Mname Type (P1 = Valuel P2 = Value2 … PN = ValueN)
.NODESET	設定節點電壓	.NODESET V(1) = V1 V(2) =V2 … V(N)=VN
.NOISE	雜訊分析	.NOISE V noise source interval
.OP	偏壓點	.OP
.OPTIONS	選擇項	.OPTIONS OPT1 OPT2 … [OPT name=value]
.PLOT	輸出圖形結果	.PLOT [DC/AC/TRAN/NOISE][輸出變數] (下限值 ，上限值)
.PRINT	輸出數值結果	.PRINT [DC/AC/TRAN/NOISE][輸出變數]
.PROBE	輸出圖形結果	.PROBE[輸出變數]

點命令	命令說明	命令宣告
.SENS	靈敏度	.SENS[輸出變數]
.SUBCKT	次電路宣告	.SUBCKT SUBname(次電路節點)
.TEMP	設定操作溫度	.TEMP<values>
.TF	小訊號轉移函數	.TF output input
.TRAN	暫態分析	.TRAN Tstep Tstop[Tstart Tmax][UIC]
.WIDTH	輸出寬度	.WIDTH OUT=<value>

```
* Profile Libraries :
* Local Libraries :
* From [PSPICE NETLIST] section of C:\Cadence\SPB_16.3\tools\PSpice\PSpice.ini file:
.lib "nomd.lib"

*Analysis directives:
.AC OCT 20 1k 1meg
.PROBE V(alias(*)) I(alias(*)) W(alias(*)) D(alias(*)) NOISE(alias(*))
.INC "..\SCHEMATIC1.net"



**** INCLUDING SCHEMATIC1.net ****
* source EX6-6
V_Vin          N00147 0  AC 1v
C_C1           0 N00147  0.01u  TC=0,0
L_L1           N00167 N00147  1m
R_R1           0 N00167  25 TC=0,0

**** RESUMING huh.cir ****
.END
```

圖 B-1

附錄 C　PSpice 文字輸入檔說明

C-1　為何要了解 PSpice 文字輸入檔的內容

當 PSpice 軟體開始使用視窗介面方式，執行輸入電路圖和設定分析參數，使用者就不再需要了解如何寫一個 PSpice 文字輸入檔，因此對於一個需要分析電路的 PSpice 使用者，只需知道如何畫電路圖和設定正確的分析參數，就可以完成 PSpice 分析工作，而不用接觸到 PSpice 文字輸入檔。

根據上面說法，使用者根本不需要了解 PSpice 文字輸入檔內容，也可以執行 PSpice 分析工作，但是使用者不一定能夠畫出一個和原始電路完全相同的電路圖，也不一定輸入正確的分析參數，使用者可能會得到一個分析結果，但是這個分析結果卻是不正確或有極大誤差。如果 PSpice 使用者懂得看文字輸入檔，這表示文字輸入檔提供使用者一個額外的檢查機會，因為文字輸入檔的內容可以檢查電路圖或分析參數，使用者可以透過文字串接檔內容，再度檢查電路圖是否正確，也可以看點命令的分析參數是否是符合我們的要求。

C-2　PSpice 輸入檔案格式

透過了解 PSpice 輸入檔案的格式，使用者可以更容易了解 PSpice 軟體的文字輸出檔(.out)的內容，因為其中前半部份就是 PSpice 輸入檔案(.CIR)的內容。

PSpice 輸入檔案格式，如下所示：

表 C-1

格式	範例	說明
1.標題行	*EX12-1. CIR	一定是在第一行，而且第一個字一定是"*"，其餘說明部份，可以在*之後，或者只有*，而沒有說明，*開頭表示此行是註解行。
2.電路圖描述	V1　1　0　DC　10V V2　4　0　DC　7V R1　1　2　20 R2　2　0　80 R3　2　3　60 R4　3　0　50 R5　3　4　10	說明電路中所有元件的連接情形及值(value)，所有節點一定要至少出現兩次以上，才算正確的電路元件描述。所有電路元件的宣告格式，請看附錄 A 電路元件集，此部份內容就是串接檔內容，表示整張電路圖。
3.分析參數描述	.OP	分析參數描述的命令是屬於點命令。
4.輸出描述		輸出描述的命令也是屬於點命令，有三種輸出格式：.PRINT、.PROBE 和.PLOT。
5.選項	.OPTIONS NOPAGE	選擇採用那一種選項。
6.檔案結束	.END	輸入檔結束。

輸入檔案的其他重點：

1. 格式順序：最後一行一定是.END，其餘沒有一定順序，但是建議讀者儘量依照前面格式，較容易閱讀和除錯。

2. 超過一行：如果指令長度超過一行，可以在下一行開頭處加入"＋"，表示同一行，如果有更多內容，以此類推，一般常在.Model(宣告模型參數，因為半導體元件的模型參數很多)時才會發生。

3. 英文大小寫：對於 PSpice 軟體而言，英文大小寫是相同的。

4. 註解行：在檔案中任何一行，均可以加以註解，但是必須用"*"開頭。

一、電路元件描述：

電路元件描述的一般格式，如下：

> 元件名稱＋節點連接＋元件值

而每一種電路元件的詳細格式，請參考附錄 A。

1. 元件名稱：

對於每一種電路元件，利用元件名稱的第一個字母表示其元件的種類，例如：R 表示電阻，相同的電路元件，則是在字母之後加上數字或文字的方式，來分辨不同元件，而且每個元件名稱不能超過 8 個字元，所有元件名稱的開頭字母，請參考表 C-2。

例如：<u>R1</u>　1　2　2k

在 PSpice 軟體中，通常是"開頭字母＋數字"，而數字是由 1 開始，接下來是 2、3...，使用者可以更改數字，改成所要的數字或文字，例如：RC、RL...。但是 PSpice 軟體改用視窗介面後，元件名稱改成開頭字母＿元件名稱，因此上面 R1 元件變成 R_R1　1　2　2k。

表 C-2

電路元件	開頭字母
GaAsFET	B
電容	C
二極體	D
電壓控制電壓源	E
電流控制電流源	F
電壓控制電流源	G
電流控制電壓源	H
獨立電流源	I
接面場效電晶體(JFET)	J
變壓器	K
電感	L
金氧半場效電晶體(MOS)	M
雙極性電晶體(BJT)	Q
電阻	R
電壓控制開關	S
傳輸線	T
數位元件	U
獨立電壓源	V
電流控制開關	W
子電路	X

2. 節點連接：

　　　　電路中所有節點都有一個名稱，以表示不同節點，通常節點 0 都是指接地點，除了可以用數字表示外，也可以用文字表示，但是請特別注意，一個電路圖一定要有接地元件，而且一定必須是 0，所以 0 在串接檔中，一定要出現兩次以上。

　　　　在 PSpice 軟體中，使用者不設定節點名稱時，系統會自行設定節點的名稱，一般採用隨機方式設定節點名稱，所以某一節點在這一電路圖是設定為 N00036，重畫電路圖之後，此節點可能設定為 N00012。

　　　　由於電路中每一個節點都至少連接到兩個元件以上，所以檔案中電路元件描述之每一個節點，都應該至少出現兩次以上，否則會發生錯誤，而使得 PSpice 不執行模擬分析工作，這表示這個節點浮接，但是不一定所有具有浮接的電路圖都有錯誤，某些元件的接腳是可以浮接，例如：uA741 元件有兩個接腳可以不連接。

例如：R1　　<u>1</u>　<u>2</u>　　20

　　　　R2　　<u>N00012</u>　　<u>N00036</u>　　1K

3. 元件值：

一個電路元件值可以表示成：

> 數值＋比例代號＋單位

例如：100KOHM，3PF，所有比例代號，如下所列(表 C-3)：

表 C-3

比例代號	代　表　值
f	$1E\text{-}15 = 10^{-15}$
p	$1E\text{-}12 = 10^{-12}$
n	$1E\text{-}9 = 10^{-9}$
u	$1E\text{-}6 = 10^{-6}$
MIL	$25.4\,E\text{-}6 = 25.4 \times 10^{-6}$
m	$1E\text{-}3 = 10^{-3}$
K	$1E\,3 = 10^{3}$
MEG	$1E\,6 = 10^{6}$
G	$1E\,9 = 10^{9}$
T	$1E\,12 = 10^{12}$

常見單位，如表 C-4 所列。

表 C-4

單位代號	意　　義
A	amp（安培）
DEG	degree（度）
F	farad（法拉第）
H	henry（亨利）
Hz	hertz（赫芝）
OHM	ohm（歐姆）
V	volt（伏特）

在 PSpice 軟體中，單位時常會被忽略掉，讀者可能會認為系統會不會因此而搞錯單位，事實上，並不會有錯誤出現，因為只要知道元件名稱的開頭字母，即可以知道此元件的單位應該是那個，另外比例代號就一定不能弄錯，否則就會造成數值錯誤，也就是比例代號絕不能忽略。

例如：R1　1　2　20K

二、分析控制描述：

常見的分析控制描述如表 C-5 所示。

表 C-5

直流分析(DC Analysis)	偏壓點(.OP)
	靈敏度(.SENS)
	小訊號直流增益(.TF)
	直流掃描(.DC)
交流分析(AC Analysis)	交流掃描(.AC)
	雜訊分析(.NOISE)
暫態分析(Transient Response)	暫態分析(.TRAN)
	傅利葉分析(.FOUR)

上表只是列出一些較常使用的分析方法，事實上，還有許多其他分析方法，例如：溫度分析、參數調變分析…。

例如：.OP

.TF V(Out) Vin

三、輸出描述：

常見的輸出描述，如表 C-6 所示。

在 PSpice 軟體中，只有使用文字輸出檔(.OUT)和圖形輸出檔(.DAT)，波形輸出部份只利用 Probe 功能完成。

表 C-6

種類	用途	註解
.PRINT	輸出數值結果	輸出檔直接輸出
.PLOT	輸出波形結果	輸出檔直接輸出
.PROBE	輸出波形結果	另外進入 PROBE 視窗

例如：.PROBE

四、選項：

選項的宣告格式為：

.OPTIONS　OPT1　OPT2...

例如：.OPTIONS NOPAGE NOECHO

PSpice 軟體提供一些針對列印及分析的控制選項，以控制 PSpice 列印及分析速度。

OPT1、OPT2…：選項可以重覆選取，所有選項請看表 C-7 中所列，選項的順序可以任意排列。

表 C-7

選項	意義
NOPAGE	輸出時不會跳頁及不印出主要區段的分隔標幟
NOECHO	輸入檔案內容不會出現在輸出檔案中
NODE	列印出節點表
NOMOD	不列印模型參數
ACCT	在所有分析結束時，把摘要和統計資料列印出
LIST	列印所有電路元件的摘要
OPTS	所有選項的值要輸出
WIDTH	輸出檔案的行數設定

在 PSpice 軟體中，選項的設定是由主功能表中設定。

附錄 D　半導體元件模型參數

　　當一個電路有半導體元件時，其電路的複雜程度相對地提高許多，對於大型電路而言，很難利用紙筆能夠完成答案的計算，這是因為半導體元件的電壓和電流特性，會受到數十個模型參數值的影響，所以計算時都是把半導體元件，儘量以理想值代替實際的模型參數值，因此計算時可能會有所誤差。

　　由於模型參數值非常多，使用者不大可能把所有模型參數都宣告，所以 PSpice 軟體有內建預設值給所有參數，當使用者有宣告參數時，則採用使用者的宣告值，如此才不會造成部份參數要設定為多少的困擾，當然盡你所能收集最正確的模型參數值，才能得到較正確的模擬結果。

　　在說明半導體元件之前，先說明半導體元件會用到的點命令：模型宣告(.MODEL)。

模型宣告	.MODEL Mname Type (P1=Value 1　　P2=Value 2…PN= Value N)

① MODEL→表示模型宣告，由於半導體元件的電壓－電流特性會受到製程條件和外界環境的影響，所以必須修正半導體元件的參數值，才能得到最正確的模擬答案，而 PSpice 軟體是由點命令.MODEL 修正系統的預設值。

② Mname→ 是模型的名稱，必須以字母為開頭，建議讀者，模型名稱要用該元件的開頭字母，當做模型名稱的第一個字，例如：雙極性電晶體使用 Q 做為模型名稱的第一個字母，也是開頭字母。

③ Type→表示是屬於那種電路元件，由於每一種電路元件的參數值都不相同，此處如果弄錯，將會使模擬答案錯誤。

　　所以要了解所有電路元件的種類(Type)，才能正確地使用模型宣告命令(.MODEL)，電路元件的種類，如表 D-1 所示。

表 D-1

Type	電 路 元 件
RES	電阻 (Resistor)
CAP	電容 (Capacitor)
IND	電感 (Inductor)
D	二極體 (Diode)
NPN	NPN 雙極性電晶體 (NPN BJT)
PNP	PNP 雙極性電晶體 (PNP BJT)
NJF	N 通道接面場效電晶體
PJF	P 通道接面場效電晶體
NMOS	N 通道金氧半場效電晶體
PMOS	P 通道金氧半場效電晶體
GASFET	N 通道 GaAs FET
VSWITCH	電壓控制開關
ISWITCH	電流控制開關
CORE	變壓器 (Transformer)

④ (P1＝Valuel P2＝Value2...PN＝ValueN) → P1、P2...PN 是電路元件的參數名稱，Value1、Value2...ValueN 是參數值。

例如： .MODEL QNAME NPN(BF＝70 RB＝75 IS＝IE-15)

.MODEL DCAS D(IS＝1E-10 RS＝12)

.MODEL RL RES(R＝1 TC1＝0.01 TC2＝0.003)

有關模型宣告方式在第八章中說明，所以所有半導體元件要修改其模型參數，只要依照第八章中的步驟執行即可。

本附錄要介紹的半導體元件共有 5 種，如圖 D-1 所示。

$$半導體元件 \begin{cases} 二極體(D) \\ 雙極性電晶體(Q) \\ 接面場效電晶體(J) \\ 金氧半場效電晶體(M) \\ 砷化鎵場效電晶體(B) \end{cases}$$

圖 D-1

當電路分析完成後，分析時所使用的模型參數，可以在文字輸出檔中看到，在 PSpice 視窗中，按 檢視 → 輸出檔案 命令，可以看到模型的所有參數及參數值，如圖 D-2 所示。

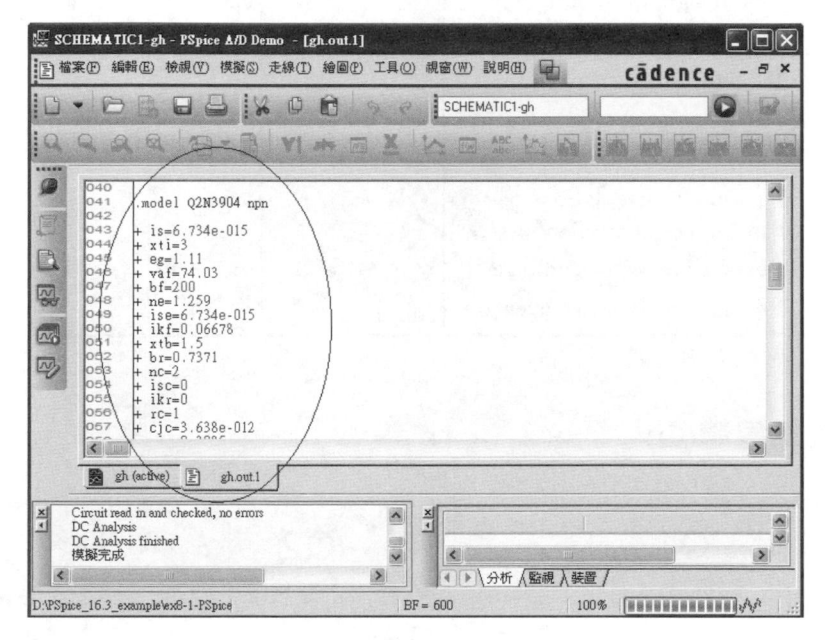

圖 D-2

一、二極體(D)

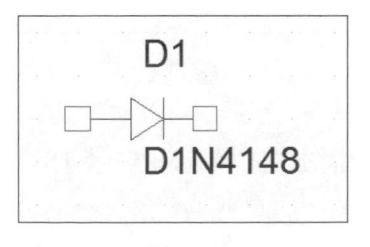

圖 D-3

　　圖 D-3 是二極體元件圖，下表是二極體參數，所有參數都有 PSPICE 內定預設值，當然除了預設值外，另外也設定典型參數值，PSPICE 使用者只要將需要更動修改的參數值，使用模型編輯器修改。

名稱	說明	單位	預設值	典型值	面積
IS	Saturation current	Amps	1E-14	1E-14	*
RS	Parasitic resistance	Ohms	0	10	*
N	Emission coefficient		1		
TT	Transit time	seconds	0	0.1NS	
CJO	Zero-bias pn capacitance	Farads	0	2PF	*
VJ	Junction potential	Volts	1	0.6	
M	Junction grading coefficient		0.5	0.5	
EG	Activation energy	Electron-volts	1.11	11.1	
XTI	IS temperature exponent		3	3	
KF	Flicker noise coefficient		0		
AF	Flicker noise exponent		1		
FC	Forward bias depletion capacitance coefficient		0.5		
BV	Reverse breakdown voltage	Volts	∞	50	
IBV	Reverse breakdown current	Amps	1E-10		*

*表示參數和面積有關

二、雙極性電晶體(Q)

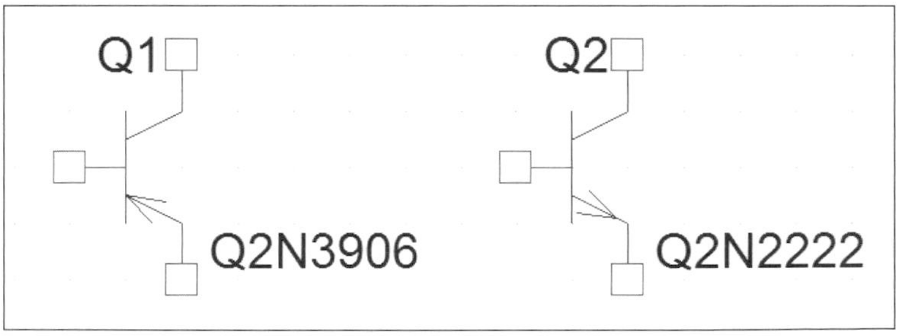

圖 D-4

　　雙極性電晶體共有兩種結構 NPN 及 PNP，圖 D-4 是雙極性電晶體元件圖，這兩種電晶體的參數值有所差別，所以要分別宣告。

下表是雙極性電晶體的參數表，雙極性電晶體的參數值相當多。

名稱	說明	單位	預設值	典型值	面積
RB	Zero-bias (maximum) base resistance	Ohms	0	100	*
RBM	Minimum base resistance	Ohms	RB	100	
IRB	Current at which RB falls halfway to RBM	Amps	∞		
RE	Emitter ohmic resistance	Ohms	0	1	*
RC	Collector ohmic resistance	Ohms	0	10	*
CJE	Base-emitter zero-bias pn capacitance	Farads	0	2P	*
VJE(PE)	Base-emitter built-in potential	Volts	0.75	0.7	
MJE(ME)	Base-emitter pn grading factor		0.33	0.33	
CJC	Base-collector zero-bias pn capacitance	Farads	0	1P	*
VJC(PC)	Base-collector built-in potential	Volts	0.75	0.5	
MJC(MC)	Base-collector pn grading factor		0.33	0.33	
XCJC	Fraction of C_{bc} connected internal to R_B		1		
CJS(CCS)	Collector-substrate zero-bias pn capacitance	Farads	0	2PF	
VJS(PS)	Collector-substrate built-in potential	Volts	0.75		
MJS(MS)	Collector-substrate pn grading factor		0		
FC	Forward-bias depletion capacitor coefficient		0.5		
TF	Ideal forward transit time	Seconds	0	0.1NS	
XTF	Transit time bias dependence coefficient		0		

名稱	說明	單位	預設值	典型值	面積
VTF	Transit time dependency on Vbc	Volts	∞		
ITF	Transit time dependency on Ic	Amps	0		
PTF	Excess phase at V(2 π × TF)HZ	Degrees	0	30°	
TR	Ideal reverse transit time	Seconds	0	10NS	
EG	Bandgap voltage (barrier height)		1.11	1.11	
XTB	Forward and reverse beta temperature coefficient		0		
XTI(PT)	IS temperature effect exponent		3		
KF	Flicker noise coefficient		0	6.6E-16	
AF	Flicker noise exponent		1	1	
IS	pn saturation current	Amps	1E-16	1E-16	*
BF	Ideal maximum forward beta		100	100	
NF	Forward current emission coefficient		1	1	
VAF(VA)	Forward Early voltage	Volts	∞	100	
IKF(IK)	Corner for forward beta highcurrent roll-off	Amps	∞	10M	
ISE(C2)	Base-emitter leakage saturation current	Amps	0	1000	
NE	Base-emitter leakage emission coefficient		1.5	2	
BR	Ideal maximum reverse beta		1	0.1	
NR	Reverse current emission coefficient		1		
VAR(VB)	Reverse early voltage	Volts	∞	100	
IKR	Corner for reverse beta highcurrent roll-off	Amps	∞	100M	*
ISC(C4)	Base-collector leakage saturation current	Amps	0	1	
NC	Base-collector leakage emission coefficient		2	2	

三、接面場效電晶體(J)

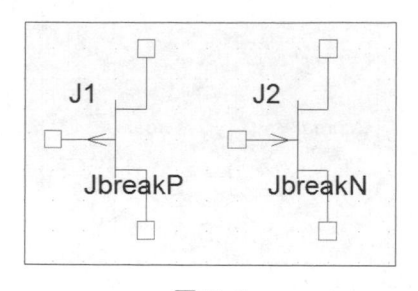

圖 D-5

上圖是兩種接面場效電晶體元件圖，可分成 PJF 和 NJF 兩種。

下表是接面場效電晶體的參數表。

名稱	說明	單位	預設值	典型值	面積
VTO	Threshold voltage	Volts	-2	-2	
BETA	Transconductance coefficient	Amps/volts^2	1E-4	1E-3	*
LAMBDA	Channel-length modulation	Volts^{-1}	0	1E-4	
RD	Drain ohmic resistance	Ohms	0	100	*
RS	Source ohmic resistance	Ohms	0	100	*
IS	Gate pn saturation current	Amps	1E-14	1E-14	*
PB	Gate pn potential	Volts	1	0.6	
CGD	Gate-drain zero-bias pn capacitance	Farads	0	5PF	*
CGS	Gate-source zero-bias pn capacitance	Farads	0	1PF	*
FC	Forward-bias depletion capacitance coefficient		0.5		
VT0TC	VT0 temperature coefficient	Volts/ ℃	0		
BETATCE	BETA exponential temperature coefficient	percent/℃	0		
KF	Flicker noise coefficient		0		
AF	Flicker noise exponent		1		

四、金氧半場效電晶體(M)

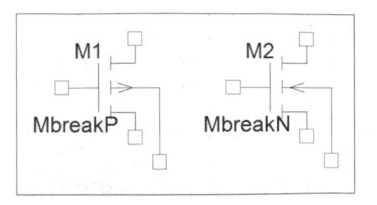

圖 D-6

圖 D-6 是金氧半場效電晶體元件圖，下表是電晶體的參數表。

名稱	說明	單位	預設值	典型值
LEVEL	Model type (1,2,or 3)		1	
L	Channel length	meters	DEFL	
W	Channel width	meters	DEFW	
LD	Lateral diffusion length	meters	0	
WD	Lateral diffusion width	meters	0	
VT0	Zero-bias threshold voltage	Volts	0	0.1
KP	Transconductance	$Amps/Volts^2$	2E-5	2.5E-5
GAMMA	Bulk threshold parameter	$Volts^{1/2}$	0	0.35
PHI	Surface potential	Volts	0.6	0.65
LAMBDA	Channel-length modulation (LEVEL=1 or 2)	$Volts^{-1}$	0	0.02
RD	Drain ohmic resistance	Ohms	0	10
RS	Source ohmic resistance	Ohms	0	10
RG	Gate ohmic resistance	Ohms	0	1
RB	Bulk ohmic resistance	Ohms	0	1
RDS	Drain-source shunt resistance	Ohms	∞	
RSH	Drain-source diffusion sheet resistance	Ohms/square	0	20
IS	Bulk pn saturation current	Amps	1E-14	1E-15
JS	Bulk pn saturation current/area	$Amps/meters^2$	0	1E-8
PB	Bulk pn potential	Volts	0.8	0.75
CBD	Bulk drain zero-bias pn capacitance	Farads	0	5PF
CBS	Bulk-source zero-bias pn capacitance	Farads	0	2PF
CJ	Bulk pn zero-bias bottom capacitance/length	$Farads/meter^2$	0	
CJSW	Bulk pn zero-bias perimeter capacitance/length	Farads/meters	0	

名稱	說明	單位	預設值	典型值
MJ	Bulk pn bottom grading coefficient		0.5	
MJSW	Bulk pn sidewall grading coefficient		0.33	
FC	Bulk pn forward-bias capacitance coefficient		0.5	
CGSO	Gate-source overlap capacitance/channel width	Farads/meters	0	
CGDO	Gate-drain overlap capacitance/channel width	Farads/meters	0	
CGBO	Gate-bulk overlap capacitance/channel length	Farads/meters	0	
NSUB	Substrate doping density	$1/\text{centimeter}^3$	0	
NSS	Surface state density	$1/\text{centimeter}^3$	0	
NFS	Fast surface state density	$1/\text{centimeter}^3$	0	
TOX	Oxide thickness	meters	∞	
TPG	Gate material type: +1=opposite of substrate, -1=same as substrate, 0=aluminum		+1	
XJ	Metallurgical junction depth	meters	0	
UO	Surface mobility	centimeters^2 / Volts seconds	600	
UCRIT	Mobility degradation critical field (LEVEL=2)	Volts/ centimeter	1E4	
UEXP	Mobility degradation exponent (LEVEL=2)		0	

名稱	說明	單位	預設值	典型值
UTRA	(Not used) mobility degradation transverse field coefficient			
VMAX	Maximum drift velocity	meters/second	0	
NEFF	Channel charge coefficient (LEVEL=2)		1	
XQC	Fraction of channel charge attributed to drain		1	
DELTA	Width effect on threshold		0	
THETA	Mobility modulation (LEVEL=3)	Volts^{-1}	0	
ETA	Static feedback (LEVEL=3)		0	
KAPPA	Saturation field factor (LEVEL=3)		0.2	
KF	Flicker noise coefficient		0	1E-26
AF	Flicker noise exponent		1	1.2

五、砷化鎵場效電晶體(B)

下表是砷化鎵場效電晶體的參數表。

名稱	說明	單位	預設值	典型值	面積
VTO	Threshold voltage	Volts	-2.5	-2.0	
ALPHA	tanh constant	$Volts^{-1}$	2.0	1.5	
BETA	Transconductance coefficient	$Amps/Volts^2$	0.1	25U	
LAMBDA	Channel- legth modulation	Volts	0	1E-10	
RG	Gate ohmic resistance	Ohms	0	1	*
RD	Drain ohmic resistance	Ohms	0	1	*
RS	Source ohmic resistance	Ohms	0	1	*
IS	Gate pn saturation current	Amps	1E-14		
M	Gate pn grading coefficient		0.5		
N	Gate pn emission coefficient		1		
VBI	Threshold voltage	Volts	1	0.5	
CGD	Gate-drain zero-bias pn capacitance	Farads	0	1F	
CGS	Gate-source zero-bias pn capacitance	Farads	0	6F	
CDS	Drain-source capacitance	Farads	0	0.3F	
TAU	Transit time	seconds	0	10PS	
FC	Forward-bias depletion capacitance coefficient		0.5		
VTOTC	VT0 temperature coefficient	Volts/℃	0		
BETATCE	BETA exponent temperature coefficient	%/℃	0		
KF	Flicker noise coefficient		0		
AF	Flicker noise exponent		1		

附錄 E　安裝 PSpice 中文版軟體

　　本附錄要介紹如何安裝 PSpice 中文版軟體，安裝 PSpice 軟體中文版的步驟，如下所示：

　　開始安裝 PSpice 軟體中文版之前，必須先安裝 PSpice 軟體英文版，放入光碟片到電腦的光碟機中，啟動英文版的安裝畫面，如圖 E-1 所示。

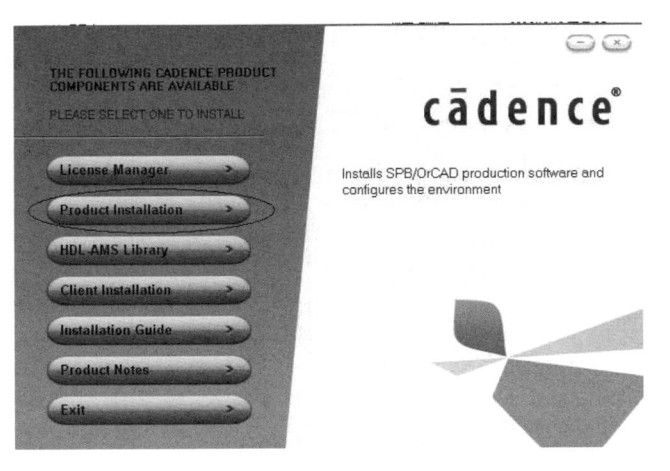

圖 E-1

1.　按 Product Installation 鍵，產生圖 E-2 對話盒。

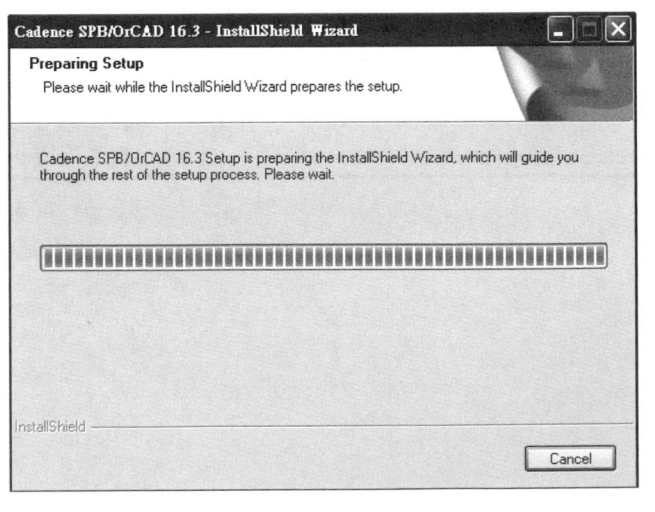

圖 E-2

2. 等待一段時間後，產生圖 E-3 對話盒。

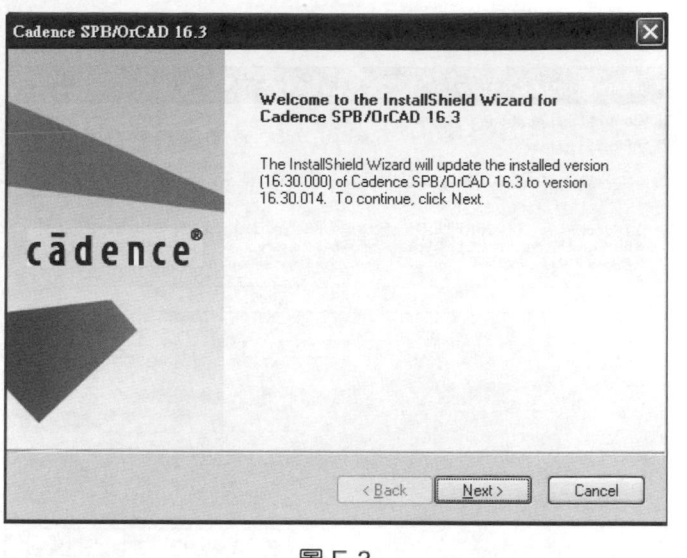

圖 E-3

3. 按 Next> 鍵，產生圖 E-4 對話盒。

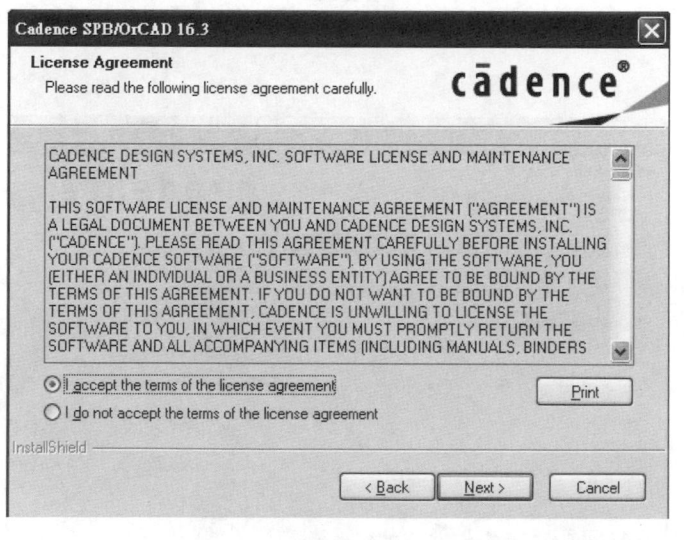

圖 E-4

4. 點選"I accept the terms of the license agreement"，再按 Next> 鍵，產生圖 E-5 對話盒。

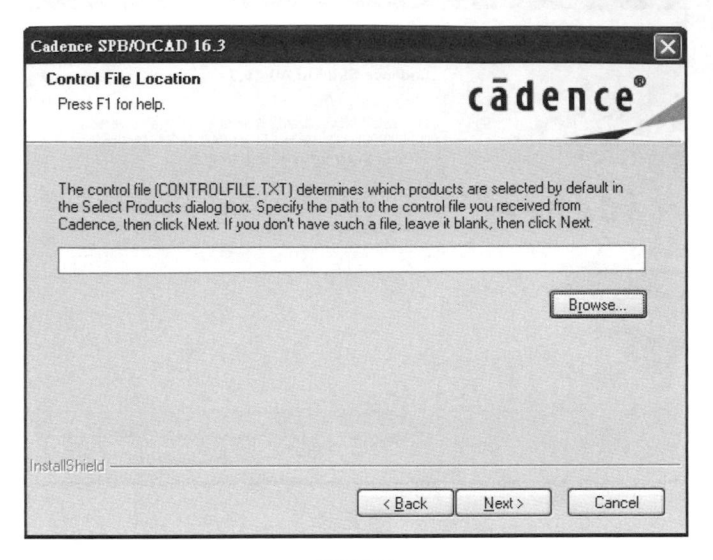

圖 E-5

5. 路徑可以自行設定，或採用空白，按 Next> 鍵，產生圖 E-6 對話盒，啟動 ALL OrCAD 163 Products。

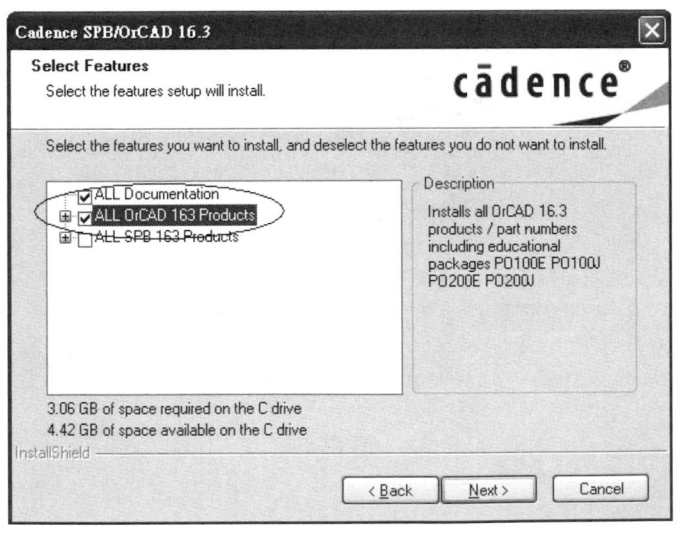

圖 E-6

如果不要安裝全部 OrCAD 軟體，可以只安裝需要的功能，將 ALL OrCAD 163 Products 目錄展開(點選 "+")，只啟動需要的功能。

6. 連續按 [Next>] 鍵，中間會產生一些對話盒，不需要設定，只是一些前面設定的說明，最後產生 Ready to Install the Program 對話盒。

7. 按 [Install] 鍵，開始安裝英文版軟體，因為需要安裝的軟體較多，所以會花費較多時間，請耐心等待，安裝完成之後，會產生 License Path 對話盒，如圖 E-7 所示。

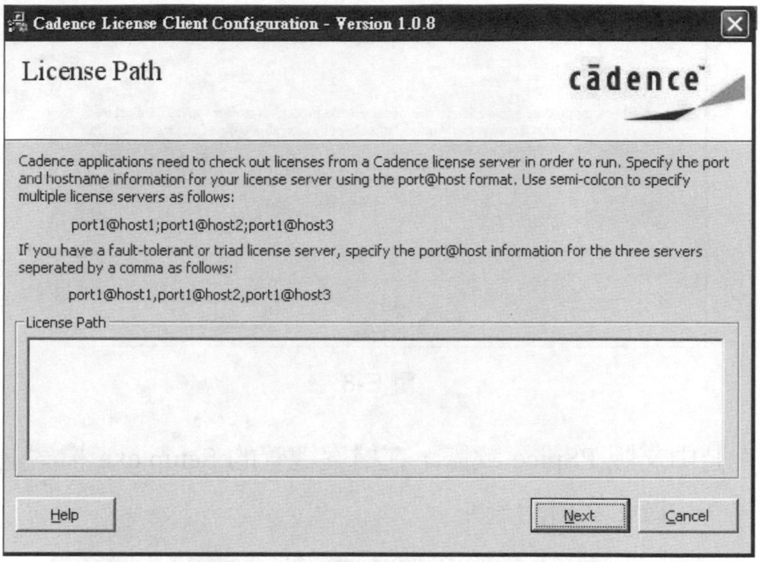

圖 E-7

8. 由於使用試用版,所以不用設定許可證路徑,按 $\boxed{\text{Cancel}}$ 鍵,最後產生圖 E-8 對話盒。

9. 按 $\boxed{\text{Finish}}$ 鍵,完成英文版 PSpice 軟體安裝。

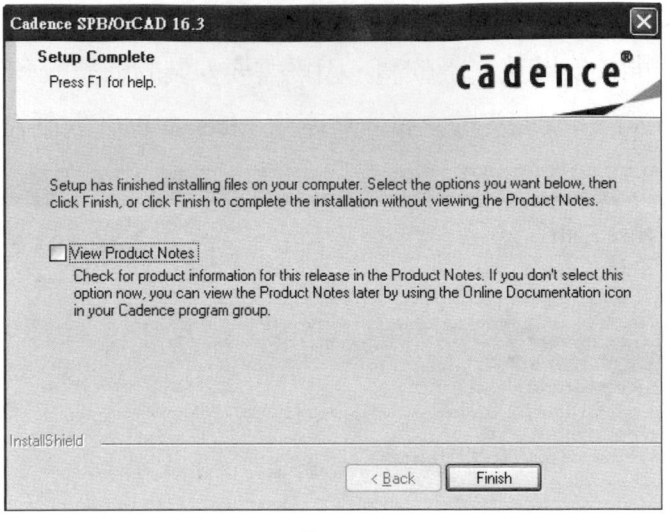

圖 E-8

10. 接下來,安裝中文版 PSpice 軟體,在檔案總管的 Setup.exe 檔案上,連按 $\boxed{\text{mouse}}$ 左鍵兩次,產生圖 E-9 對話盒。

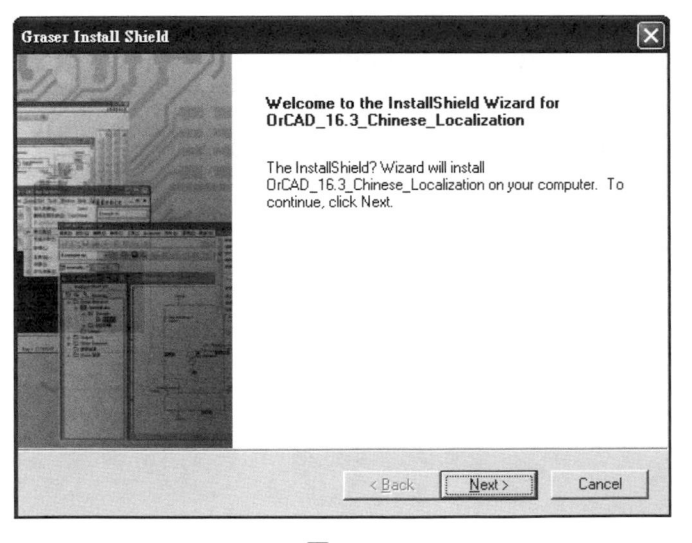

圖 E-9

11. 按 NEXT> 鍵，產生圖 E-10 對話盒。

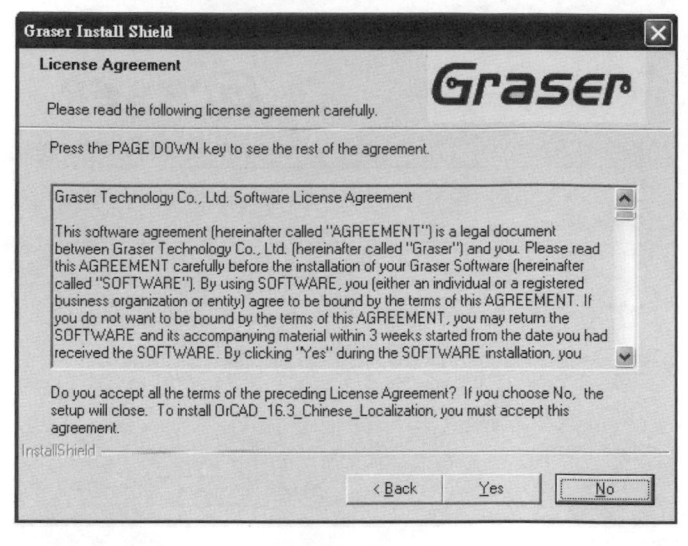

圖 E-10

12. 按 Yes 鍵，產生圖 E-11 對話盒，選擇中文版的來源檔和路徑，S014t 路徑是繁體中文版，S014s 路徑是簡體中文版，按 Browse 鍵，產生 Choose Folder 對話盒，點選 S014t 路徑，按確定鍵。

圖 E-11

13. 按 NEXT> 鍵，產生圖 E-12 對話盒。

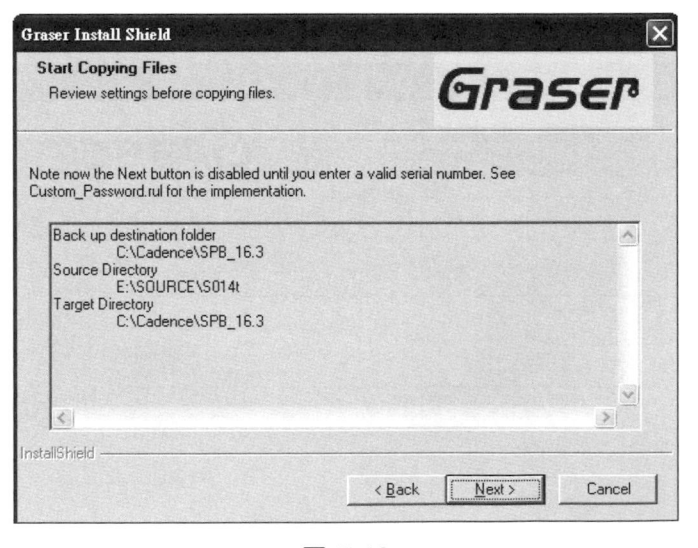

圖 E-12

14. 在 User Name 和 Company Name 格子中，輸入資料，再按 NEXT 鍵，產生圖 E-13 對話盒。

圖 E-13

15. 按 NEXT> 鍵，開始安裝中文版軟體，如圖 E-14 所示。

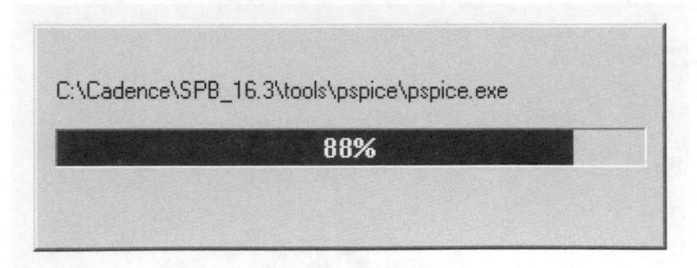

圖 E-14

16. 等待一段時間後，產生圖 E-15 對話盒。

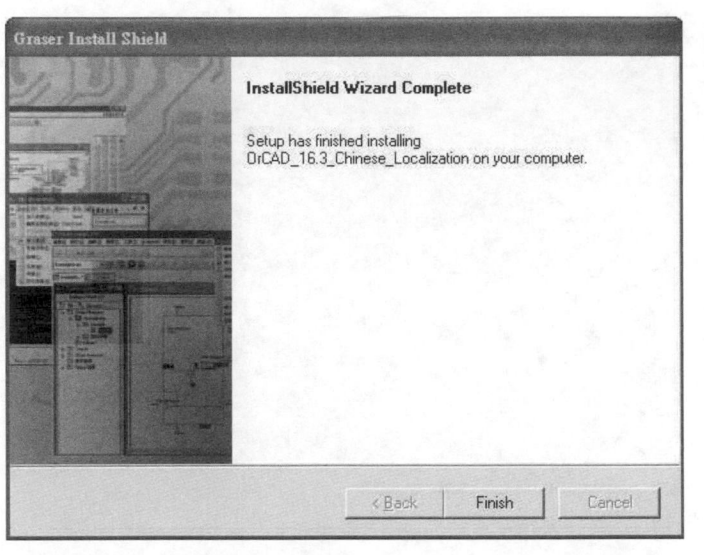

圖 E-15

17. 按 Finish 鍵，完成中文版 PSpice 軟體安裝。

國家圖書館出版品預行編目資料

電路設計模擬：應用 PSpice 中文版 / 盧勤庸編著.
-- 二版.-- 新北市 ： 全華圖書, 2014.03
　　面；　　公分
ISBN 978-957-21-8700-5 (平裝附數位影音光碟)

1. 電路　2. 電腦輔助設計　3. PSPICE(電腦程式)

448.62029　　　　　　　　　　　　　101017580

電路設計模擬─應用 PSpice 中文版

(附中文版試用版及範例光碟)

作者 / 盧勤庸

執行編輯 / 張曉紜

發行人 / 陳本源

出版者 / 全華圖書股份有限公司

郵政帳號 / 0100836-1 號

印刷者 / 宏懋打字印刷股份有限公司

圖書編號 / 06159017

二版五刷 / 2022 年 02 月

定價 / 新台幣 350 元

ISBN / 978-957-21-8700-5

全華圖書 / www.chwa.com.tw

全華網路書店 Open Tech / www.opentech.com.tw

若您對書籍內容、排版印刷有任何問題，歡迎來信指導 book@chwa.com.tw

臺北總公司(北區營業處)
地址：23671 新北市土城區忠義路 21 號
電話：(02) 2262-5666
傳真：(02) 6637-3695、6637-3696

南區營業處
地址：80769 高雄市三民區應安街 12 號
電話：(07) 381-1377
傳真：(07) 862-5562

中區營業處
地址：40256 臺中市南區樹義一巷 26 號
電話：(04) 2261-8485
傳真：(04) 3600-9806(高中職)
　　　(04) 3601-8600(大專)

歡迎加入 全華會員

● 會員獨享
會員享購書折扣、紅利積點、生日禮金、不定期優惠活動…等。

● 如何加入會員
填妥讀者回函卡寄回,將由專人協助登入會員資料,待收到 E-MAIL 通知後即可成為會員。

如何購員 全華書籍

1. 網路購書
全華網路書店「http://www.opentech.com.tw」,加入會員購書更便利,並享有紅利積點回饋等各式優惠。

2. 全華門市、全省書局
歡迎至全華門市(新北市土城區忠義路 21 號)或全省各大書局、連鎖書店選購。

3. 來電訂購
(1) 訂購專線:(02) 2262-5666 轉 321-324
(2) 傳真專線:(02) 6637-3696
(3) 郵局劃撥(帳號:0100836-1 戶名:全華圖書股份有限公司)
※ 購書未滿一千元者,酌收運費 70 元。

OpenTech .com.tw 全華網路書店

全華網路書店 www.opentech.com.tw
E-mail: service@chwa.com.tw

廣 告 回 信
板橋郵局登記證
板橋廣字第540號

行銷企劃部 收

全華圖書股份有限公司

23671 新北市土城區忠義路 21 號

全華圖書 敬上

親愛的讀者：

感謝您對全華圖書的支持與愛護，雖然我們很慎重的處理每一本書，但恐仍有疏漏之處，若您發現本書有任何錯誤，請填寫於勘誤表內寄回，我們將於再版時修正，您的批評與指教是我們進步的原動力，謝謝！

勘　誤　表

書　號			書　名		作　者
頁　數	行　數		錯誤或不當之詞句		建議修改之詞句

我有話要說：（其它之批評與建議，如封面、編排、內容、印刷品質等・・・）

讀者回函卡

姓名：＿＿＿＿＿＿＿＿　生日：西元＿＿＿＿年＿＿＿月＿＿＿日　性別：□男 □女

電話：（　）＿＿＿＿＿＿＿＿　傳真：（　）＿＿＿＿＿＿＿　手機：＿＿＿＿＿＿＿＿

e-mail：（必填）＿＿＿＿＿＿＿＿＿＿

註：數字零，請用 Ф 表示，數字1與英文 L 請另註明並書寫端正，謝謝。

通訊處：□□□□□

學歷：□博士 □碩士 □大學 □專科 □高中・職

職業：□工程師 □教師 □學生 □軍・公 □其他

學校 / 公司：＿＿＿＿＿＿＿＿＿＿　科系 / 部門：＿＿＿＿＿＿＿＿＿＿

・需求書類：

□ A. 電子 □ B. 電機 □ C. 計算機工程 □ D. 資訊 □ E. 機械 □ F. 汽車 □ I. 工管 □ J. 土木

□ K. 化工 □ L. 設計 □ M. 商管 □ N. 日文 □ O. 美容 □ P. 休閒 □ Q. 餐飲 □ B. 其他

・本次購買圖書為：＿＿＿＿＿＿＿＿＿＿＿　書號：＿＿＿＿＿＿＿＿＿

・您對本書的評價：

封面設計：□非常滿意 □滿意 □尚可 □需改善，請說明＿＿＿＿＿＿＿＿＿＿

內容表達：□非常滿意 □滿意 □尚可 □需改善，請說明＿＿＿＿＿＿＿＿＿＿

版面編排：□非常滿意 □滿意 □尚可 □需改善，請說明＿＿＿＿＿＿＿＿＿＿

印刷品質：□非常滿意 □滿意 □尚可 □需改善，請說明＿＿＿＿＿＿＿＿＿＿

書籍定價：□非常滿意 □滿意 □尚可 □需改善，請說明＿＿＿＿＿＿＿＿＿＿

整體評價：請說明＿＿＿＿＿＿＿＿＿＿

・您在何處購買本書？

□書局 □網路書店 □書展 □團購 □其他＿＿＿＿＿＿＿

・您購買本書的原因？（可複選）

□個人需要 □幫公司採購 □親友推薦 □老師指定之課本 □其他

・您希望全華以何種方式提供出版訊息及特惠活動？

□電子報 □DM □廣告 （媒體名稱＿＿＿＿＿＿＿＿＿＿）

・您是否上過全華網路書店？（www.opentech.com.tw）

□是 □否 您的建議＿＿＿＿＿＿＿＿＿＿

・您希望全華出版那方面書籍？＿＿＿＿＿＿＿＿＿＿

・您希望全華加強那些服務？＿＿＿＿＿＿＿＿＿＿

～感謝您提供寶貴意見，全華將秉持服務的熱忱，出版更多好書，以饗讀者。

全華網路書店 http://www.opentech.com.tw　客服信箱 service@chwa.com.tw

2011.03 修訂